증모가발학

Understanding the Application of Wig

증모가발학

펴낸날 2023년 5월 25일 초판 1쇄
지은이 김호
펴낸이 이영남
펴낸곳 스마트인
등록 2012년 6월 14일(제2012-000192호)
주소 서울시 마포구 상암동 월드컵북로 402번지 KGIT 925D호
전화 02-338-4935(편집), 070-4253-4935(영업)
팩스 02-3153-1300
메일 01msn@naver.com
디자인 디.마인
ISBN 978-89-97943-85-2 93590

＊스마트인은 스마트주니어의 브랜드입니다.

증모가발학

Understanding the Application of Wig

저자 김호

스마트인

교과서 목차

들어가는 말

대한민국 탈모증 현황 분석

국민건강보험공단은 건강보험 진료데이터를 활용하여 2016년부터 2020년 '탈모증' 질환의 건강보험 진료 현황을 발표하였다. 이에 따르면, 진료 인원은 2016년 21만 2천 명에서 2020년 23만 3천 명으로 2만 1천 명이 증가하였고, 연평균 증가율은 2.4%로 나타났다. 그중 남성은 2016년 11만 7천 명에서 2020년 13만 3천 명으로 13.2% (1만 6천 명) 증가하였고, 여성은 2016년 9만 5천 명에서 2020년 10만 명으로 5.8% (6천 명) 증가한 것으로 나타났다.

〈2016년~2020년 '탈모증' 질환 성별 진료 인원〉

(단위: 명, %)

구분	2016년	2017년	2018년	2019년	2020년	증감률 (16년 대비)	연평균 증감률
전체	212,141	214,228	224,800	232,596	233,194	9.9	2.4
남성	117,492	119,145	126,456	132,355	133,030	13.2	3.2
여성	94,649	95,083	98,344	100,241	100,164	5.8	1.4

과거에 중장년 남성의 유전적 질병으로 인식했던 탈모증은 2020년 기준 진료 인원 (23만 3천 명) 중 30대가 22.2% (5만 2천 명)로 가장 많았고, 40대가 21.5%(5만 명), 20대가 20.7%(4만 8천 명)의 순으로 나타났다.

〈2020년 '탈모증' 질환 연령대별 / 성별 진료 인원〉

(단위: 명, %)

구분	전체	9세 이하	10대	20대	30대	40대	50대	60대	70대	80대 이상
계	233,194 (100)	3,970 (1.7)	15,970 (6.8)	48,257 (20.7)	51,751 (22.2)	50,038 (21.5)	38,773 (16.6)	18,493 (7.9)	5,001 (2.1)	941 (0.4)
남성	133,030 (100)	9,124 (6.9)	9,124 (6.9)	29,586 (22.2)	33,913 (25.5)	29,607 (22.3)	19,186 (14.4)	7,843 (5.9)	1,740 (1.3)	296 (0.2)
여성	100,164 (100)	2,235 (2.2)	6,846 (6.8)	18,671 (18.6)	17,838 (17.8)	20,431 (20.4)	19,587 (19.6)	10,650 (10.6)	3,261 (3.3)	645 (0.6)

특히 2016~2020년까지 5년 동안 '탈모증' 질환으로 한 번 이상 진료받은 전체 인원은 87만 6천 명으로 집계되었다.

〈2016년~2020년 '탈모증' 질환 연령대별 / 성별 진료 인원〉

(단위: 명, %)

구분	전체	9세 이하	10대	20대	30대	40대	50대	60대	70대	80대 이상
계	875,815 (100)	22,073 (2.5)	67,712 (7.7)	180,560 (20.6)	198,560 (22.7)	185,317 (21.2)	138,570 (15.8)	61,300 (7.0)	61,300 (7.0)	3,231 (0.4)
남성	487,599 (100)	8,883 (1.8)	38,649 (7.9)	109,697 (22.5)	126,451 (25.9)	104,700 (21.5)	66,122 (13.6)	25,755 (5.3)	6,335 (1.3)	1,007 (0.2)
여성	388,216 (100)	13,190 (3.4)	29,063 (7.5)	70,863 (18.3)	72,501 (18.7)	80,617 (20.8)	72,448 (18.7)	35,545 (9.2)	11,765 (3.0)	2,224 (0.6)

※ 2016년부터 2020년까지 5년 동안 '탈모증' 질환으로 한 번 이상 진료받은 인원 (중복인원 제외)

이 중 20~40대는 모두 20% 이상으로 확인되었다. 이는 20대~40대 연령층에서 특히 탈모증 환자가 많다기보다는 20대~40대 연령층이 외모에 대한 관심이 많고, 탈모를 해결하기 위해 더욱 적극적으로 노력한다고 해석할 수 있다.

건강보험공단에서 2021년 발표한 위 도표들이 건강보험 급여실적을 분석한 결과임을 고려해보면, 비급여 진료 대상자, 병원 외 한의원 등의 의료기관 진료자, 병원 진료 외 다른 방법으로 탈모증을 해결하려고 한 사람 및 탈모증에 대해 고민하는 사람 등 데이터에 집계되지 않았지만, 탈모로 고민하는 사람이 훨씬 더 많을 것이라고 쉽게 예상할 수 있다.

왜 증모술인가?

증모술은 우리 미용인의 전문 분야인 머리카락을 활용해서 숱을 보강하는 기술이다. 모발 손실로 고통받는 탈모증은 두피와 모발에 대한 깊은 지식을 지니고 모발로 아름다움을 표현하는 미용인들만이 해결할 수 있는 것이다. 나아가 미용인들은 탈모증을 반드시 해결해야 하는 사명이 있다.

증모술은 모발과 두피를 최상의 환경으로 관리하면서 탈모를 완벽하게 커버하는 할 수 있는 신기술이다.

탈모 인구가 가파르게 증가하고 있는 지금 대부분의 사람이 탈모에 대한 고민을 한 번쯤 한다는 이 시대에 미용실은 탈모인이 가장 부담 없이 방문할 수 있는 곳이며, 미용인은 머리카락을 활용해 모발에 대한 고민을 해결해줄 수 있는 전문가이다.

이 책에서는 매우 섬세하고 정교한 한 가닥 증모술부터 가발술까지, 탈모 1%~100%까지 모든 탈모 유형과 탈모 진행 상황에 맞춰 완벽하게 탈모를 커버할 수 있는 테크닉에 대해 각 부문별로 정리하였다.

우선 각자의 샵에 맞게 대상층(나이별, 탈모 유형별, 매뉴얼별)을 설정한 후 각 부문별 실전 증모 기술을 습득해 매뉴얼을 정착시킨다면 이미 레드오션화된 미용업계에서 차별화된 서비스를 제공할 수 있으며, 고부가가치를 창출하는 증모기술을 통해 샵의 매출을 효과적으로 증대시킬 수 있다. 또한 증모술은 미용실의 기존 매뉴얼에도 쉽게 응용할 수 있어서 추가적인 수익을 형성하는 데에도 매우 유리하다.

예) 증모술 메뉴

- 증모 하이라이트: 멋내기용 피스를 사용하여 숱 보강과 함께 부분 컬러링을 할 수 있다.
- 증모 디자인커트: 숱 보강, 길이 연장 등을 조정하여 고객이 원하는 스타일로 커

트할 수 있다.

- 증모 디자인볼륨 펌: 탑, 가르마 등 부위별 모발이 빈약한 곳에 숱 보강을 할 수 있다.
- 증모 업 스타일: 숱 보강용, 빈모용 등 여러 가지 증모용 피스를 활용해 업 스타일을 할 수 있다.

특히 신종 바이러스 등으로 여러 사람이 모이는 장소에 대한 불안감이 높아진 지금 증모술은 고객의 편의를 위해 100% 예약제로 운영할 수 있으며, 1인 샵 또는 Shop in Shop 개념으로 접목하기에 매우 좋은 아이템이다.

탈모증은 몸이 아픈 병은 아니지만 취업전선에서 차별적인 평가를 받거나, 연애, 결혼 등 배우자 선택에서도 불이익을 받는 경우가 많다. 심할 경우 자존감 저하와 대인기피증과 같은 불안장애를 유발해 사회적으로 심각한 문제로 대두되고 있다.
모든 연령대와 모든 성별에서 탈모증에 대한 고민이 깊은 지금, 우리 미용인은 사명감을 가지고 탈모 커버 기술을 활용해 탈모인의 자신감을 회복시키고 나아가 삶의 질을 개선할 수 있어야 한다. 그것이 미용인에게 요구하는 이 시대의 임무다.

[참고 자료]
국민건강보험 보도자료 중 '머리가 뭉텅뭉텅 빠지는 「탈모증」 질환 전체 환자 23만 명' (등록일: 2021. 07. 15)

특허증

현재 증모가발 관련 특허증 42개 획득했으며, 80여개 이상 특허 등록을 진행중이다.

(실용신안, 디자인 특허, 기술특허, 일본 특허, 상표 특허 등)

증모가발 분야는 미용계에서 꼭 필요한 신기술로 각광받고 있으며, 다양한 특허를 통해 우수한 기술력을 인정받고 있다.

1장

모발과 탈모의 이해 부문

I. 모발의 이해

모발은 주기적으로 성장기(anagen), 퇴행기(catagen), 휴지기(telogen), 발생기(new anagen)의 과정을 반복하며, 모근(毛根) 세포는 주기가 각각 다르다. 인체의 모발은 약 100만 개 정도이며, 두피에만 10만 개 이상이 있다. 머리카락은 하루 평균 0.35mm~0.4mm씩 자라며, 사람은 태어날 때부터 개인별 모발의 총 양이 정해진다. 모발의 평균 굵기는 0.05mm~0.15mm이다. 연모는 0.06mm 정도이며 성모는 0.1mm, 동양인의 경우 대략 0.08mm이다. 모발의 수는 인종, 모질, 색에 따라 차이가 있지만 평균적으로 금발인 경우는 14만 개 이상, 황갈색은 11만 개, 적갈색은 9만 개 정도의 모량을 가지고 있으며, 한국인의 경우 대략 10만 개이다. 또한 일반적으로 여성이 남성보다 모발의 밀도가 높다.

사람의 머리카락 중 80%~90%는 성장기 모발로 2년~11년 지속되고, 10%~15%는 휴지기로 3개월~6개월 정도 이어진다. 머리카락은 보통 한 달에 1cm~1.5cm 자라지만 나이가 들수록 머리카락의 성장 속도는 느려진다. 휴지기가 지나고 나면 하루에 20개~50개의 털이 빠지며, 때에 따라 100개까지도 빠질 수 있다.

1. 모발의 성장 주기

1) 성장기 (생장기: anagen)

모발은 모모 세포가 모유두에 접해 있는 모세혈관을 통해 산소와 영양분을 공급받아 세포분열을 일으켜 성장하기 시작한다. 이 단계를 성장기라고 한다. 성장기 모발은 영양이나 체내 호르몬 등의 영향을 받아 속도, 굵기 등이 변화될 수 있다.

모발의 성장 속도는 피부 표면에 나오기 전까지는 남성이 빠르고, 표면에 나와서부터는 여성이 빠르다. 모발의 길이가 25cm 정도 자란 후에는 자라는 속도가 느려지며, 여성 모발의 성장 속도는 15세~25세까지가 가장 빠르고, 1년 중 6월~7월이 성장이 빠른 시기이며, 낮보다는 밤에 머리카락의 성장 속도가 빨라진다.

성장기 과정은 1단계와 2단계로 나눌 수 있다.

– 1단계: 모구로부터 모낭으로 나가려고 하는 모발을 생성

– 2단계: 딱딱한 케라틴이 모낭 안에서 만들어진 후 다음 단계인 퇴행기까지 자가 성장을 계속함

2) 퇴행기 (퇴화기: catagen)
성장기 이후 모발의 세포분열이 정지되어 더 이상 케라틴을 만들지 않는 시기로 기간은 2주~3주 정도이며, 전체 모발의 1%를 차지한다. 모구부가 수축하여 모유두와 분리되고, 모낭에 둘러싸여 위쪽으로 올라간다.

3) 휴지기 (talogen)
모발 성장의 마지막 단계로 성장은 모유두가 위축되고 모낭은 차츰 쪼그라들며 모근은 위쪽으로 밀려 올라가 있고, 모낭의 깊이도 1/3로 줄어드는 단계이다. 다음 성장기가 시작될 때까지의 수명은 3개월~4개월로 전체 모발의 약 15%가 휴지기 상태이며 이 시기에 모발은 빗질에 의해서도 쉽게 탈락된다. 계절의 영향에 따라 봄과 가을에 탈락하는 머리카락의 수가 늘어나기도 한다. 여성의 경우 출산 후에 일시적으로 휴지기가 30%~40%로 늘어난다.

4) 발생기 (return to anagen)
배아세포의 세포분열이 왕성해지며 새로운 모발이 생성되는 시기로 모구가 팽창되어 새로운 신생 모가 성장하는 기간이다. 한 모낭 안에 서로 다른 주기의 모발이 공존하며 휴지기의 모발 탈락을 유도한다. 발생기는 개인의 질병, 유전, 체질, 나이 등에 따라 차이를 보인다.
탈모는 일반적인 모발의 성장주기를 벗어나 성장기에서 갑자기 휴지기로 바뀌어 여러 군데의 모공에서 머리카락이 빠지는 현상이다.
모발이 정상적으로 건강하게 성장하려면 모유두가 모세혈관으로부터 충분한 영양 공급을 받고, 자율신경계가 별 탈 없이 작용해야 한다. 하지만 두피 및 인체의 내적, 외적 이상 현상이 발생한 경우, 자고 일어났을 때와 머리를 감았을 때 하루에 빠지는 모발의 수가 평균 100개~200개 이상 늘어났거나 기존의 성장기 모발 기간이 짧아지고 모발의 연모화 현상이 나타나는 경우, 탈모를 의심해 볼 수 있다.

Ⅱ. 탈모의 이해

1. 탈모의 원인

탈모는 유전적 원인, 환경적 원인 등 다양한 원인에 의해 발생할 수 있다.

1) 유전적 원인

탈모는 유전병이 아니다. 하지만 다양한 연구 결과를 통해 탈모증이 유전적 소인이 강하다는 것을 짐작할 수 있다. 만약 부모 모두 탈모가 있다면 자녀도 80% 확률로 탈모가 나타날 수 있다고 알려져 있으며, 탈모 유전자는 남성에게서는 우성으로, 여성에게선 열성으로 유전되다 보니 남성이 상대적으로 영향을 더 많이 받을 수 있다.

2) 외부적 원인

탈모는 다양한 외부 영향에 의해 발현될 수 있다.
- 지나친 압력과 당김
- 헤어스타일링(컷, 펌, 염색 등)에 의한 손상 및 상처
- 모자 착용
- 비위생적 모발 관리
- 자연적인 원인: 기온이나 대기압력 차이, X-광선 등
- 화학적인 원인: 부적절한 모발 제품 사용으로 인한 산성 막 파괴
- 세균이나 균류의 증식

3) 내부적 원인

(1) 생리적 원인

다른 여러 요인에 의해 영향을 받아 모발 성장주기의 불균형이 오는 경우

(2) 병리학적 원인

빈혈, 천식, 고혈압, 동맥경화, 당뇨병, 발열, 혈액순환 장애, 항응고성 질병, 간염,

감기, 매독, 장티푸스 등 현대 사회의 음식문화와 환경 오염에서 오는 전염성 질병 또는 생활습관병 및 신경과민 등의 신경성 질병 등

4) 호르몬 결핍 또는 과잉에 의한 원인

(1) 뇌하수체 호르몬

뇌하수체는 뇌의 한가운데에 위치하는 내분비기관으로 시상하부의 지배를 받아 우리 몸에 중요한 여러 가지 호르몬들을 분비한다. 뇌하수체에서 분비한 호르몬들은 내분비계의 다른 기관들에 작용하여 호르몬을 자극한다. (갑상샘자극호르몬, 성선자극호르몬, 부신피질자극호르몬, 성장호르몬, 멜라닌세포자극호르몬, 항이뇨호르몬 등 호르몬의 분비를 조절하는 역할)

뇌하수체호르몬 과잉 분비 시에는 피부가 거칠어지거나 모발 성장이 증가할 수 있고, 결핍 시에는 피부 노화와 탈모를 유발한다.

(2) 갑상샘호르몬

갑상샘호르몬은 신체의 전반적인 조절작용을 하며, 과잉 분비 시 피부에 갑작스러운 열과 발진을 유발하고, 눈이 튀어나오기도 한다. 또한 모발의 발육은 양호해지지만 지나치게 항진되면 바제도병을 유발하며, 탈모를 일으킨다. 결핍 시에는 피부가 건조해지고 거칠어지며 모발도 건조 모로 바뀔 수 있으며, 탈모, 점액수종 등의 질병을 유발할 수 있다.

(3) 부갑상선호르몬

부갑상선호르몬은 혈액 내의 칼슘양을 조절하는 역할을 한다. 따라서 과잉 분비 시에는 과칼슘증이나 신경쇠약 등의 증상을 초래하며, 결핍 시에는 비정상적인 케라틴이 생성되어 피부, 모발, 손톱 등에 만성질환을 초래한다.

(4) 부신피질호르몬

부신피질에서 분비되는 호르몬을 통틀어 이르는 말로, 몸 안의 염류 대사에 관계하는 무기질 코르티코이드, 탄수화물 대사에 관계하는 당질코르티코이드

(Glucocorticoid) 및 부신 성호르몬이 있으며 신체 영양소 사용에 직접적인 영향을 미친다.

무기질 코르티코이드 결핍 시 다뇨증, 저혈압, 탈수증 등을 발생시키며, 체내산성화, 칼륨중독 등의 장애를 가져오게 되고 애디슨병(Addison's disease)을 유발하기도 한다.

당질코르티코이드의 감소 혹은 결핍 시 저혈당증이 일어날 수 있으며 근육약화 및 빈혈, 저혈압, 식욕 저하, 체중감소 등의 증상이 나타난다.

부신 성호르몬인 안드로젠(Androgen) 등이 결핍되면 체모와 치모, 액모가 감소하고, 과잉 분비되면 성징과 성 기관의 조숙한 발현 및 여성의 경우 남성화가 일어난다.

5) 모발 화장품 및 시술 오남용에 의한 원인

두피도 피부와 같이 미용 화장품의 오용, 남용 등에 따른 부작용이 발생하여 피부염과 알레르기 피부염 등의 두피질환을 일으킬 수 있다. 미용 화장품 성분 중의 하나인 방부제, 향료 등은 접촉성 피부염의 주된 원인으로 꼽힌다. 일상생활에서 흔히 접하는 샴푸도 성분이나 농도에 따라 알레르기 반응을 보이는 사람이 있고, 피부과 영역에서 두피에 쓰는 다양한 약제도 접촉성 두피염의 원인이 될 수 있다. 때에 따라 건성 모발 또는 지성 모발을 유발하기도 하며, 화학약품의 과다노출로 인한 두피 화상 등의 상처 또는 탈모를 유발하기도 한다.

또한 고무줄, 머리핀 등에 의한 당김, 저품질 미용기구 사용으로 인한 마찰 등 물리적 손상, 아이론기, 드라이기의 등으로 열을 가할 때 온도 과열로 인해서 모발과 두피는 많은 손상을 받게 된다.

샴푸 중 과도한 마사지를 하거나 타월 드라이를 할 때 너무 세게 모발을 비비는 경우, 나쁜 재질의 빗을 사용한 경우 등에는 모발 표피가 손상될 수 있으며, 드라이기를 사용해 머리를 말릴 때, 모발을 강하게 빗질할 때(back coming 등) 등의 물리적인 자극 때문에 모유두와의 결속력이 약해져서 모발 생장이 저해되기도 한다.

6) 자연환경

태양 광선 중 자외선과 적외선은 모발에 영향을 준다.

모발에 가장 영향을 미치는 것은 자외선으로, 모발의 시스틴 함량을 감소시키고, 멜라닌 색소를 파괴함으로써 모발의 손상과 탈색을 유발한다. 강한 자외선은 단백질을 변형시키고 되고 세포를 파괴할 수 있다. 또한 모발의 습기를 없애고 피질 층을 거칠어지게 하며, 모발 끝이 갈라지게 한다.

계절적인 온도 변화와 습도도 모발 손상이나 두피건조증을 유발하며, 탈모를 촉진하는 간접적인 요인이 될 수 있다.

7) 영양장애

식생활이 서구화되면서 현대인은 지방이 많이 함유된 기름진 음식을 먹는 경우가 많다. 하지만 지방질 위주의 식습관을 지속하면 두피가 지성으로 변화해 탈모를 유발하게 된다.

그 외에도 과도한 음주, 흡연, 다이어트, 불규칙한 식습관, 편식 등 나쁜 식습관은 혈액순환 장애를 일으키며, 영양분이 모유두까지 전달되지 못하게 되므로 모발이 가늘어지거나 탈모가 발생할 수 있다. 또한 균형 잡히지 않은 음식 섭취로 인해 남성 호르몬이 과다 분비되면 인체에 해로운 성분이 체내에 흡수, 축적됨에 따라 세포변형에 악영향을 끼치며, 모발에도 영향을 미친다. 따라서 평소 인스턴트식품을 삼가고, 균형 잡힌 식단으로 충분한 영양분을 섭취해야 한다.

8) 수면 부족

충분한 휴식을 취하지 않거나 잠이 부족하면 혈액순환과 산소, 영양공급이 원활히 이루어지기 어렵기 때문에 체온저하를 일으킬 수 있다. 이때 두피의 온도 또한 낮아지기 때문에 탈모와 빈모가 쉽게 발생한다. 특히 여성에게 나타나는 빈모 또는 탈모의 원인으로 수면 부족을 들 수 있다.

9) 스트레스

스트레스는 한 체계가 과부하(overloading)된 상태로 정도에 따라 체계 전체가 붕괴할 수도 있는 내적·외적 요인들을 모두 포함한다. 스트레스가 누적되면 스트레스 호르몬이 분비되어 혈관을 수축시키고 두피가 긴장되어 모근에 영양공급이 부족해져 탈모를 일으킬 수 있다.

2. 탈모의 유형

탈모는 통상적으로 전두부에서 두정부로 진행하는 M자형 탈모, 정수리에서 시작하는 O자형 탈모, 이마라인 전체적으로 발생하는 U자형 탈모 등 다양한 유형이 있으며, 여러 가지 탈모 유형이 복합적으로 일어나기도 한다. 탈모 유형 중 남성형 탈모(대머리), 여성형 탈모, 원형 탈모, 휴지기 탈모증 등이 발생 빈도가 높은 편이다.

(1) 남성형 탈모

남성형 탈모증은 흔히 대머리라 부르며 안드로겐 탈모증이라고도 한다. 남성형 탈모는 대머리 가족력이 있는 사람에게 주로 나타나며, 20대 후반이나 30대에 모발이 점차 가늘어지면서 탈모가 진행되는데, 유전적 요인, 나이, 남성 호르몬의 영향 등 다양한 원인에 의해 발생할 수 있다. 정수리 쪽에서부터 둥글게 벗어지는 경우와 이마 양쪽이 M자형으로 머리카락이 띄엄띄엄 나는 경우, 이마가 전체적으로 벗어지는 U자형 등이 있다.

(2) 여성형 탈모

여성형 탈모증은 남성형 탈모와 비교해 이마 위 모발 선(헤어라인)은 유지되면서 머리 중심부의 모발이 가늘어지고 머리숱이 적어지는 특징이 있다. 여성들은 탈모를 유발하는 남성 호르몬인 안드로젠보다 여성 호르몬인 에스트로젠을 훨씬 더 많이 갖고 있어서 남성들처럼 완전히 탈모(대머리)가 되지는 않으며, 머리카락이 다량으로 빠지게 되어 전체적으로 숱이 감소하는 경향을 보인다.

(3) 원형 탈모

원형 탈모는 털이 원형을 이루며 빠지는 현상으로 머리뿐만 아니라 수염, 눈썹 등에서도 발생한다. 한 개 또는 여러 개가 동시에 생겨날 수 있으며 크기는 보통 2cm ~3cm 정도이며, 시간이 지날수록 크기와 수가 증가할 수 있다. 유전적인 요인, 스트레스, 면역기능 이상과 관련이 있다고 보며, 치료 없이 낫기도 하나 재발률이 높은 편이다.

원형 탈모증은 다양한 크기의 원형 또는 타원형 탈모반(모발이 소실되어 점처럼 보이는 것)이 발생하는 점이 특징적이다. 주로 머리에 발생하지만 드물게 수염, 눈썹이나 속눈썹에도 생길 수 있으며 증상 부위가 확대되면서 큰 탈모반이 형성되기도 한다. 머리카락 전체가 빠지면 온머리 탈모증(전두 탈모증), 전신의 털이 빠지면 전신 탈모증이라고 구분한다

(4) 휴지기 탈모

내분비 질환, 영양결핍, 약물 사용, 출산, 수술, 발열 등의 심한 신체적, 정신적 스트레스 후 발생하는 일시적인 탈모를 말한다. 모근 세포는 보통 생장기 3년, 퇴행기 3주, 휴지기 3개월 정도의 순환 사이클을 가지는데, 휴지기 탈모는 모발 일부가 생장 기간을 다 채우지 못하고 휴지기 상태로 이행하며 탈락되어 발생한다. 휴지기 탈모증은 원인 자극 발생 후 2개월에서 4개월 후부터 탈모가 시작되어 전체적으로 머리숱이 감소하게 되며 원인 자극이 제거되면 수개월에 걸쳐 휴지기 모발이 정상으로 회복됨에 따라 모발 탈락은 감소하게 된다.

탈모 진행 과정

탈모 형태 / 탈모 진행단계	M자형	O자형	U자형	원형 탈모	복합성 탈모
정상					
↓ 초기					
↓ 중기					
↓ 후기					

2장

성형가발술 부문

집필위원

구나희 김호숙 신유경 오혜란 한미례

심을 것인가? 쓸 것인가? 이것이 문제로다.

나날이 빠지는 머리카락 때문에 두피가 훤히 보이고, 남들이 비웃지나 않을까 하는 걱정 등 탈모인은 신체적으로도 정신적으로도 너무나 스트레스를 많이 받고 있다. 증모가발샵은 20~30대 젊은 남성부터 40대~50대 중년 여성까지 전 연령에 걸쳐 다양한 탈모 유형을 가진 고객들이 탈모 커버를 위해 방문하고 있다. 이들은 스타일도 문제지만 우선 머리숱부터 보강하기를 원한다. "왕년엔 머리카락이 너무 많아 숱을 쳐냈는데, 어느 날부터 머리카락이 빠지더라.", "옆머리(사이드)나 뒤통수는 아직 그대로인 것 같은데 이마에서 정수리까지 탈모가 생겨서 고민이다."라는 고객들이 대부분이다.

왜 그럴까?

현재까지 알려진 바로는 DHT(Dihydrotestosterone 혈중에 존재하는 테스토스테론이 모낭에서 5 알파-환원효소에 의해 전환된 물질)가 모유두 안드로겐 수용체(Androgen receptor)와 결합하여 모발증식 촉진인자를 감소시키고, 모유두에서 모근세포 파괴 물질이 분비되면서 안드로겐성 탈모가 발생한다고 알려져 있다.

DHT은 두상 전반에 존재하지만, 남성의 경우에는 DHT에서 탈모의 명령을 받는 수용체는 전두부와 두정부에만 존재하고 있으며, 측두부와 후두부에는 존재하지 않는다. 따라서 DHT의 영향을 받은 남성은 앞머리와 정수리 부위 모발이 점점 가늘어지면서 결국 모발이 탈락하는 탈모증을 겪게 된다. 탈모가 후기 이상 진행된 경우에도 완전한 무모 상태가 아닌 옆머리와 뒤통수 부위 모발이 남아 있는 것은 바로 그런 이유라고 할 수 있다.

여성은 안드로겐 호르몬의 분비가 남성의 1/6 정도로 적고, 모발을 성장시키는 여성호르몬의 분비가 많아서 탈모 양상이 남성과는 다르다. 여성은 주로 갱년기 무렵에 여성호르몬이 감소하거나 활성도가 떨어지면서 가르마를 중심으로 진행되는 여성형 탈모를 겪는 경우가 많다. 다만 최근에는 과도한 스트레스가 원인이 되어 여성에게도 안드로겐성 탈모를 유발하거나 다낭성 난소증후군 등도 여성형 탈모의 원인으로 주목되고 있다.

어떻게 해결하면 좋을까?

탈모를 해결하는 방법으로는 크게 증모술와 모발이식 2가지 방법이 있다. 증모술은 한 가닥, 두 가닥 머리카락을 결속하는 방법부터 가발술에 이르기까지 머리카락(일반 모)을 활용하여 숱을 보강하는 모든 방법을 뜻한다. 모발이식은 DHT가 없는 뒷머리나 옆머리에서 모발을 채취해 이마에서 정수리까지 탈모가 발생한 두피 부위에 모발을 심는 방법이다. 요즘은 절개식과 비절개식 등 모발 이식 시술 방법도 다양해지고 있다.

가끔 모발이식을 한 후에 머리카락이 안정적으로 정착하지 못하고 계속 빠지는 경우가 있다. 이론적으로는 이식한 모발은 DHT가 분비되지 않기 때문에 이식한 모발이 빠지는 게 아니라 남아 있던 모발이 빠지는 거라고 한다. 모발이식을 하는 경우 유전적으로 모유두 생성이 힘들어서 결국은 재시술받거나 탈모를 커버할 수 있는 다른 방법을 찾아서 증모가발샵을 방문하는 경우가 많다.

불편한 진실! 세상에 모공 숫자를 늘리는 방법은 없다!

머리카락을 늘리는 방법은 빠지지 않은 머리카락을 빠진 부분으로 이동하는 법(모발이식) 그리고 일반 모발로 머리숱을 보강해 머리카락이 있게 보이게 하는 증모방법이 있다. 개인적으론 현재 남아 있는 모발이 많고, 수술을 할 수 있는 조건이며, 비용적으로 감당할 수 있다면 모발이식도 좋은 방법이라고 생각한다. 하지만 간과해서는 안 되는 점은 모발이식을 할 때의 조건과 아픔, 상처 회복 기간, 또한 모발이식 시 성공할 때 장기적으로 감당해야 하는 유지 비용 등을 따져보아야 한다. 또한 근본적인 유전자가 해결되지 않는 이유로 또다시 탈모 현상이 반복될 수 있다는 불편한 진실도 있다.

이 때문에 탈모로 고민하는 사람 중 모발이식을 선택하는 경우도 있지만 대부분 사람은 본인의 탈모 컨디션에 맞춰서 적합한 증모술로 탈모를 즉시 해결하는 방법을 추구하고 있다.

증모술은 탈모 진행 단계에 따라 '원포인트 헤어증모술 → 매직 다중모술 → 블록증모술 → 보톡스증모술 → 이식증모술 → 누드증모술 → 피스술 → 부분가발 → 성형가발 → 에어가발 → 일반가발' 등 다양한 방법 중 자신에게 맞는 숱 보강 기법을 선택할 수 있기 때문이다.

증모가 탈모의 완전 해결책은 아니다. 하지만 가능하다면 남아 있는 잔모와 두피를 건강하게 관리하면서 탈모 부위를 즉각적으로 완벽하게 커버할 수 있는 '두피 성장 탈모 케어'를 추구하는 증모술이 좋은 대안이 될 수 있다. 덮는 개념의 가발은 탈모를 가리는 액세서리일 뿐 탈모를 해결할 수 있는 방법이 아니다. 덮는 개념의 가발은 두피에 노폐물이 쌓여서 잔모와 두피를 손상시키고, 탈모를 가속화할 뿐 머리카락을 다시 자라게 하는 목적은 전혀 없다. 덮는 식 가발을 사용하는 이유는 단시간 내 외견상 변화를 주고 싶을 때, 비용적인 면을 고려할 때, 모발이식 수술이나 두피 치료 시 보조 도구로 2% 부족할 때 등이다.

만약 유전이 아닌 환경이나 여러 요인으로 빠지는 경우는 다시 자랄 수 있는 확률이 높다. 이때에는 탈모를 어떻게 관리하는지가 가장 중요하다. 근본적으로 탈모 부위를 덮는 개념의 탈모 용품을 피하고 '두피 성장 탈모 케어'의 목적을 가진 증모술과 탈모 관리를 병행하는 것이 가장 이상적이다.

Ⅰ. 가발학 이론

가발은 인모와 인조모로 여러 가지 모양을 만들어 머리에 쓰는 헤어 아이템이다. 가발의 역사를 짚어보자면, 고대 이집트인들이 위생을 위해 남녀 가릴 것 없이 머리를 짧게 깎거나 삭발하는 스타일이 성행했는데, 강한 햇볕으로부터 두피를 보호하기 위해 가발을 착용하게 되면서 가발이 대중화되었고, 신분에 따라 디자인과 가격대의 차별화가 이루어졌다. 이렇게 이집트에서는 가발이 위생과 권력의 상징이었다면, 로마에서는 주로 탈모를 감추기 위해 착용했고, 그리스에서는 배우들이 분장을 위해 가발을 착용하기도 했다. 우리나라 역사에서도 일찍부터 가발이 사용되었다. 얹은머리, 가체, 가결 등 다양한 용어로 가발은 우리 역사 속에서 등장한다.

현대 사회로 들어서면서 가발은 권력을 상징하기보다는 외모를 돋보이게 하거나 콤플렉스를 커버하기 위해 사용하는 경우가 대부분이다. 최근에는 주로 스탁(기성 가발), 커스텀(맞춤), 투페이(탑 가발)를 많이 사용한다.

성형가발술 부문에서는 가발을 구성하는 자재, 구조 등 가발의 이론적 개념과 가발 제작법, 가발 스타일링 방법, 상담 노하우 등을 배워본다.

1. 가발의 개념

가발의 개념을 살펴보자면 다음과 같다.

1) 기성 가발

기성 가발은 두상의 사이즈를 표준화하여 만든 제품으로 두상 크기나 탈모 범위가 기성 가발 제품과 어느 정도 맞아야 착용 가능한 것이 특징이다. 맞춤 가발은 주문 후 제작 기간이 오래 걸리지만 기성 가발은 미리 제작한 가발을 구매하기 때문에 시간적 여유가 없어 당일에 착용을 원하시는 고객들이 선호한다. 기성 가발의 종류로는 탑피스와 남성 투페이 등이 있다.

2) 맞춤 가발

맞춤 가발은 고객의 두상을 본떠서 두상의 크기, 탈모 범위에 따라 고객 맞춤형 제품을 제작하는 것을 의미한다. 기성 제품 사이즈가 잘 맞지 않거나 나에게 꼭 맞는 가발을 원하는 고객들이 선호한다. 숱 보강할 모량, 새치 비율 등 섬세한 부분까지 고객이 원하는 대로 제작할 수 있어서 고객 만족도가 가장 높다. 하지만 제작 기간이 한 달~한 달 반 정도 오래 걸리기 때문에 시간적 여유가 필요하다. 맞춤 가발은 고정 방법을 고정식, 반고정식, 탈부착식으로 구분할 수 있는데 고정식에는 테이프식, 샌드위치식, 본딩식, 퓨전식 등이 있고, 반고정식에는 단추식과 벨크로식, 탈부착식에는 테이프식, 클립식, 벨크로식 등이 있다.

3) 패션 가발

패션 가발은 주로 기계로 제작한 가발이다. 나일론으로 만든 가발이어도 수제로 낫팅한 패션 가발은 고가품에 속한다. 패션 가발은 미리 제작한 제품이기 때문에 당일 착용이 가능하다. 패션 가발의 모발 재료는 주로 인모, 인조모, 나일론(저가 원사, 아크릴, 고가 원사) 등을 사용하고, 염색을 한 것이 아닌 여러 가지 색깔의 머리카락을 섞어 만든다. 종류가 다양하고 부분 가발(탑피스) 종류가 주로 많다.

2. 가발의 명칭

가발은 제품 사이즈에 따라 일반적으로 다음과 같이 분류할 수 있다.

1) 탑 가발

탑 가발은 정수리용으로 가로와 세로의 합이 25cm 미만 부분을 커버하는 사이즈를 의미한다.

2) 투페이 가발

투페이 가발은 정수리용으로 가로와 세로의 합이 45cm 미만 부분을 커버하는 사이즈를 의미한다

3) 반전두 가발

반전두 가발은 모자를 착용할 때의 면적과 비슷하며, 가로와 세로의 합이 52cm 미만 부분을 커버하는 사이즈를 의미한다

4) 전두 가발

전두 가발은 두상을 모두 덮는 통가발을 의미하며 가로와 세로의 합이 52cm 이상 70cm 미만 부분을 커버하는 사이즈를 의미한다.

3. 모발의 종류

가발을 제작할 때 사용하는 모발의 종류는 크게 인모와 인조모로 나눌 수 있다. 지금부터 인모와 인조모의 차이, 인모와 인조모를 구별하는 방법, 좋은 모발을 구별하는 방법 등에 대해 알아본다.

1) 인모 (Human Hair)

인모는 100% 사람의 머리카락이므로 멜라닌 색소나 큐티클, 시스테인 등이 보존된 자연 그대로의 모발이다. 인모는 열에 강해서 펌, 염색, 탈색 등 다양한 미용시술이 가능하여 스타일이 자유롭고, 가발로 제작했을 때 머릿결이 자연스러우며 내 머리카락과 일체감이 뛰어나다는 장점이 있다. 하지만 100% 인모로 가발을 만들면 무겁고 비용이 커진다. 또한 인모는 단백질 성분이기 때문에 탈색 등 변형이 일어날 수 있고, 정기적으로 영양 공급을 위해 클리닉을 받아야 한다. 이러한 점 때문에 인모는 인조모에 비해 손질이나 관리가 까다롭다는 단점이 있다.

인모는 모발의 국적, 가공 상태, 수집 상태(낙모, 청소모 등), 색상 등에 따라 다양한 방법으로 분류하며, 사용 목적(가발 제작용, 붙임머리 제작용 등)에 따라 적절한 모발을 선택해야 해서 다양한 종류에 모발에 대한 이해가 필요하다.

가발공장에서 모발을 구매해 증모 가발용 제품을 제작할 때는 100% 인모를 사용하는데, 이때 모발의 상태가 각각 다르므로 가발로 제작하기 전 1~2회 이상 산 처리 작업을 거쳐 모발의 때를 빼고, 모발이 엉키지 않게 큐티클을 균일하게 깎아준다.

(1) 특A급

■ Raw Hair (원모)

- 원모는 케미컬 처리를 전혀 하지 않은 100% 천연 인모이다.
- 원모는 모발 시장에서 재질이 가장 좋은 등급의 모발이다.
- 원모는 한 사람에게만 받은 모발이며, 요즘에는 한 사람에게만 모발을 받는 게 어렵기 때문에 원모를 구하려면 여러 명에게 모발을 구매해야 한다.
- 원모는 웨이브나 증모용 모발로 활용할 수 있다.
- 원모는 버진헤어(천연모)보다 더 부드러운 최상 등급의 모질이다.

■ 변발 (댕기모)

- 머리카락을 묶어서 통째로 잘라놓은 것을 변발이라고 한다.
- 변발은 자연모긴 하지만 염색과 산 처리를 해서 큐티클을 한 번 깎은 모발이다.
- 변발은 품질에 따라 등급을 구분한다. 젊은 사람의 건강한 모발은 상급으로 분류하고, 흰머리가 섞인 모발이나 염색 모발 등은 품질이 낮으며 비용도 저렴하다.

(2) A급 (순발, 순파-버진헤어, 달비모, 레미모, 천연모)

- 산 처리를 하지 않은 모발이며, 모발의 큐티클 방향을 한 방향으로 정모를 해서 만들어놓은 모발을 순발이라고 한다.
- 결 방향을 원상태 그대로 최대 길이를 정모한 모발과 길이별로 정모를 하여 판매하는 모발이 있다.
- 염색모도 순발이라고 하기는 하지만 급이 다르다.

■ 달비모 (댕기모)

- 댕기머리 원모를 큐티클 방향이 한쪽으로 일정하게 되게끔 정모 작업을 해서 결처리 정리 작업을 한 모발을 달비모라고 한다.
- 산 처리를 하지 않은 최상급 오리지날 모발이다.
- 천연 원모가 들어오면 100kg에서 잔머리를 털어내고 가장 긴 모발의 20% 정도인 20kg만 달비모로 사용한다.

– 묶음 상태에서 모발의 큐티클 방향이 섞이지 않게 잔머리를 다 빼내고 묶음 된 원모를 큐티클 방향이 일정하게 정리하여 정모 작업 후 가볍게 모발 큐티클 결 정돈 작업을 한 것이다.

■ 레미모 (Remy Hair)

– 큐티클 방향이 한 방향으로 되어 있는 모발을 레미모라 한다.

– 원모인 변발을 뜻하기도 하는데, 레미모에는 염색모나 흰 모발이 섞여 있기도 하다.

– 모발 공장에서는 레미모를 염색이 안 된 모발, 염색된 모발, 흰 모발, 극손상 모, 천연모 등으로 분리 작업을 한다.

※ 기계 레미모

큐티클 방향이 섞여 있는 레미모(천연 원모)는 한 묶음에 100kg 단위로 구매하는데, 이 중 60kg 정도를 골라서 사용하게 된다. 염색이 안 된 자연 레미모(no염색모)를 가발업계에서 는 '내추럴 버진헤어'라고 한다.

큐티클 방향이 섞여 있는 레미모는 기계를 사용하여 큐티클 방향을 동일하게 만드는 1차 가공을 거친 후 1회 정도 가볍게 모발 큐티클을 결 정리하여 엉킴이 적게 만든 것을 기계 레 미모라고한다.

기계 레미모는 주로 붙임머리용 모발로 사용하는데, 이때 필요에 따라 탈색해서 모발색을 맞춘다.

모발 판매업자에 따라 여러 가지 낙모나 품질이 낮은 모발을 섞거나 모발 비율이나 모발 질 등을 눈속임하는 경우가 있으므로 구매할 때 주의가 필요하다.

(3) B급 (당발 & 당파)

– 원모 묶음 상태에서 순발을 만들기 위해 잔머리를 털어낼 때 떨어진 짧은 머리를 당발이라고 한다.

– 떨어진 모발을 모았기 때문에 큐티클 방향이 위아래로 섞여 있으며, 산 처리는 하지 않고, 모발 길이별로 정모를 하여 판매하는 모발이다.

(4) C급 (호파, 창파)

– 원모 묶음 상태에서 순발을 만들기 위해 잔머리를 털어낼 때 나온 모발을 뜻하며 큐티클 방향이 일정하지 않고, 흰머리가 섞여 있기도 하다. 이러한 모발을 모장별로 정모하여 판매하는 모발이며, 산 처리를 하지 않은 모발이다.

– 모발을 수집할 때 미용실에서 컷팅한 모발을 모으는 경우가 많고, 염색된 모발, 염색 안 된 모발, 건강모, 손상모 등 다양한 컨디션의 모발을 한데 섞어서 모으기 때문에 전체적으로 머리카락의 질이 떨어지는 편이다. 또한 탈색해도 잘 안 되기 때문에 주로 염색해서 판매한다. 싸구려 탑피스에 많이 사용한다.

(5) 기타

– 믹스모(혼합 합성모): 인모와 인조모가 혼합된 모발이다. 주로 인모가 80%, 인조모가 20%인 경우가 많고, 인모와 인조모의 비율을 7:3, 5:5 등 다양하게 구성할 수 있다.

– 자연모: 산 처리한 인모이다.

– 사색모: 전혀 염색 처리가 안 된 흰머리가 많은 자연 원모이다. 주로 밝은 컬러를 만들고자 할 때 사색모를 사용한다.

– 가공모: 모든 모발은 모발에 묻은 때를 빼고 큐티클 결 정리를 하기 위해 산 처리를 1회만 한다. 단, 밝은색을 만들기 위해 산 처리를 2회 이상 한 인모를 산 처리모라고 한다.

– 염색모: 염색을 한 모발

– 마네킹모: 앙고라, 산양, 말, 야크 털 등으로 제작하며, 가발 마네킹, 연습용 마네킹을 만들때 많이 사용한다.

– 낙모(Goil Hair): 주로 사람 모발의 수명이 다 된 낙모나 여러 가지 털을 섞어 둥글게 뭉쳐놓은 모발이다. 큐티클 방향이 일정하지 않고 염색이 된 모발과 안된 모발이 혼재한다.

– 벌크모: 큐티클 방향이 뒤섞인 모발을 구매하는 것을 벌크모라고 한다.

모발을 등급별로 분류하면 다음과 같다.

등급	특징	모발 공장에서 모발 상태별 분류 작업	
		원모 (NO 케미컬 모발)	염색 모발 #1b 컬러
4A & 5A	시장에서 제품 판매하는 모발은 주로 4A나 5A를 사용한다. 모질은 아주 낮은 편이고, 모발이 많이 엉키고 엄청 많이 빠진다. 모발 구매 시 모발의 큐티클이 같은 방향으로 정리되어 있지 않기 때문에 엉킴 방지를 위해 산 처리를 반드시 해야 하고, 모발 두께는 얇은 편이다. 만약 반드시 4A~5A 등급의 모발을 구매해야 할 경우, 모발 길이가 12" 미만으로 구입하는 것이 좋다.	주로 헤어샵에서 컷팅한 여러 모발을 합친 것이다. 따라서 모발 컬러가 일정하지 않고, 여러 번 화학 처리된 모발이 혼합되어 있다. 일명 쓰레기 모발이라고 한다. 이런 모발에서 골라낸 NO 케미컬 원모	주로 염색 머리로만 사용 가능 보통 가발 제작 시 어두운 컬러로 많이 사용
6A	6A급 모발은 산 처리모로 굵기는 가는 편이다. 증모에 사용하면 좋다. 돈을 좀 아껴야 한다면 6A를 추천한다. 모장은 12"~18"를 사용하면 좋다. 6A급 모발로 만든 제품은 관리를 잘한다면 6개월에서 1년 정도 사용할 수 있다. 모발 손상을 최소화하기 위해 최소 미디엄 블론드까지만 탈색하는 것을 추천한다.	사람들이 빗질하여 떨어진 모발들을 모아서 구매한 모발은 일명 볼 헤어라고 한다. 즉 이런 모발은 모발로써 수명을 다한 낙모이다.	주로 염색 머리로만 사용 가능 보통 가발 제작 시 어두운 컬러로 많이 사용

7A & 8A	모발 굵기는 보통이며 산 처리한 모발이다. 가장 추천하는 등급이다. 만약 18" 이상의 모발 길이를 원한다면 7A 그리고 8A를 추천한다. 8A가 7A보다 품질이 더 좋으므로 만약 킨키 웨이브 컬을 만들려고 한다면 8A를 사용하는 것이 더 좋고, 증모나 자연스러운 바디 웨이브 디자인을 만들려고 한다면 7A를 사용해도 무관하다.	일반적으로 살짝 케미컬 사용해서 모발에 결을 정리한다. 큐티클 방향성이 혼합된 원모를 큐티클 결 정리 약품 처리한 원모이다. 미국, 유럽 쪽에서는 버진 레미 헤어라고도 많이 한다.	주로 염색 머리로만 사용 가능 보통 가발 제작 시 어두운 컬러로 많이 사용
9A & 10A 기계 정리 레미모	10A는 모발 굵기가 적당하고, 엉킴이 적다. 최대 #27까지 탈색할 수 있다.	일반적으로 중국모이며, 큐티클 방향성이 혼합된 원모를 큐티클 결을 기계로 정리하여 레미모라 하는 원모이다. 일반적으로. 레미 헤어라고 한다.	주로 염색 머리로만 사용 가능 보통 가발 제작 시 어두운 컬러로 많이 사용
11A & 12A 오리지널 레미모	한 사람에게 모발을 받은 것으로 모발이 탄탄하고 건강하다. 큰 손상없이 #613까지 탈색할 수 있다.	오리지널 댕기머리 전혀 큐티클 방향성이 섞이지 않은 오리지널 댕기 모발이다. 기계로 큐티클 방향성을 바꾸지 않은 레미 원모이다.	주로 염색 머리로만 사용 가능 보통 가발 제작 시 어두운 컬러로 많이 사용

[국적별 모질 특성]

인모를 국적별로 분류해보면 유럽 / 미주권 인모는 주로 페루, 칠레, 러시아 쪽 모발이 많고, 아시아에서는 중국, 미얀마, 인도, 베트남, 우즈베키스탄, 방글라데시, 몽골 등에서 인모를 구매할 수 있다.

모발은 사람의 건강 상태에 따라 모질이 결정된다. 예를 들어 경제적으로 부유한 나라의 모발은 단백질 성분이 많아서 머리카락이 굵고 모발의 성질이 강한 편이고, 경제적으로 어려운 나라의 모발은 얇고, 모발 자체가 약한 편이다.

가발을 제작할 때는 판매할 국가에 따라 선호하는 모질이 다르다는 점을 유념해야 한다. 예를 들면 유럽에서는 방글라데시나 우즈베키스탄, 러시아, 몽골산 모발을 선호하고, 미국 등지에서는 북인도 모, 우즈베키스탄(중앙아시아), 방글라데시, 몽골, 페루, 칠레(남미 쪽) 쪽 모발을 많이 사용한다.

각 국적별 모발의 특징은 다음과 같다.

국적	모발 질과 결의 특징
미얀마	미얀마 모발은 중국과 인도 모발의 중간 정도의 성질을 가지고 있으며 모질이 온순해서 약품을 적게 사용해도 잘 처리된다. 모발이 아주 건강해서 열처리를 잘 받는다. 미얀마 버진 모발은 약간 보통 두께이면서 끝에 살짝 컬이 있다. 색상은 검정에서 다크 갈색까지 있다. 만약 스트레이트나 살짝 웨이브 있는 형태를 선호한다면 미얀마 모발을 추천한다. 단, 미얀마 모발은 약하기 때문에 파마해도 오래 가지 않고 몇 개월 후 컬이 풀릴 수 있다. 요즘 블랙 마켓(흑인 가발)에서 가장 핫한 모발로 자리를 잡고 있다. 이유는 중국 모처럼 두껍지 않고 모발 결의 무게감이 약간 찰랑거리면서 부드럽고, 굵은 컬 또는 작은 컬 등을 자유롭게 연출할 수 있기 때문이다. 거의 블랙 가발에 70%~80% 사용하고 있으며 특히 여성 가발에 많이 사용한다.
러시아	러시아인은 건강 상태가 매우 양호하기 때문에 모발의 질이 뛰어나다. 버진 모발 중에서도 최상급에 해당한다. 러시아 모발은 블론드 색상~미디엄 갈색 등이 있고 또한 직모와 보디 웨이브가 좋다. 단, 이 모발은 구하기가 몹시 어렵다. 주로 백인층의 고급 가발용 모발로 많이 사용한다.

몽골		몽골 모발은 인구가 적어서 공급이 매우 부족하다. 중국 모와 말레이시아 모발의 중간급이다. 촉감은 부드럽고 색상은 갈색에서 블론드까지 여러 가지가 있다. 직모, 웨이브, 컬 등 다양한 스타일이 있다. 만약 갈색보다 더 밝은 색상을 원한다면 몽골 모발을 추천한다. 몽골 모발은 스타일이나 색상이 다양해서 좋다. 단, 공급이 적기 때문에 만약 몽골 모발을 구하지 못한다면 중국 모나 인도 모로 대체할 수 있다. 모발 결은 살짝 얇은 편이라 페루나 브라질 모발처럼 볼륨감은 없지만, 두께가 너무 얇지 않기 때문에 남미 사람들에게 잘 어울리는 모발이다.
페루		페루 모발은 브라질 모발보다 더 두껍고 더 거칠다. 페루 모발은 직모, 웨이브, 그리고 악성 컬도 있다. 하지만 샴푸 후에는 직모보다는 곱슬기가 있는 모발이 더 많다. 모발 색은 다크 컬러~라이트 브라운 컬러까지 다양하다. 페루 모발은 구하기가 어렵기 때문에 제일 비싼 편이다. 만약 두꺼운 모발이면서 연한 갈색을 찾고 있다면 페루 모발를 추천한다. 브라질 모발처럼 탄탄하면서 유럽 모발처럼 부드럽다.
말레이시아		말레이시아 모발은 여러 가지 웨이브가 있다. 또한 살짝 풀린 보디 웨이브가 흔한 편이다. 인도 모발보다 더 무겁고, 두껍고, 부드럽다. 모발은 직모에서 살짝 웨이브가 들어가 있다. 중국 모발보다는 살짝 더 얇고 부드럽고, 굉장히 샤이니하다. 자연스러운 웨이브를 좋아한다면 말레이시아 모발을 추천한다. 단, 말레이시아 모발은 어두운 색상밖에 없고, 모발 시장에 비교적 최근에 판매되어 귀한 편이라서 중국 모나 인도 모보다 조금 더 비싼 편이다.
브라질		전체적으로 결이 거칠고 모발이 두꺼워서 무게감이 있다. 직모, 웨이브, 컬 등 다양한 형태가 있다.
	Grade A	모발 결은 아주 얇고, 부드럽고, 직모이다. 이 모발은 레이스 가발이나 프런트 레이스에 사용하면 좋다
	Grade B	제일 인기 있는 모발이다. Grade A보다는 결이 살짝 더 두껍고 웨이브가 살짝 있다. 색상은 다크 브라운에서 밝은 코퍼 색상까지 다양하게 구매할 수 있다. 주로 백인 가발을 제작할 때 많이 사용한다.
	Grade C	브라질에서 곱슬기가 심한 분들 모발이다. 모발 두께는 매우 두껍고 촉감은 거칠고, 곱슬기가 있다. 색상은 검정에서 라이트 브라운까지 있다. 컬은 보디 웨이브나 킨키 컬이다.

베트남	베트남 모발은 살짝 두껍고 색이 잘 빠진다. 그래서 다른 색상을 잡는 것과 컬을 잘 받아들인다. 베트남 모발은 거의 처리하지 않고 독일, 이스라일, 영국, 이탈리아, 아르헨티나, 프랑스, 브라질, 인도, 미국에 많이 판매한다. 주로 백인 가발 제작용 모발로 사용한다.
중국	중국 모발은 전체적으로 건강하고 두껍고 아주 샤이니하다. 모발의 굵기는 70~80데니어(1.15mm)로 굵은 편이고, 성질은 가장 온순해서 약이 잘 스며든다. 또한, 주로 어두운 색상이 많다. 만약 2번 색상보다 밝은 모발을 판매한다면 이것은 버진 모발이 아니다. 중국 모발은 원하는 모발의 두께로 조절하면서 모발을 다양하게 활용할 수 있도록 전체적으로 케미컬 처리를 한다. 만약 버진 모발이라면 컬이 잘 잡히지 않는다. 전 세계에서 사용하는 붙임머리는 중국이 가장 큰 공장이다. 단, 중국에서는 염색모나 버진 헤어가 아니어도 버진 헤어라고 속여서 판매하는 경우가 많기 때문에 모발 구매 시 주의가 필요하다.
인도	인도 모는 모발의 굵기가 약 50~60데니어 정도로, 모발이 얇아서 부스스하게 날림 현상이 심하다. 생모라도 끝이 웨이브가 되어 있고, 중국 모보다 모질이 소프트하다. 인도 모발은 아주 어두운 편이다. 건조하고 부스스한 컬을 원한다면 인도 모를 추천하지만, 만약 볼륨감을 원하거나 밝은 색상을 원한다면 인도 모를 권하지 않는다.
북한	미얀마 모보다 두껍고 손으로 만져봤을 때 모질이 거칠다.

*데니어: 일정 길이의 섬유를 뽑기 위한 섬유의 무게가 기준

모발의 굵기를 비교해보자면 중국 모 〉 한국 모 〉 인도 모 〉 미얀마 모 순으로 모발이 두껍다.

KIMHO 미얀마 직영공장에서는 가발을 제작할 때 중국 모를 주로 사용한다. 중국 모는 모발 굵기가 70~80데니어로 산 처리 작업으로 큐티클을 정리하면 모발 굵기가 한국 모발 굵기(60~70데니어, 0.8mm~1.1mm)와 비슷해져서 가발로 제작했을 때 한국인의 모발과 잘 섞이고 일체감이 뛰어나다.

2) 인조모 (Synthetic Hair)

인조모는 재질에 따라 합성모, 혼합모, 고열사모로 분류할 수 있다. 인조모를 불에 태우면 플라스틱이나 고무 타는 냄새가 나고, 끝이 몽우리지며 꼬실꼬실거린다. 또 타고 난 잔재를 확인하면 조그맣고 딱딱한 덩어리가 남는다.

인조모는 인공적으로 제작할 수 있어서 무한 생산이 가능하고, 모발에 멜라닌 성분이 없어서 햇빛에 변색이 되지 않는다. 또한 가발로 제작 시 모발 빠짐 현상이 덜하고, 형상기억모로 샴푸 후에도 모양이 잘 유지되고, 스타일 변형도 거의 없어 손질과 관리가 편하다. 그리고 인모보다 저렴하다는 큰 장점이 있다. 반면 인조모는 이미 색상이나 컬이 정해져 있어서 염색, 탈색, 펌 등이 불가능하다. 또한 모질 특성상 햇빛을 받으면 광채가 나서 반짝거리기 때문에 고객 모발과 일체감이 떨어지며 부자연스럽다. 특히 인조모로 제작한 가발은 일정 기간이 지나면 스프링처럼 꼬이면서 가모 티가 많이 난다는 단점이 있다.

인조모의 종류는 다음과 같다.
- 합성모: 아크릴섬유나 화학섬유로 만들며, 사람 머리카락과 흡사하게 만든 모발이다.
- 혼합모: 가발 제조 시 동물의 털과 인모를 혼합한 것이다.
- 고열사: 높은 온도에서도 버틸 수 있는 모발로 아이론, 매직기 등 열기구 사용이 가능하고 열펌이 가능하다.(일반펌, 염색 불가)

인조모를 제작할 때는 원사를 사용하는데, 원사는 고열사와 저열사로 구분할 수 있다.
- 저열사 프로테인 원사 110°, 저열사 모다아크릴 원사 110°
  → 일본 가네카론사 90% 독점
- 저열사 P.V.C 원사 96°
- 고열사 180° & 저열사 100° 폴리에스터 원사
- 저열사 85° PP 원사

기타 모두 륨팔랑, 최하 나일론 등이 있다.

ex

일본 카네칼론의 푸투라(Futura) 190℃까지 난연처리가 되어 있다. 한국 우노컴퍼니의 나투라 (Natura) 220℃ ~ 280℃까지 난연처리가 되어 있다. 만약 220℃까지 열을 가할 수 있다면, 일본 카네칼론 원사가 맞는지 의심해볼 필요가 있다. 원사는 필요한 모장만큼 잘라서 제작하기 때문에 길이 제한이 없다. 우리나라는 우노컴퍼니에서 나투라, 푸투라를 생산해 일본 카네칼론사의 독점을 막고 있다. 원사의 종류는 난연성 원사와 비난연성 원사로 나눌 수 있는데 난연성 원사는 불을 붙이면 붙었다가 떼면 불이 꺼지기 때문에 가발을 제작하기에 적합한 원사이고, 비난연성 원사는 불이 한번 붙으면 계속 타들어가서 위험하므로 가발 제작용으로 사용하기에 부적합하다.

3) 야크모 (동물 털)

인모나 합성모 외에 동물의 털로 가발을 제작하기도 한다. 이때 야크(Yak) 털을 사용하는데, 야크모는 모발이 굵고 울퉁불퉁하며 뻣뻣하게 서 있는 것이 특징이고, 주로 검은색 털이 많다. 또한 야크모는 큐티클이 없어서 엉키지 않고, 모발 결이 일정하지 않으며, 약하고 잘 끊어지는 특징이 있다. 이 때문에 검은색 야크모는 가격이 인모보다 저렴하다. 단, 흰색 야크모는 공급이 많이 없어서 검은색 야크모보다 2배 정도 비싼 편이다. 또한 흰색 야크모는 사람의 흰머리와 매우 유사해서 모발 판매상이 인모에 5%~10% 섞어서 팔기도 한다.

4) 인모와 인조모 구별 방법

- 인모를 불에 태우면 케라틴, 살 타는 냄새가 나고, 모발 끝이 타서 부서진다.
- 인조모를 불에 태우면 플라스틱이나 고무 타는 냄새가 나고 끝이 몽우리지며 꼬실꼬실해진다.
- 어떤 인조모는 유황 냄새가 나는 경우가 있어 구별하기가 매우 힘들다.
- 인모와 인조모를 확실하게 구별하기 위해서는 펌이나 탈색을 해봐야 한다.
- 펌할 때 하나는 열처리해보고, 하나는 자연 방치해본다.
- 와인딩 후 열처리했을 때 컬이 제대로 나오고, 자연 방치했을 때 컬이 안 나오면 인조모이다.
- 인모는 열처리해도 펌이 나오고, 자연 방치해도 펌이 나온다.
- 탈색했을 때 100% 인모는 노랗게 탈색이 되고, 인조모는 탈색이 되지 않는다.

– 나일론은 탈색약에 녹지 않는다.

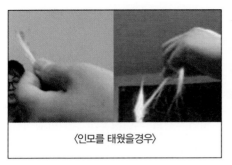

〈인모를 태웠을경우〉

〈인조모를 태웠을경우〉

5) 좋은 모발 구별 방법

좋은 모발을 구별하고자 할 때는 다음과 같은 사항을 반드시 확인해야 한다.

– 촉감이 부드럽고 힘이 있다.

– 원모이며, 오리지널 댕기머리이다.

– 모발의 양 끝부분(아래, 위)의 색상 차이가 없다.

– 모발이 부스스하거나 웨이브가 있으면 안 된다.

– 모발 끝부분이 퍼져 있고 날림 현상이 있는 모발은 영양이 없다는 뜻이다.

– 모발 길이가 다른 모발이 많이 섞여 있고, 잔머리가 많으면 좋지 않다. (모장별 비율)

– 잡았을 때 무겁고 축 처지는 머리가 좋다. 단, 판매상이 모발에 시멘트, 흙, 석회 가루, 모래, 석유, 경유, 오일 등을 발라서 중량을 속일 수 있으므로 주의가 필요하다.

– 흰머리가 많이 섞여 있거나 케미컬 작업을 했던 모발, 염색한 모발은 좋지 않다.

– 일반적으로 '케라틴 헤어'라고 하는 것은 인공적으로 동물, 식물성 케라틴 성분 등이 있다. 이러한 모발은 염색은 힘들지만 열펌은 가능하다.

– 좋은 모발인지 눈으로 식별할 수 없는 경우, 100℃ 온도의 뜨거운 물에 모발을 담 갔을 때 쭈글쭈글하듯 모발이 늘어진다면 확실히 알 수 있다.

6) 염색모 VS 천연모(버진헤어) 구별 방법

• 직접 눈으로 확인하는 방법

- 전체적으로 모발 색이 일정하지 않고 얼룩이 있는 경우
- 모발 길이에 따라 컬러 단차가 날 때

• 치오 펌제로 확인하는 방법
- 모발을 30분 정도 치오 펌제에 담근 후 흰 손수건으로 닦아보면 색 빠짐 현상을 볼 수 있다. 이 모발을 손 지문을 사용해 비벼보거나 꼬리빗으로 빗질하면서 염색물이 빠지는지 확인한다.

• 커터칼로 확인하는 방법
- 새끼손가락 두께 2분의 1 정도의 모발을 꺾어서 양쪽 손가락 중간으로 잡아 모발 큐티클이 눈에 보이게 한 다음 칼날로 큐티클 겉 부분을 긁어서 확인했을 때, 가루 색깔이 흰색(케라틴 색) 외 다른 컬러가 나오면 염색한 모발이다.

• 손가락으로 구분할 때
- 새끼손가락 두께 2분의 1 정도의 모발을 잡아 양손 엄지, 검지로 비볐을 때 상하가 아닌 좌우로 올라가면 산 처리나 염색이 안 된 모발이고, 안 올라가면 산 처리나 염색이 된 모발이다. (큐티클 확인 방법)

4. 가발의 구성 및 재료

1) 가발의 구성

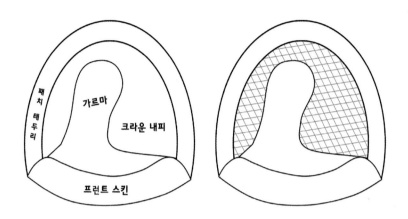

가발은 스킨, 가르마, 내피, 패치 테두리로 구성되어 있다.

(1) 프런트 스킨

앞쪽 이마에 붙여 내 두피처럼 보이게 하는 부분이다. 프런트 스킨은 주로 나노스
킨 1단, 2단, 3단, 샤스킨(얇게, 보통, 두껍게), USA 스킨 등을 사용한다.

(2) 가르마

노출되는 부위인 가르마는 자연스러운 느낌을 주기 위해 주로 망 소재를 사용한
다. 가르마를 제작할 때 사용하는 망의 종류는 P30, P31(스위스망으로 부드러움),
P202(독일망), 폴리육각망(시원함을 주고자 할 때), 화인모노망, 불파트(내 두피 같은
느낌) 등이 있다.

(3) 내피

크라운 내피라고도 불리며 가르마를 제외한 나머지 안쪽 부분이다. 내피에는 어망,
다중모줄(벽돌식, 다이아몬드식), 모노 F 사각망, SY/BL 망 등을 사용한다.

(4) 패치 테두리

가발과 두상을 연결하는 둘레 부위로, 고정 재료를 부착하는 부분이다. 패치 테두리에는 나노스킨, 샤스킨, USA 스킨 등을 사용한다. 만약 클립식으로 고정하는 경우, 클립의 위치는 F.S.P로부터 1.5cm 띄우고 잡아야 한다. 앞쪽에 착용하게 되면 클립이 툭 튀어나와서 부자연스럽다.

2) 가발의 재료

가발의 재료는 내피를 제작할 때 사용하는 스킨, 망, 그리고 고정할 때 사용하는 고정구와 부자재 등이 있다.

(1) 스킨

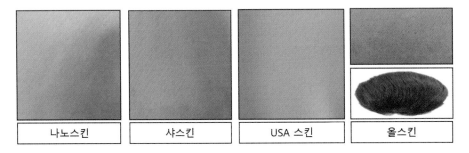

| 나노스킨 | 샤스킨 | USA 스킨 | 올스킨 |

■ 나노스킨

나노스킨은 두께가 얇아서 피부에 밀착감이 좋고, 이마와 자연스럽게 연결되어 보여서 프런트 스킨으로 많이 사용한다. 대신 내구성이 약하기 때문에 패치 테두리로는 잘 사용하지 않는다. 나노스킨의 종류는 두께에 따라 0.03mm, 0.04mm, 0.06mm, 0.09mm, 0.12mm, 0.16mm 등으로 구성되어 있고, 이 중 0.06mm 3단 제품이 이마에 닿는 부분은 얇으면서 가발 내피 쪽으로 갈수록 튼튼해서 잘 찢어지지 않기 때문에 가장 많이 사용한다. 0.03mm 제품은 얇고 정교하지만 그만큼 내구성이 약해서 약 1개월에 한 번씩 A/S가 필요하다.

M사에서 처음 나노스킨을 판매할 때 '숨 쉬는 가발'이라고 홍보했다. 나노스킨에 모발을 심을 때에는 탄성이 있어서 모발을 매듭을 지을 때 텐션을 주면 모발이 스킨 안으로 들어가서 매듭이 완성된다. 따라서 내피를 뒤집어 보아도 모발 매듭이 보

이지 않아서 깔끔하다.

나노스킨의 단점은 고객이 양면테이프를 사용하거나 땀을 많이 흘리면 모발 뿌리 매듭이 빨리 빠지거나 삭아서 착용하는 기간이 짧고, A/S를 자주 받아야 하는 등 여러 가지 불편함이 생긴다. 이 때문에 고객의 요청에 따라 내구성을 보완할 수 있도록 맞춤가발 제작 시 작업지시서에 '나노스킨 코팅 유무'를 표시하게 되어 있다. 나노스킨은 H사 또는 M사에서 주로 사용했으나 현재는 여러 공장에서 보편화되어 활용하고 있다.

■ 샤스킨

샤스킨은 '모노사망+PU 우레탄'을 섞어서 제작한 망으로 매우 질기며 잘 찢어지지 않는 것이 특징이다. 색상은 살색과 검정색이 있고, 두께에 따라 '얇게, 보통, 두껍게' 등 3단계가 있다. 주로 프런트 스킨, 패치 테두리, 가발 수선용으로 사용한다.

■ USA 스킨 (5707+PU)

USA 스킨은 주로 유럽 쪽에서 사용하는 5707 + '경질 PU 또는 연질 PU' 등을 혼합하여 탄성이 좋기 때문에 패치 테두리나 프런트에 많이 사용하는데, 순수 PU 우레탄으로 탄성과 튼튼함을 원할 때 주로 사용하기도 한다.

■ 일반 스킨 (1070+1090)

일반 스킨은 전체가 PU 스킨으로 제작된 스킨이다. 스킨 가발의 내피 코팅제로 주로 사용하며, 각종 가발 수선 등을 할 때 코팅제로 사용하기도 한다.

■ 올스킨

올스킨 내피 전체가 스킨이며, 모발이 낫팅되어 있다. M자, 흉터, 이식증모술, 수제 가발, 각종 가발 수선 등을 할 때 잘라서 사용한다.

(2) 망

■ 가르마에 주로 사용하는 촘촘한 망

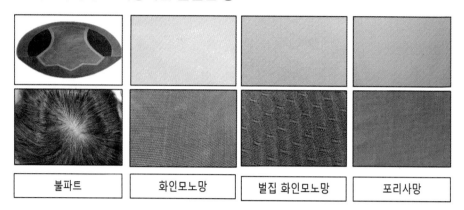

| 불파트 | 화인모노망 | 벌집 화인모노망 | 포리사망 |

▣ 불파트

불파트망은 내 두피처럼 보여 두피에 모발이 나온 듯 자연스럽고, 매듭점이 보이지 않아서 전혀 티가 나지 않는다. 주로 H사 스타일로 2중이나 3중으로 겹쳐서 사용한다.

▣ 화인모노망

화인모노망은 내피 안쪽과 가르마 섬세한 부위에 두피처럼 보이고자 할 때 사용한다. 매듭점이 작아 불파트 대용으로 사용하고, 땀 배출이 아주 느린 것이 특징이다.

▣ 벌집 화인모노망

벌집 화인모노망은 내피 안쪽과 가르마의 섬세한 부위에 두피처럼 보이고자 할 때 사용한다. 매듭점이 작아 불파트 대용으로 사용하고, 땀 배출이 아주 느린 것이 특징이다.

▣ 포리사망

포리사망은 가르마 불파트와 화인모노 대용으로 사용하는데, 매우 촘촘하며 아주 부드러운 실크 소재와 같다.

■ 가르마, 크라운 내피에 사용하는 망

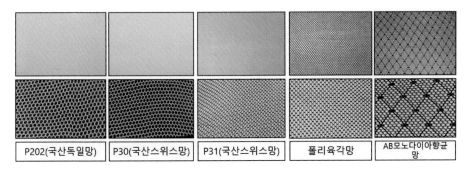

| P202(국산독일망) | P30(국산스위스망) | P31(국산스위스망) | 폴리육각망 | AB모노다이아항균망 |

▣ P202 독일망

P202 망은 튼튼하고 딱딱한 특징이 있어서 주로 남성 가발 내피에 사용되고, 색상은 살색, 검정이 있다.

▣ P30 스위스망

P30 망은 P202 망보다 섬세하고 부드러운 특징이 있어서 가르마에 주로 2중으로 사용하며, 이마라인에도 사용한다. 수염망 소재와 비슷하고, 신축성이 있으며 P31 망보다 홀 사이즈가 약간 크다. 색상은 살색과 검은색이 있다.

▣ P31 스위스망

P31 망은 P202 망보다 섬세하고 부드러운 특징이 있어서 가르마 2중으로 사용한다. 신축성이 있고, 홀 사이즈가 P30 망보다 약간 작은 편이다. 색상은 살색과 검은색이 있다.

▣ 폴리육각망

폴리육각망은 가르마 2중으로 사용하며, 부드러운 소재로 두피가 예민한 분 또는 딱딱한 것을 싫어하는 분이 선호하기 때문에 항암 가발 사이드, 탑 베이스, 반전두, 전두, 여성 가발, 수제 가발에 대중적으로 많이 사용한다. 색상은 살색과 검은색이 있다.

▣ AB 모노항균망

AB 모노항균망은 땀에 의해 세균이 발생하는 것을 최소화한 항균망으로 가르마 2중 또는 크라운 내피 1중으로 주로 사용한다. 색상은 살색과 검은색이 있다.

■ 크라운 내피에 사용하는 망

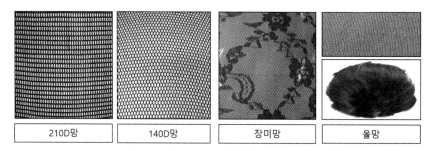

| 210D망 | 140D망 | 장미망 | 올망 |

▣ 210D망

210D망은 가장 두껍고 빳빳한, 튼튼한 망으로 딱딱하지만 공기가 잘 통하기 때문에 패치 테두리, 몰딩, 수제가발 뼈대로 주로 사용한다.

▣ 140D망

140D망은 폴리육각망보다 힘이 있고 두꺼워서 수제 가발 내피 틀을 만들 때, 내피 망이 튼튼하기를 원할 때 가장 많이 사용한다.

▣ 장미망

장미망은 장미 모양 수가 있는 것이 특징이고, 여성 패션 가발 내피에 사용한다.

▣ 올망

올망은 전체가 망으로 되어 있고, 모발이 낫팅되어 있다. M자, 흉터, 이식증모술, 수제 가발, 각종 가발 수선 등에 잘라서 사용한다.

■ 크라운 내피에 사용하는 통기성이 좋은 소재

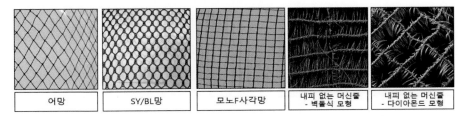

| 어망 | SY/BL망 | 모노F사각망 | 내피 없는 머신줄
- 벽돌식 모형 | 내피 없는 머신줄
- 다이아몬드 모형 |

▣ 어망

어망은 5mm, 7mm 두 가지로 사이즈로 0.5 × 0.5 또는 0.7 × 0.7 어망에 우레탄으로 수지(풀)를 먹여서 사용한다. 두상 전체에 탈모가 진행되었지만, 모량이 약간 있는 분들이 시원함과 볼륨감을 원할 때 내피 없는 성형가발 탑에 주로 사용한다.

▣SY/BL망

SY/BL망은 김찬*가발, 여성 가발, 탑피스, 항암 가발 사이드에 공기가 잘 통하기를 원할 때 주로 사용하고, 약간의 탄성이 있는 것이 특징이다.

▣ 모노F사각망

모노F사각망은 4mm × 5mm 사이즈로 어망보다 줄의 두께가 얇고 부드러워서 일반적으로 사용하는 조직이 촘촘한 망에 답답함을 느끼는 고객이 시원함을 원할 때 내피 안쪽에 주로 쓰인다.

▣ 벽돌식 내피 없는 머신줄

벽돌식 내피 없는 머신줄은 내피 없는 성형가발의 베이스로 벽돌식 형태이다. 적당한 볼륨감이 있어서 보톡스, 리바이탈, 내피 없는 맞춤, 기성 가발에 주로 사용한다.

▣ 다이아몬드식 내피 없는 머신줄

다이아몬드식 내피 없는 머신줄은 내피 없는 성형가발의 베이스로 다이아몬드 형태이다. 볼륨감이 뛰어나서 주로 내피 없는 성형가발 맞춤, 기성 가발에 사용한다.

■ 테두리

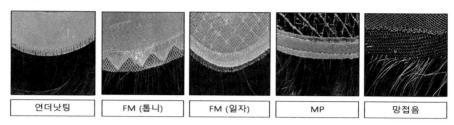

| 언더낫팅 | FM (톱니) | FM (일자) | MP | 망접음 |

▣ 언더낫팅

언더낫팅은 샤스킨 또는 일반 PU 스킨 안쪽에 낫팅이 되어 있는 것을 의미하고, 두피에 밀착되어 자연스러운 연출이 가능하므로 프런트, 테두리 스킨에 사용한다.

▣ FM

FM은 샤스킨 또는 일반 PU 스킨 가장자리에 망을 덧댄 것으로 톱니바퀴형, 일자형 두 가지가 있다. 내 머리에 심은 듯한 자연스러운 느낌이 있어서 올백 스타일을할 때 좋고, 주로 프런트나 테두리 스킨에 사용한다.

▣ MP

MP는 테이프를 접는 방법과 스킨에 테이프를 덧대는 방법이 있다. 고정식으로 하거나 클립을 부착하기도 하고, 주로 땀을 많이 흘리는 사람에게 적합하다.

▣ 망접음

망접음은 테두리에 망을 접어서 사용하는 방식을 뜻하고, 0.5cm, 1cm, 1.5cm, 2cm 망접음이 있다. 스킨이 없고, 고정식 또는 클립을 달아 사용하는데, 주로 땀을많이 흘려 시원함을 원하는 사람에게 적합하다.

3) 가발 고정구

고객의 두상에 가발을 부착할 때는 클립, 벨크로, 단추, 자석, 테이프, 글루, 링 등을 사용한다.

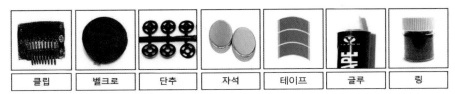

| 클립 | 벨크로 | 단추 | 자석 | 테이프 | 글루 | 링 |

4) 가발 부자재
(1) 레드 롤 테이프

레드 롤 테이프는 다른 테이프에 비해 접착제가 녹아내리는 현상이 적다. 피부와 제품 패치 부분에 직접 부착해 사용하고, 특히 장기간 고정(샌드위치식)이 필요한 경우 매우 효과적이다. 가발 앞부분과 테두리 안쪽 부분에 부착하여 사용할 수 있으며, 가발 접착제와 함께 사용하면 좋다.

(2) 바폰 테이프

기존 바폰 테이프의 단점을 보완하여 물에 더욱더 강하게 업그레이드하여 제작되었다. 부착력이 강하고, 접착제가 잘 녹아내리지 않는 장점이 있다. 또한 떼어낼 때도 레드 테이프처럼 쉽게 제거할 수 있다.

(3) 3M 의료용 테이프

워커 테이프가 피부 트러블 일어나는 경우 등 주로 예민한 피부에 사용한다. 2가지 형태로 구성되어 있는데 연화 글루 타입은 A/S 용이고, 튜브 용기 타입은 장기간 착용해야 하는 고정식 가발에 사용한다. 피부에 해가 없는 의료용 실리콘 접착제 성분으로 접착력이 강하고 물이나 땀에 강한 장점이 있다. 기존 '노 테이프' 제품보다 농도가 높아서 부착력이 오래 간다.

(4) 망테이프

망테이프는 폴리우레탄 부분과 가발 앞부분과 가르마 부분이 망사로 된 제품에 사용한다. 끈적임과 녹아 흘러내림을 최소화하여 사용상의 불편함이 거의 없지만, 강한 접착력으로 인해 매우 얇은 나노스킨(0.03mm) 등에 사용하면 떼어낼 때 스킨에 손상이 생길 수도 있으니 주의해야 한다.

(5) 워커 양면테이프

두피에 자극 없는 라운드형 모양으로 제작된 테이프이다.

(6) 워커 테이프 울트라 홀드

접착력이 강한 테이프로 한번 부착하면 5일~7일 정도 접착력이 유지된다. 강한 접착력 때문에 나노스킨 등 얇은 스킨 고무 부분에는 사용을 권장하지 않는다.

(7) 0.03 비슈어 액체 타입

다른 접착제와 달리 땀이나 물에 녹아 끈적거리지 않고 이물감이 전혀 없는 최상급 접착제이다. 일반 스킨 패치 부착 시 레드 테이프와 함께 사용하고, M자형 탈모용 부분 스킨 제품 혹은 무모 패드에는 단독으로 사용한다.

(8) 노 테이프 글루

장기간 고정 시 사용하는 가발 접착제로 특히 샌드위치식 고정할 때 주로 사용한다. 피부에 해가 없는 실리콘 성분으로 접착력이 강하고 물에도 강하여 일주일 이상 접착력이 유지된다. 가발 테이프를 가발 안쪽에 부착한 다음 노 테이프 접착제를 테이프면 위에 얇게 발라 사용한다.

(9) 울트라 홀드(망)

망 전용 아크릴 가발 접착제로 지속 기간은 3주~5주 정도이다. 피부에 먼저 얇게 발라 말린 다음 가발을 부착시켜야 한다.

(10) 리터치 글루

1주일용 글루로 프런트 레이스를 고정할 때 주로 사용한다.

(11) 고스트 본드

레이스 가발 전용 본드이다.

(12) 스켈프 프로텍터(접착력 강화제)

접착제나 테이프로부터의 피부 자극, 염증 등을 예방하는 보호벽을 형성하고, 접착력과 지속력을 개선해주는 제품으로 피부가 예민한 고객 또는 고정식 가발의 착용기간을 며칠 더 늘리고 싶을 때 도와주는 제품이다. 특히 운동경기를 하거나 지성피부인 고객들에게 추천한다.

(13) 글루 리무버

글루나 테이프를 떼어낼 때 사용하는 제품으로 남아 있는 찌꺼기를 제거해준다.

(14) 고스트 본드 전용 리무버

레이스 가발 전용 리무버로 일반 글루 리무버로는 고스트 본드가 잘 제거되지 않기 때문에 전용 리무버를 사용해야 한다. 본딩식 가발 부착 후 2주가 지나면 글루가 망 위로 올라오기 때문에 꼭 리무버 사용해주는데, 가발에 남은 본드를 제거할 때는 리무버를 부은 용기에 가발을 담근 다음 하루 동안 밀폐시키면, 본드가 젤리 형태로 바뀌면서 쉽게 제거할 수 있다.

(15) 헤어 소프트너

가발 유연제 케라틴 성분이 들어 있어 모발의 엉킴을 방지하고 부드럽게 만들어준다.

(16) 프리미엄 고농축 유연제

농도가 진한 유연제로 가발의 모발을 복구할 때 주로 사용한다.

(17) 액체 우레탄(연질)

폴리우레탄으로 연질은 농도가 묽다.

(18) 액체 우레탄(경질)

폴리우레탄으로 경질은 농도가 진하다.

(19) 액체 우레탄 MEK

우레탄을 녹이는 제품으로 우레탄의 연질과 경질을 섞은 다음 MEK 몇 방울을 떨어뜨려 농도를 맞춘다.

5. 일반 가발 vs. KIMHO 내피 없는 성형가발

일반적으로 가발은 내피가 망으로 되어 있는 형태로 내피가 두피와 잔모를 막고 있어서 답답하고, 통풍이 되지 않아서 노폐물이 쌓여 가렵거나 냄새가 많이 날 수 있다. 또한 망가발의 특성상 모발의 방향성이 정해져 있으므로 모류 방향이 자유롭지 못해서 스타일에 한계가 있다. 예를 들어 이마를 드러내고 머리카락을 이마 뒤로 넘기는 헤어스타일로 제작한 가발은 앞머리를 내리는 스타일을 할 수가 없고, 왼쪽에서 넘어가는 스타일로 모발을 심게 되면 오른쪽에서 넘기는 스타일을 할 수 없는 등 제약이 많다.

망 내피에 100% 인모를 심으면(낫팅) 전체적으로 무게가 무거워서 모발이 가라앉게 되어 가발 티가 나고 스타일이 잘 살지 않는다. 이 때문에 일반적으로 가발 공장에서는 가발을 제작할 때 20%~30% 정도의 고열사 또는 합성모를 섞어 가벼운 느낌을 내게끔 한다.

또한 탈모 고객 대부분이 열이 많고 땀이 많이 나는 것이 특징이기 때문에 가능한 시원한 가발을 원하지만, 일반적인 가발은 망 또는 스킨 등의 내피가 있다 보니 무겁고 답답해서 땀을 많이 흘리고, 노폐물이 쌓여 고약한 냄새가 날 수 있다.

■ KIMHO 내피 없는 성형가발

KIMHO 내피 없는 성형가발은 기존 가발의 문제점인 답답함을 해결하기 위해 숱 보강용 증모피스의 연장선상에서 내피 없는 성형가발을 고안했다. 전 세계 최초 KIMHO 내피 없는 성형가발은 무게가 가벼울 뿐만 아니라 통풍이 잘된다는 것이 가장 큰 장점이다. 또한 스타일 면에서 자유로워 손질에 따라 원하는 스타일을 낼 수 있다는 장점이 있다.

KIMHO 내피 없는 성형가발의 특징을 살펴보면 다음과 같다.

첫째, KIMHO 내피 없는 성형가발은 두피 성장 탈모 케어를 목적으로 한다.
일반 가발이 답답한 내피로 두피를 덮어서 탈모를 가속하는 반면, KIMHO 내피 없는 성형가발은 통기성이 우수하여 열과 땀을 배출할 수 있기에 착용 내내 쾌적하다. 또한 가발을 착용하면서 탈모 관리를 받을 수 있는 장점이 있다.

둘째, 내피가 없는 부분에 머리를 심는 방법은 줄 낫팅 공법으로 수제 제작하기 때문에 모발의 방향성이 정해져 있지 않고, 360° 퍼짐성과 볼륨감이 뛰어나 원하는 대로 다양한 스타일을 연출할 수 있는 특징이 있다.

셋째, 100% 인모를 사용해서 펌, 염색 등 미용시술이 자유롭다.

■ 타사 가발의 특징

국내에서 인지도가 있는 가발의 특징을 정리하면 다음과 같다.

▣H사

H사는 내 두피처럼 매듭점이 보이지 않게 모발이 심어진 불파트로 제작한다. 특히 프런트 스킨은 0.03mm의 얇은 나노스킨을 사용해서 올백 스타일을 했을 때 헤어라인이 티가 나지 않고 자연스러운 것이 특징이다. 망 가발이기 때문에 100% 인모를 사용하면 무겁고, 볼륨감이 가라앉기 때문에 무게를 줄이기 위해 인모 70%에 합성모 30%를 섞어서 가발을 제작한다.

▣ M사

M사는 나노스킨, 화인모노망, 스위스망 1겹을 사용하고 주로 올스킨을 사용한다. 특히 가발 전체적으로 스킨을 사용하여 밀착감이 좋은 것이 특징이다. 다른 가발은 프런트 스킨과 가르마를 다른 소재를 사용하기 때문에 연결 부위 조임선 부분이 매끄럽게 연결되는 느낌이 떨어진다. 반면 M사는 프런트 스킨과 가르마를 같은 나노스킨으로 연결해서 연결 부위가 매끄럽게 보여서 헤어라인부터 가르마까지 티가나지 않는 것을 선호하는 고객에게 만족도가 높다. 또한 스킨에 많은 구멍(천공)을 뚫고, 코팅 처리를 하지 않아서 '에어스킨가발'이라고도 한다. 망 가발에 100% 인모를 사용하면 무거워서 가라앉기 때문에 천연 자연모가 아닌 블랙 염색모를 사용한다. M사가 염색모를 사용하는 이유는 모발에 염모 작업을 하면서 모발의 굵기가가늘어져서 무게를 가볍게 할 수 있기 때문이다.

■ K사

여성 대표가 운영하며, 여성용 가발을 주로 제작한다. 여성형 탈모는 남성형 탈모와 달리 가르마를 중심으로 한 I자 탈모 유형이 많아서 가발을 이마까지 덮는 경우가 드물고, 주로 머리카락 위에 가발을 착용하기 때문에 K사에서는 모발 위에서도 티가 나지 않게 주로 검은색 내피를 사용한다. 클립을 떼면 테두리가 MP로 되어 있고, 1cm짜리 망테이프로 테두리 미싱 작업을 했다. 고객의 모발을 밀지 않고, 고정하는 결속 고정법이 특징이다.

■ S사

주로 골조사 줄에 낫팅을 해서 가발을 제작하는 기법을 사용한다.

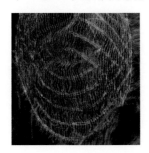

Ⅱ. 가발 제작

1. 가발 제작 공정

가발의 종류에 따라 공장에서 가발을 제작하는 공정이 달라진다.

■ 패션 가발 제작 공정

일반적으로 공장에서 패션 가발을 제작하는 공정은 다음과 같다.

1) 가공 처리

원재료 합성 원사, 가공 처리 과정을 거친다.

2) 정모반

모량 비율, 모발 길이 등을 고려해 정모 작업을 한다.

3) 자수, 쌍침반

민어줄 만드는 쌍침 재봉을 하는 작업반이다.

4) 열처리

가발 스타일을 만드는 열처리 공정으로 머리를 세팅하는 것과 같은 공정이다.

패널을 만들어서 모발을 깐 후 재봉 작업을 한 다음 컬을 만든다. 이때 30m 이상 컬을 만드는데, 공장에서는 펌제를 사용하지 않고, 필요한 롯드 크기만큼 쇠 파이프를 제작해 파이프에 모방을 돌돌 감아서 물로 쪄낸다.

5) 계량 및 고침반

6) 캡 마무리반

캡 비닐 제거, 라벨 달기, 고리, 재봉을 마친 수용성 비닐 세척, 실밥 제거 등을 한다.

7) 수제반

자연스러운 가발을 만들기 위한 수제 낫팅 공정이다.

8) 완성반

모발이 엉키거나 흐트러져 있는 머리카락을 빗질한 후 커트와 포장 작업을 거쳐 완성한다.

■ 맞춤 가발 제작 공정

공장에서 맞춤 가발을 제작하기 위해서는 제작 의뢰를 하는 가발 디자이너가 먼저 고객의 두상 모양대로 탈모 부위에 따라 본을 만든 다음 상담을 통해 고객에게 적절한 모발 길이, 내피 종류, 스타일 등을 작업지시서로 작성해 공장에 전달해야 한다.

가발 디자이너가 고객의 본(패턴)과 작업지시서를 보내 공장에 맞춤 가발 제작을 의뢰하면 공장에서 제작하게 되는데 맞춤 가발 공정은 총 10단계(공장 입고-공장용 작업지시서 작성-에폭시 제작-스킨 제작-캡 제작-재봉-정모-모노-코팅-포장 및 출고)로 진행한다. 이 중 QC 작업(검수)은 재봉 작업 후 1회, 모노 작업 후 1회, 총 2회에 걸쳐 확인한다.

1) 제품의 공장 입고

가발 디자이너가 보낸 고객의 가발 본(패턴)과 작업지시서가 공장으로 배송되는 단

계(평균 3일~4일 소요)

2) 작업지시서 작성
공장에서 본과 작업지시서를 확인해 공장용 작업지시서를 작성하는 단계(평균 1일~2일 소요)

3) 에폭시 제작
공장용 작업지시서와 본을 에폭시반으로 투입해 철영과 기존 에폭시를 맞춰보고 사용할 수 있는 에폭시가 있으면 수정해서 사용하고, 없으면 제작할 본 사이즈에 맞게 새 에폭시를 제작한다.

4) 스킨 제작
에폭시가 완성되면 스킨반으로 투입한다. 이때 미리 제작해둔 스킨을 사용하고 적절한 스킨이 없으면 새로 제작한다.

5) 캡 제작
스킨 제작 후 사무실에서 망을 준비하여 캡반으로 투입해 주문받은 제품을 디자인하고 캡을 제작한다.

6) 재봉
캡이 완성되면 재봉반으로 투입해 테두리, 조인선 등 재봉이 필요한 부분에 작업을 진행한다.

7) 정모 작업
재봉까지 완성되면 중간 QC를 한 후 통과되면 정모반에 투입해 작업지시서를 바탕으로 모발을 준비한다.

8) 모노 작업

모발이 준비되면 모노반으로 투입해서 모노 작업을 한다. 모노는 평균 4일~5일 소요되며, 전두는 7일 소요된다.

9) 코팅 작업

모노가 끝나면 QC를 한 후 통과되면 코팅반에 투입해서 모발이 빠지지 않도록 방지하고, 가발의 형태를 유지하기 위해 둘레 두께를 조절하면서 코팅 작업을 한다. 코팅 작업은 재봉 작업 후 1회, 모노 작업 후 1회 총 2회 진행한다.

10) 포장 작업 및 출고

코팅이 끝나면 포장반에 투입해서 완성된 제품에 샴푸, 유연제 처리를 하고, 최종 포장 작업을 한다.
이상 1번~10번 공정이 모두 끝나면 1일~2일 후에 한국으로 출고한다.

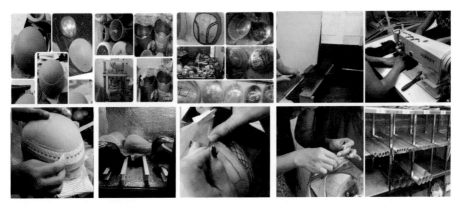

2. 가발 패턴 제작

가발 디자이너라면 고객의 생활 방식, 탈모 상태, 원하는 스타일 등을 고려해 고객 맞춤형 가발을 제작할 수 있어야 한다. 사람마다 머리 모양과 굴곡, 탈모 부위가 달라서 맞춤 가발을 제작할 때는 현재 고객 모발의 굵기와 탈모 커버에 필요한 머리숱의 총량, 사이즈 등을 정확하게 확인하고 가발을 제작해야 한다. 이때 고객의 컨디션에 맞지 않은 가발을 제작한다면 맞춤형 가발로서의 의미가 없어지고 고객에게 신뢰를 잃을 수 있다. 만약 부자연스러운 가발을 착용한 고객이 주변에서 '가발 같다'라는 말을 들으면 정신적으로 큰 충격을 받고 가발을 꺼리게 될 수 있어서 고객의 맞춤 가발을 작업할 때는 신중히 확인해야 한다.

맞춤 가발을 제작하기 위해서는 고객의 두상에 딱 맞는 패턴(본)을 만들 수 있어야 한다. 지금부터는 가발 패턴을 정확하게 작업하기 위해 두상 부위별 포인트 점의 명칭, 패턴 작업 방식, 패턴 작업 순서에 대해 알아본다.

1) 두상 부위별 포인트점 명칭

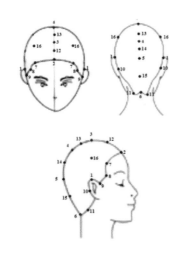

번호	기호	명칭
1	E.P	이어 포인트(EAR POINT)
2	C.P	센타 포인트(CENTER POINT)
3	T.P	톱 포인트(TOP POINT)
4	G.P	골덴 포인트(GOLDEN POINT)
5	B.P	백 포인트(BACK POINT)
6	N.P	네이프 포인트(NAPE POINT)
7	F.S.P	프론트 사이드 포인트(FRONT SIDE POINT)
8	S.P	사이드 포인트(SIDE POINT)
9	S.C.P	사이드 코너 포인트(SIDE CORNER POINT)
10	E.B.P	이어 백 포인트(EAR BACK POINT)
11	N.S.P	네이프 사이드 포인트(NAPE SIDE POINT)
12	C.T.M.P	센타 톱 미디엄 포인트(CENTER TOP MEDIUM POINT)
13	T.G.M.P	톱 골덴 미디엄 포인트(TOP GOLDEN MEDIUM POINT)
14	G.B.M.P	골덴 백 미디엄 포인트(GOLDEN BACK MEDIUM POINT)
15	B.N.M.P	백 네이프 미디엄 포인트 (BACK NAPE MEDIUM POINT)
16	E.T.M.P	이어 톱 미디엄 포인트(EAR TOP MEDIUM POINT)

2) 패턴 제작 방식

가발 디자이너가 맞춤 가발 제작을 하기 위해 패턴을 만들 때에는 다음과 같은 4가지 방식이 있다.

각 패턴 제작 방식의 장단점은 다음과 같다.

	랩 테이핑	석고	시트 프레임	3D 두상 스캐너
장점	초보자가 하기 가장 안전하고 쉬운 방식이다. 눈으로 직접 탈모 부위를 볼 수 있어 정확성이 높다. 재료비가 저렴하다.	석고로 제작한 본(패턴)은 튼튼한 것이 특징	고객에게 보이는 일종의 쇼맨십이 크다. 랩 테이핑보다 빠르게 두상 본(패턴)뜨기가 가능하다.	고객에게는 최신식 방법으로 보이고, 기계로 작업하므로 시술자가 하는 직접적인 수고를 덜어준다.
단점	시간이 오래 걸린다. 고객이 랩을 헐겁게 잡고 있으면 두상에 비해 본이 커질 가능성이 있다.	석고가 하얗기 때문에 탈모 부위가 보이지 않는다. 석고가 깨지거나 부서질 수 있다.	열이 식게 되면 금방 굳어서 시트가 불투명해지기 때문에 탈모 부위를 그리기가 어려워서 초보가 작업하려면 많은 연습이 필요하다.	고객이 조금만 움직여도 두상 모양이 달라져서 정확성이 떨어진다. 위에서만 스캐너가 작동하기 때문에 뒤통수 밑부분까지 빠진 탈모를 잘 잡아내지 못한다.

3) 탑 가발 패턴 제작 순서

① 고객의 얼굴형을 보고 앞점(C.P.)의 위치를 먼저 잡아준다.

② 옆점을 잡아주고 탈모 부위를 그린다.

③ 랩이 들뜨지 않게 앞쪽 랩을 귀 뒤로 당기고, 뒤쪽 랩을 앞으로 보내 X자 형태로 꼬아서 사탕 묶는 형태를 만든다.

④ 가로, 세로, 사선에 테이프 작업을 한다. 이때 어느 정도 두께감이 있게 테이핑한다.

⑤ 앞점, 옆점 탈모 부위를 빠르게 체크하고, 탈모 부위 기준선을 잡는다. 그 후 공법(스킨용/모발용)에 맞춰 탈모 기준선 안쪽으로 테두리를 잡을지, 바깥쪽으로 테두리를 잡을지 결정할 수 있다. 테두리 위치를 결정한 다음 가르마 위치를 정해준다.

⑥ C.P와 B.P는 반을 접어 대칭이 맞는지 확인해 준 후 1cm 정도 크게 패턴을 자른다.

⑦ 고객 두상에 본을 얹어보고 좀 더 크게 변경해야 할지 작게 해야 할지 사이즈를 최종적으로 확인한 후 테두리 선을 잘라주면 본을 완성할 수 있다.

Tip

디자인 특허30-0952715 이마라인 본 전용 자. 앞머리 라인의 모양을 계측하기 위해 개발한 가발전용 이마자로 초보자도 쉽게 이마라인의 넓이, 높이 등을 확인해 자연스러운 이마라인을 본뜰 수 있다. 특히 라운드 형태로 휘어지는 자재를 사용해 고객의 이마에 대고 라인을 본뜨기 용이하다.

기본 높이 6cm / 이마가 좁은 사람 6.7cm / 이마가 넓은 사람 7.5cm

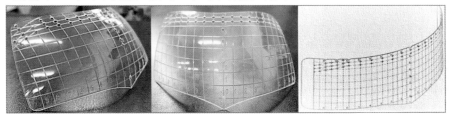

4) 반전두 가발 패턴 제작

반전두 가발은 탑 가발과 패턴 작업 순서가 같다.

5) 전두 가발 패턴 제작 순서

① 랩 하나는 탑 가발과 같이 위에서 씌우고, 두 번째 랩은 백에서 네이프를 감싼 후 얼굴 쪽으로 당겨서 밀착시킨 다음 고객이 두 개의 랩을 같이 잡게 한다.

② G.P에서 랩 두 개가 겹치는 부위에 한쪽 랩을 잘라서 랩 두께가 두툼해지지 않게 한다.

③ 테이프를 짧게 잘라 공기가 들어가지 않게 조심히 테이핑 작업을 한다. 이때 가장 중요한 것은 날개가 생길 수 있는 구레나룻 부분과 양쪽 네이프 부분을 탄탄하게 테이핑 처리하는 것이다.

④ 앞점과 옆점을 잡고 고객의 두상과 모양에 따라 전두 라인 뼈대를 잡아준다. 뼈대 존의 폭은 0.5cm이다.

(탑 베이스 11×13 / 12×14 / 13×15)

⑤ 프런트 스킨 부분은 평균적으로 남성은 2cm, 여성은 1.5cm를 기준으로 하고, 땀이 많은 고객은 프런트 스킨 넓이를 1cm로 하기도 한다.

⑥ F.S.P부터 구레나룻 쪽으로 하는 연결선은 헤어라인보다 0.3cm~0.5cm 안쪽으로 들어가도록 그려준다.

⑦ 구레나룻은 고객의 구레나룻에 맞춰 길게 그리면 가발에 날개가 생겨 옆으로 뜰 수 있으므로 귓바퀴에서 1cm~1.5cm 지점에서 구레나룻을 만들어 준다.

⑧ 귓바퀴 라인은 E.P 부분은 모발이 난 지점부터 0.5cm, 모발이 없는 밑쪽에서부터는 1cm 올라간 지점에 라인을 그려 준다. 이때 E.P 부분과 구레나룻을 자연스럽게 연결하면 5cm 폭이 나온다.

⑨ E.P에서 N.S.P를 연결하는데 이 부분은 고무 밴딩이 들어가야 하므로 폭은 1cm로 그린다.

⑩ 네이프 부분은 목 배김 방지를 위해 가운데 부분이 N.P로부터 0.5cm 올라가고 N.S.P와 아치 형태를 그린다.

⑪ 네이프 부분의 스킨은 프런트와 마찬가지로 2cm 폭으로 그린다.

⑫ 전두 가발은 스판망 소재가 들어가기 때문에 늘어날 가능성이 있어서 뼈대 존이 있어야 한다. 양쪽 F.S.P로부터 10cm 되는 지점과 네이프 스킨 양 끝에서 2.5cm 안쪽 지점과 살짝 둥글려서 연결해준다. 이때 폭은 0.5cm로 한다.

6) 패턴 제작 시 기준점

■ 앞점과 옆점

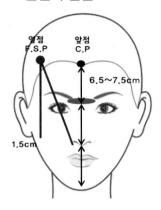

- 앞점: C.P / 미간으로부터 6.5cm~7.5cm (남자 손가락 3개, 여자 손가락 4개)
- 옆점: F.S.P, 15° 귓불 1.5cm 떨어진 곳에서 직선으로 올라간 지점과 콧방울에서 눈썹 산을 지나가는 대각선 지점이 만나는 곳. 이마가 좁으면 답답한 인상을 주고, 이마가 넓으면 시원해 보이는 인상을 준다.

ex

폭이 좁고 얇은 얼굴형 → 앞점을 6.5cm 정도로 잡는다. 7cm를 잡으면 얼굴형이 길어 보인다.

■ 탑 가발 (U라인)

C.P로부터 16cm~20cm (G.P)

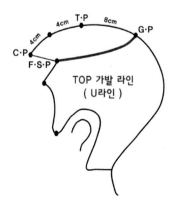

■ 반전두 가발

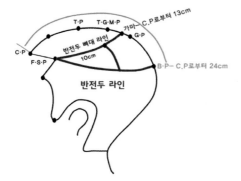

C.P로부터 24cm (B.P)

■ 전두 가발

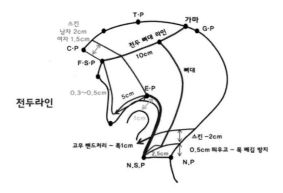

C.P로부터 30cm~32cm (N.P)

■ 가마

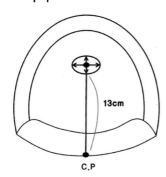

일반적인 가마의 위치는 C.P로부터 약 13cm 위치한 점이다. 하지만 가마의 위치는 고객의 두상에 따라 언제든지 변할 수 있다. 가마의 둘레는 ±3cm 정도이다.

■ 가르마

가르마 폭은 3cm 정도로 기준을 잡을 수 있다. 남녀로 봤을 때, 여성의 경우 땀이 많은 사람은 3cm(1.5cm × 2), 남성의 경우 3cm~4cm(2cm × 2) 폭 정도가 적당하다. 가르마 위치에 따라 다음과 같이 정리할 수 있다.

가르마 잡기

〈가르마 폭〉
여자, 땀이 많은 사람
 - 1.5cm X 2 = 3cm

남자 - 2cm X 2 = 3~4cm

〈가르마 기준〉
9:1 - 거의 사이드에 걸쳐있다
8:2 - C.P로부터 4.5cm
7:3 - C.P로부터 3.5cm
6:4 - C.P로부터 2.5cm

■ 패치 테두리

패치 테두리는 본딩식인지, 모발식인지에 따라서 잡는 방법이 달라진다.

- 모발식: 고객의 탈모라인 중심으로 기준선을 잡고 바깥쪽으로 2cm 라인을 잡아준다.

- 본딩식: 고객의 탈모라인 안쪽에 기준선을 잡고 패치 테두리 라인을 잡아준다.

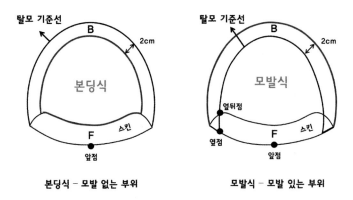

본딩식 - 모발 없는 부위   모발식 - 모발 있는 부위

■ 전두 가발 사이즈 측정 방법

Wigs Size					
Size (가로x세로)	앞뒤 Center point to Back Point	머리 둘레 귀 와 귀 동서양기준 동서양 길이 감 다름	높이 (front -Top13cm)	전체 둘레	Front이마 앞 전체 테두리 사이드 길이에 따라 다름

동양

Wigs Size					
Size (가로x세로)	앞뒤 Center point to Back Point	머리둘레 귀 와 귀 동양기준 동서양 길이 감 다름	높이 (front -Top13cm)	전체 둘레	Front이마 앞 전체 테두리 사이드 길이에 따라 다름
S	32.5cm	29cm	30cm	55cm	28cm
M	34.5cm	30cm	31cm	56.5cm	29cm
L	36cm	31cm	32cm	57.5cm	30cm

서양

Wigs Size					
Size (가로x세로)	앞뒤 Center point to Back Point	머리 둘레 귀 와 귀 동양기준 동서양 길이 감 다름	높이 (front -Top13cm)	전체 둘레	Front이마 앞 전체 테두리 사이드 길이에 따라 다름
S	29cm	28 cm	29cm	51m	28cm
M	31cm	30cm	31cm	53cm	29cm
L	32.5cm	31cm	32.5cm	56cm	30cm

※ 동양, 서양 또는 남성, 여성의 두상 골격 구조가 모두 다르므로 부위별 크기가 약간씩 다르다는 점을 인식하고 위 표를 참고할 것

· 전체 둘레 – 앞이마의 헤어라인에서 좌, 우의 귀를 지나 한 바퀴 돌아온 길이
· 높이 – 오른쪽 귀에서 앞이마 헤어라인의 13cm 지점을 통과해서 왼쪽 귀까지의 길이
· 앞뒤 – 앞이마의 헤어라인에서 뒷부분 목의 네이프까지의 길이
· 머리 둘레 – 오른쪽 귀에서 앞이마 헤어라인을 따라 왼쪽 귀까지의 길이
· 이마 앞 전체 테두리 – 이마와 사이드 패치 테두리 끝과 끝 길이

3. 탈모 유형별 디자인

1) 성형가발 디자인 1 (C자 탈모: M자 + O자 복합성)

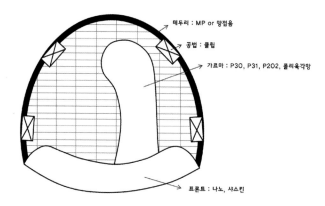

테두리 : MP or 망접음

공법 : 클립

가르마 : P30, P31, P202, 폴리육각망

프론트 : 나노, 샤스킨

성형가발 1번 디자인은 땀과 열이 많은 50대 이상이 선호하는 디자인으로, 좌 가르마 스타일의 클립식 형태이다. 시원하고 통풍이 잘되게 하려면 내피는 불파트보다는 2중망(P30, P31, P202, 폴리육각망)을 선택하는 것이 좋고, 테두리 부분은 넓은 우레탄 스킨보다는 MP 테두리로 진행하는 것이 적절하다. 클립 고정식으로 할 땐 F.S.P로부터 1.5cm 띄워서 클립을 부착할 위치를 선정해야 한다. 만약 앞쪽에 착용하게 되면 툭 튀어나와 부자연스럽다.

2) 성형가발 디자인 2 (U자 탈모)

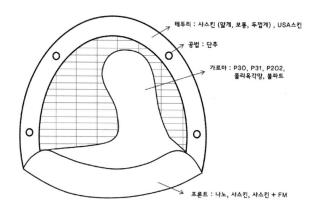

테두리 : 샤스킨 (얇게, 보통, 두껍게) , USA스킨

공법 : 단추

가르마 : P30, P31, P202,
폴리육각망, 불파트

프론트 : 나노, 샤스킨, 샤스킨 + FM

성형가발 2번 디자인은 반고정식, 반올백 스타일이다. 단추를 이용하여 1차 고정하

므로 앞점 맞추기가 익숙하지 않은 가발 초보자 고객에게 추천하는 디자인이다.

3) 성형가발 디자인 3 (O자 탈모)

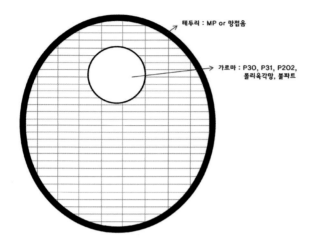

성형가발 3번 디자인은 앞머리가 있는 O자 탈모 고객에게 권하는 스타일로, 앞머리가 있어서 패치 테두리를 스킨 대신 MP로 제작해 모발끼리 묶어주는 고정식이라 착용감이 답답하지 않고 편안하다.

4) 성형가발 디자인 4 (복합성 탈모)

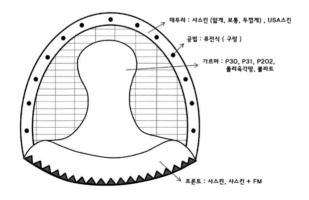

성형가발 4번 디자인은 테두리 천공을 이용해 고객 모를 빼서 묶어주는 고정식 형태이다. 올백 스타일이므로 프런트 스킨에 FM 처리를 하여 자연스러움을 연출하는데,

FM 처리를 할 때 나노스킨은 얇아서 찢어지기 때문에 샤스킨에 사용하여야 한다.

5) 성형가발 디자인 5 (C자 탈모: M자 + O자 복합성)

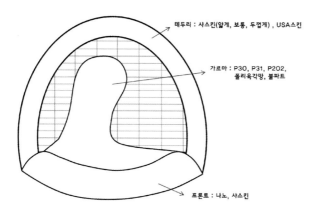

테두리 : 샤스킨(얇게, 보통, 두껍게) , USA스킨

가르마 : P30, P31, P202,
폴리육각망, 불파트

프론트 : 나노, 샤스킨

성형가발 5번 디자인은 샌드위치식 고정법을 사용하고, 우 가르마 스타일이다. 모발을 이용하여 샌드위치식으로 고정하기 때문에 테두리는 튼튼하고 질긴 재질의 샤스킨을 사용한다.

6) 성형가발 디자인 6 (U자 탈모)

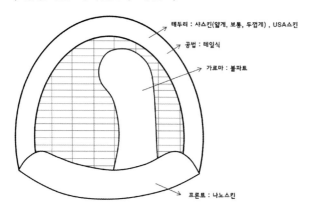

테두리 : 샤스킨(얇게, 보통, 두껍게) , USA스킨

공법 : 테일식

가르마 : 불파트

프론트 : 나노스킨

성형가발 6번 디자인은 U자 탈모를 커버하는 형태로 두상이 옆 짱구인 고객에게 권할 수 있다. 두상이 옆 짱구이므로 최대한 약점을 커버하려면 테이프식이나, 본딩식 형태의 패턴이어야 두상을 커버할 수 있다. 또한 포마드 스타일이므로 가르마 부분이 노출되기 때문에 불 파트 사용이 적절하다.

7) 성형가발 디자인 7 (복합성 탈모: M자+O자)

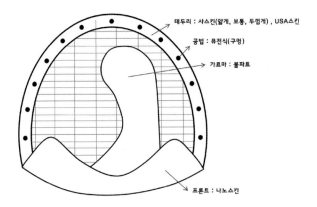

태두리 : 샤스킨(얇게, 보통, 두껍게) , USA스킨

공법 : 퓨전식(구멍)

가르마 : 불파트

프론트 : 나노스킨

성형가발 7번 디자인은 복합성 탈모 부위를 커버하는 디자인으로 운동을 자주 하는 생활 패턴을 가진 고객에게 권할 수 있다. 운동을 자주 하는 고객의 경우, 본드를 이용한 고정식은 고정 유지력이 떨어지기 때문에 모발끼리 묶어주는 퓨전 스타일로 고정하는데, 이를 위해 테두리에 천공을 뚫어준다. 헤어는 가르마 스타일로 가르마가 자연스럽게 보이기 위해 불파트를 사용한다.

8) 성형가발 디자인 8 (반전두)

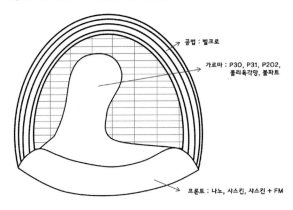

공법 : 벨크로

가르마 : P30, P31, P202,
풀리육각망, 불파트

프론트 : 나노, 샤스킨, 샤스킨 + FM

성형가발 8번 디자인은 모발이 얇은 상태로 탈모 범위가 반전두까지 내려온 유형에 맞는 형태로 고정법은 탈부착식을 하는데, 클립은 얇은 모발에 부착하면 견인성 탈모 또는 두피 염증을 일으킬 수 있으므로 벨크로식이 적절하다.

9) 성형가발 디자인 9 (U자 탈모)

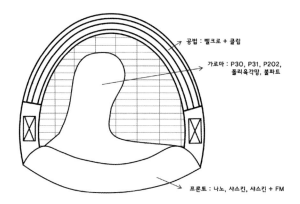

공법 : 벨크로 + 클립

가로마 : P30, P31, P202,
폴리옥각망, 불파트

프론트 : 나노, 샤스킨, 샤스킨 + FM

성형가발 9번 디자인은 사이드 모발은 건강한데 뒤쪽으로 탈모가 V자로 진행되어 모발이 얇은 경우에 적절한 형태로, 댄디 스타일이다.

고정 방법은 클립과 벨크로를 함께 사용하는데, 클립을 사용할 때 앞쪽에 착용하면 툭 튀어나와서 부자연스러워 보이기 때문에 F.S.P로부터 1.5cm 띄우고 위치를 선정해야 한다.

10) 성형가발 디자인 10(항암 전두)

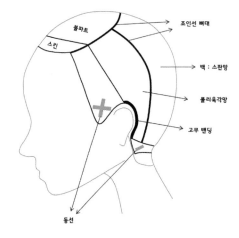

불파트

스킨

조인선 뼈대

백 : 스판망

폴리옥각망

고무 밴딩

둘레선

성형가발 10번 디자인은 항암치료로 탈모가 발생했을 때 커버할 수 있는 형태이다.

항암치료 중 모발이 다 빠진 상태이며, 이때에는 피부가 예민해져 있으므로 부드러운 소재의 망 위주로 선택하는 것이 적절하다.

4. 작업지시서의 이해

고객의 맞춤 가발을 주문할 때 작업지시서를 작성하게 되는데 각 항목의 내용은 다음과 같다.

김호 증모·가발 **KIMHO**

글씨를 뒷장까지 표시되게
힘있게 눌러 써주세요

작 업 의 뢰 서

제품No.
본사기재

제 품	□줄투페이 □일반투페이 □전두 □반전두 □피스	수선		작성일		당사도착일	
No.	고객성명	남( )여( )	나 이		담 당		지급( )보통( )

공 법	□테잎 □본딩 □클립(개) □단추(개) □벨크로 실리콘 yes/no □벨크로 +/+- □퓨전 □MP □줄 □망 □Air	□스킨+줄 □망+줄

HAIR STYLE / TOP

□가르마(左) □가르마(右) □가르마(中央) □불확실(左) □불확실(右) □불확실(中央) □올 백 □프리스타일

CAP 지시사항 □Toupee □Top piece

머리	□중국모( )% □인도모( )% □고열사( )% □미얀마( )%		
모장	완성	□5"(13cm) □6"(15cm) □8"(20cm) □ (cm)	
	정모	□8"(20cm) □10"(25cm) □12"(30cm) □ (cm)	
칼라	□1 □1.5 □1+1B □1B □1A □2 □3 □No염색/자연모 □전체염색모		

	이마(F)	가르마(P)	중앙(T)	크라운(C)	뒤(B)	옆(S)	테두리(PT)
식모방법							
컬	mm						
흰모	인모 (%)		고열사 (%)				

Top 가발 Size (cm) × (cm) 가로 × 세로

모량 %

프론트이마 소재	□USA스킨 □샤양+스킨 □FM (일자·톱니) □줄 □MP □망 □기타

스킨색상	나노 샤스킨 USA □투명색 □A색 □B색 □C색 □Black

프론트 스킨모양	나노 샤스킨 USA □일자 □라운드	0.5cm	1cm	2cm

□프론트 이마 나노스킨 두께	□얇다 0.12mm	나노 스킨	프론트 3단	2 0.06mm 3 0.12mm 4 0.16mm	Sha 스킨 두께 중량	□얇다	0.12mm 8g	□코팅함
□USA 스킨 두께	□보통 0.16mm		프론트 2단	3 0.12mm 4 0.16mm		□보통	0.16mm 12g	프론트 테두리 전체
	□두껍다 0.18mm		프론트 1단	4 0.16mm		□두껍다	0.18mm 16g	□코팅안함

앞이마낫팅	□촘촘히 □보통촘촘히 □보통 □보통성글게 □성글게
언더낫팅(내면수제)	□이마 (줄) □둘레 (줄) 베이비헤어 이마 (줄)
FM 테두리	□일자 •이마(줄) •둘레(줄) 프론트내피망 코팅 □톱니 •이마(줄) •둘레(줄) □Yes □No
앞라인 탈색모	□칼라(# 번) □몇줄( ) 프론트망 브리치 □Yes □No 펌웨이브 (호)

가발제품(내피조인선, 가르마, 테두리)

우레탄+망	(□조인센내피라인 □테두리라인)
우레탄+망+테이프	(□조인센내피라인 □테두리라인)
망+테이프	(□조인센내피라인 □테두리라인)
조인선 초음파 망과 망덧댐	(□조인센내피라인 □테두리라인)
가르마/망과 망덧댐	(□2중 □3중)

줄제품(내피조인선, 가르마, 테두리)

줄라인선 줄덧댐	(□조인센내피라인 □테두리라인)
줄라인선 망덧댐	(□조인센내피라인 □테두리라인)
줄라인선 pu 덧댐	(□조인센내피라인 □테두리라인)

| 가르마망 | 불파트 2중 3중 | 망색깔 | 살색 검정 | 망종류 | 1중 2중 | 망색깔 | 망종류 | 나노 USA 샤스킨 줄 | 스킨청공 Yes/No |
| 크라운 내피망 | 불파트 2중 3중 | 망색깔 | 살색 검정 | 망 | 1중 2중 | 망색깔 | 망종류 | 나노 USA 샤스킨 줄 | 스킨청공 Yes/No |

전두 Wigs Size

패치 테두리 둘레	□나노 □USA □샤스킨 스킨두께 (얇게·보통·두껍게) 스킨 넓이(cm)
	□망+나노 □망+USA □망+샤스킨 스킨두께 (얇게·보통·두껍게) 스킨 넓이(cm)
	□망접음(없다) (있다) (0.5cm) (1cm) (1.5cm) (2cm)
	□MP식 테임폭 (cm) □테임덧댐 □테임접음 □테임색 ( )
	□고정식줄 (줄)
	□돌레폭 넓이( ) □조인 포함 □조인 미포함
	□클립일 경우 (일반클립) (망클립)
	□클립자리스킨 (있음) (없음)
	□퓨전식 스킨 테두리구멍 □1.5mm □2mm
	□테두리 구멍간격 □0.5cm □1cm

★주문자의 주문서 & 패턴 잘못으로 인한 제품 불량은
책임지지 않습니다.
★100% 수작업 특성상 선적일이 변경될 수 있습니다.

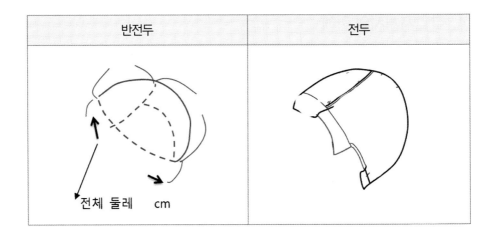

반전두	전두

전체 둘레   cm

제품 – 줄투페이 / 일반투페이 / 전두 / 반전두 / 피스

- 줄투페이 – 내피 없는 다중모줄(벽돌식, 다이아몬드식), 어망, 모노F사각망, SY/BL망 사용 시 체크
- 일반투페이 – 줄이 들어가지 않는 모든 망 가발 체크
- 전두 – 전두 가발 시 체크
- 반전두 – 반전두 가발 시 체크
- 피스 – 망이 들어가지 않는 줄로만 이루어진 피스 제작 시 체크

수선 – A/S 할 내용 정확히 기재

지급 / 보통

- 지급: 30일 이내에 도착. 지급료 별도 추가
- 보통: 30일~45일 이내에 도착

공법 – 테두리에 어떤 공법을 이용하여 고객 머리에 부착할 것인가?

- 테이프
- 본딩
- 클립
- 단추

- 벨크로(+ / +−)
- 퓨전
- MP
- 줄 (고정식 줄)
- 망 (망접음)
- Air (스킨+줄 / 망+줄)

헤어스타일

고객이 원하는 가르마 스타일과 헤어스타일에 체크

머리 혼합 비율

- 중국모 – 굵고 두꺼운 수직으로 떨어지는 모발
- 인도모 – 중국모보다 얇고 가는 모발이며 중국모보다 질긴 특성이 있고 건조 자연스러운 웨이브(주로 유럽 쪽에서 많이 사용)
- 미얀마 & 베트남모 – 중국모와 모질이 큰 차이가 없지만, 모발 굵기의 큐티클 두께가 얇은 편이다.
- 고열사(인조모): 염색과 일반펌이 안 된다.
- 기타: 일반적으로 중국모와 인도모를 혼합하여 7:3 또는 8:2 비율로 많이 한다.

머리 혼합 비율 기재할 때

`ex`

중국모 60% + 인도모 20% + 고열사(흰머리) 20% = 합 100%

모장

정모 (낫팅 전 전체 모발 길이) / 완성 모장(매듭 후 외피의 가장 긴 모발 기준)

`ex`

사용 모장 12"(30cm)/ 완성 모장 8"(20cm)

일반적으로 수제 낫팅 하고자 할 때 4" 정도 꺾어서 모발 매듭을 만들어야 잘 풀리지 않는다.

특별한 경우 헤어스타일에 따라 6:4 / 5:5 기타 등으로 매듭을 만들기도 한다.

컬러

도표에는 공장에서 주로 사용되는 기본 컬러이고, 밝게 원하는 경우나 특수 컬러를 원하면 별도 기재하면 된다. No 염색 자연모는 주로 큐티클만 정리한 모발로 염색이 가능한 모발이다.

#1.5 = 검정 / 염색하는 분

#1+1B = 다크 브라운 / 가장 일반적으로 많이 하는 컬러

#1B = 미디움 브라운 / brown

#1A = 에이쉬 브라운 / Dark brown

#2 = 2번~3번 톤 / Light brown

#3 = 3번~4번 톤

식모 방법

부위별 모발 낫팅 기법이다. 일반적으로 주문자는 낫팅스킬에 대해 잘 모르면 기재하지 않아도 된다.

공장에서 헤어스타일에 맞게 낫팅을 진행하여 스타일을 완성한다.

컬

일반적으로 C컬을 진행한다. 다만 고개 주문으로 S컬을 제작하기도 한다. mm 결정은 롯드 두께의 지름을 말한다.

C컬은 기본적으로 30mm를 많이 한다.

S컬은 약간 볼륨감이 있는 25mm를 주로 많이 한다.

흰 모

인모는 탈색해서 흰 모로 만들어도 시간이 지나면 누렇게 변색이 되고, 염색을 하면 고유의 흰머리가 없어지기 때문에 잘 사용하지 않고 대신 주로 고열사 흰머리를 많이 사용한다.

- 인모: 염색 가능(인모로 할 때 가공 비용 거의 2배 추가 발생)
- 인조모(고열사): 염색이 안 됨(주로 사용)

언더낫팅 (내면수제)

이마 테두리에 스킨이나 망이 들뜨지 않게 만들거나 보이지 않게 하기 위해서 또는 약간의 곱슬머리로 자연스럽게 연출하고자 할 때 작성한다.

모량 %

두상 부위별 모량을 기재한다.

※ 일반적인 모량 % 기준

- 30%~40% − 모발 숱이 약간 적은 사람 / 연세가 많은 사람
- 40%~50% − 30대~40대
- 60%~70% − 20대~30대(활동량이 많은 사람)
- 50% − 파마를 하고자 할 때는 주문 모량보다 10% 뺀다. 주문 40%
- 30%~35% − 아이롱펌 / 유화 세팅펌
- 가르마 & 탑 − 일반적으로 다른 곳보다 5%~10% 정도 더 숱 추가 낫팅한다.
- 이마라인 − 일반적으로 5%~10% 숱 적게 & 모발 가늘게, 가늘고 곱슬 (인도모 & 미얀마모) Baby 헤어 일반적으로 애교머리, 이마라인에 많이 한다.
- 연예인 모량 비교 (이덕X 40~50% / 설운X 50% / 백영X 60%)

ex

이마 45%+가르마 65%+탑 55%+크라운 55%+뒤 50%+옆 45%+테두리 45% = 합 360% / 7개 부위=51% 이로 인해 가발 내피에 모발 심기 모량은 51%를 심는다.

참고 사항 (흰머리를 혼합하고자 할 때 혼합 비율)

전체 모량이 51% 수제를 해야 된다면 만약 사용하는 모량이 50g이라면 여기에 흰머리를 10%를 혼합하여 달라고 할 때는 50g의 10%는 5g이다. 5g 흰머리를 혼합한다. 그렇게 되면 45g은 인모, 5g은 고열사 흰머리를 사용하여 합 50g을 만들어 가발 내피망에 수제 식모한다.

또한, 만약 모량을 100% 이상 심고자 할 때는 더 이상 심을 수 없다.

머리		☐ 중국모( )%	☐ 인도모( )%	☐ 고열사( )%	☐ 미얀마 ( )%
모장	완성	☐ 5"(13cm)	☐ 6"(15cm)	☐ 8"(20cm)	☐ (cm)
	정모	☐ 8"(20cm)	☐ 10"(25cm)	☐ 12"(30cm)	☐ (cm)
칼라		☐ 1 ☐ 1.5 ☐ 1+1B ☐ 1B ☐ 1A ☐ 2 ☐ 3 ☐ No염색/자연모 ☐ 전체염색모 ☐			

	이마(F)	가르마(P)	중앙(T)	크라운(C)	뒤(B)	옆(S)	테두리(PT)	모량 %
식모방법								
컬	mm							
흰모	인모 (%)			고열사 (%)				

식모 방법

- 싱글낫팅 - 머리카락 2가닥을 똑같이 낫팅 (가라앉게 볼륨 없앨 때) 가장자리

- 핫싱글낫팅 - 한 올 낫팅, 자연스럽고 볼륨이 적다. 한쪽 살리고 한쪽 죽일 때, 주로 이마라인 많이 한다.

- 더블낫팅 - 볼륨감 있게 작업하고자 할 때 낫팅 / 2번 낫팅 매듭이 견고하고 큰 게 단점이다.

- 핫더블낫팅 - 망에 직접 낫팅하는 방식으로 한 가닥을 2회 감아서 낫팅한다. 매듭이 견고해서 주로 사용하는 낫팅기법이다.

- V 무매듭 낫팅 - 스킨에 매듭 없이 낫팅(낫팅 베이스에 우레탄 코팅 처리 / 단점은 모발이 빨리 빠진다)(얇은 스킨을 덧대서 작업 / 주로 가르마 부위에 많이 사용) 이마라인과 가르마 쪽에 자연스럽게 표시가 안 나게 하고자 할 때 주로 사용한다. 뿌리에 묶은 매듭식은 유지력이 오래 간다.

앞이마 낫팅

- 촘촘히 - 바늘 자국 없이(무매듭식이 표시가 안 난다) 숱이 50%~60% 정도

- 보통 촘촘히 - 바늘 자국 없이 보통 숱이 많게 숱이 40%~50% 정도

- 보통 (성글게) - 드문드문 공간이 약간씩 있게 숱이 30%~40% 정도

- 보통 성글게 - 숱이 20%~30% 정도

- 성글게 - 거의 숱이 10%~20% 정도

프런트 스킨 모양

- 일자형 = 일반 스킨(콘택트)
- 라운드형 = 약간 물결 모양 5mm. 1cm. 2cm. 3cm

프런트 이마 소재

- 일자 = FM톱니형 – (우레탄 위에 지그재그식으로 망과 더블 겹처리 된 것) 프런트에 본인 모발이 약간 있는 고객에게 주로 사용한다.
- 일자 = FM – 얇은 망과 스킨 겹처리 (우레탄 앞에 망이 약간 겹쳐 튀어나오게 하여 만들어짐) 프런트에 본인 머리가 약간 있는 고객에게 사용한다.
- 얇은 샤망+스킨 – 얇은 샤망과 우레탄 스킨이 겹쳐 튼튼하고 잘 찢어지지 않는다.

프런트 이마 나노스킨 두께

- 0.03mm – 아주 얇게 코팅 / 우레탄을 사용해 2회 코팅
  주로 프런트스킨에 사용하고, 스킨이 약해서 3개월 이내에 A/S하게 된다.
- 0.06mm – 기본적으로 많이 사용한다. 일반적으로 6개월 후 A/S하게 된다.
- 0.09mm – 코팅이 두께감이 있다.
- 2 3 4 / 3단 두께 스킨 (얇게 3번 코팅)
- 3 4 / 2단 두께 스킨 (얇게 2번 코팅) 약간 얇다
- 4 / 전체 1단 스킨

스킨 색상

- 투명색 = 아주 투명한 사람
- A 색 = 살결이 하얀 사람
- B 색 = 약간 어둡다 (M사에서 많이 사용)
- C 색 = 가장 어둡다 (운동선수)

가르마망. 크라운 내피망

- 나노
- 망
- 불파트 ( )중망: 가르마 부분에 낫팅 매듭 자국이 보이지 않게 내 두피처럼 자연스럽고 볼륨감 있게 보이고자 할 때 사용(추가 요금 발생)
- 2중망
- 샤스킨

패치 테두리 둘레

- 조인선 포함: 테두리 2cm일 때, 1.5cm+조인선 0.5cm
- 조인선 미포함: 테두리 2cm+조인선 0.5cm
- 나노스킨 (얇게, 보통, 두껍게) / 스킨 넓이 ( )cm
- 일반 PU (망+스킨) 주로 테두리 많이 사용 (보통, 두껍게) 스킨 폭 ( )cm
- MP (둘레 라인 내피 3mm / 5mm / 7mm 1cm): 전체 내피 테두리를 망테이프로 한 겹 덧댄다. 내피 테두리가 부드럽고 튼튼하다.
- 망접음: MP 전체 테두리 둘레는 망접음 0.3cm / 0.5cm / 1cm 내피가 부드럽고 가볍고 튼튼하다.
- 패치 둘레가 클립인 경우: 클립 자리 스킨 (있음, 없음)
- 샤스킨: 둘레 테두리 라인 (일반 + 망)
- FM 일자: 2줄, 3줄, 5줄 주로 많이 사용 (가발 이마나 테두리가 자연스럽게 보이고자 할 때)
- FM 톱니: 2줄, 3줄 주로 많이 사용 (가발 이마나 테두리가 자연스럽게 보이고자 할 때)

CAP 지시 사항

- 작업지시서를 하나도 빠짐없이 채워야 하고, 그림도 자세히 그린 후 중요한 요청 사항까지 적어야 원하는 맞춤 가발 제작이 가능하다. 특히 중요한 요청 사항은 별표 처리로 강조하여 표시한다.
- 프런트: 스킨 소재, 폭 cm

- 가르마: 가르마 소재, 2중인지 3중인지, 살색인지 검정인지 색상 체크, 모량을 어떻게 심을지 기재한다.
- 크라운: 내피 소재, 1중인지 2중인지, 살색인지 검정인지 색상 체크, 크라운이 사이드와 백이 다른 소재를 원하면 나눠 작성한다.
- 테두리: 둘레 소재, 두께, 색상, 폭 cm, fm이나 언더낫팅 처리를 하는지 기재한다.

5. 가발 공법

가발을 부착하는 공법으로는 고정식, 반고정식, 탈부착식이 있다. 고정식은 고객 두상에 고정하는 방식으로 고정식 공법으로는 본딩식, 샌드위치식, 테이프식, 퓨전식 등이 있다. 반고정식은 고정식과 탈부착식을 조합한 방식으로 반고정식 공법으로는 단추식, 벨크로식 등이 있다. 탈부착식은 고객이 원할 때 직접 탈착할 수 있기 때문에 실내 활동이 많거나 외출 시에만 착용 원하시는 분들께 적합하며, 탈부착식 공법으로는 클립식, 벨크로식, 클립+벨크로식, 테이프식 등이 있다.
지금부터는 각 고정 방법의 장단점과 다양한 공법에 대해 알아본다.

1) 고정식 공법

고정식은 고객 두상에 고정하는 방식으로 가발을 착용한 상태에서 샤워, 샴푸, 운동, 취침 등이 가능하고 일상생활을 자유롭게 할 수 있다. 고정할 때 벗겨질 우려가 적고 출장, 합숙 때 가발을 벗을 걱정이 없다. 주로 젊은층 또는 사회 활동이 활발한 고객들이 선호하며, 한 번 고정하면 다시 탈착할 필요가 없어서 가발이 움직이거나 위치가 바뀔까봐 걱정할 필요가 없다. 단, 본인 스스로 탈부착이 어렵고, 한 달에 1회~2회 정도 관리를 위해 샵을 방문해야 한다. 또한 땀이나 열이 쌓이면 불편할 수 있고, 땀과 유분기 때문에 매일 샴푸를 해야 하는데, 샴푸를 시원하게 할 수 없고, 자주 샴푸를 해야 하는 점 때문에 모발이 빨리 손상되어 가발의 수명이 짧은 등의 단점이 있다.
고정식 공법으로는 본딩식, 샌드위치식, 테이프식, 퓨전식 등이 있다.

■ 본딩식

본딩식은 탈모 기준선 안으로 가발이 있는 형태로 내 두피와 밀착된 상태이기 때문에 가장 티가 나지 않는 고정 방법이다.

본딩식 고정법의 작업 순서는 다음과 같다.
① 고객의 두상을 깨끗이 정리하고, 커트 후에 유분기를 없애는 딥클렌징 샴푸를 한다.
② 고객의 두상을 가발 사이즈만큼 쉐이빙해준다.
③ 거즈에 스켈프 프로텍터를 뿌려 고객의 두피를 닦아준다. 그 후 가발의 스킨, 테두리도 같이 닦아준다.
④ 프런트와 테두리 부분에 일회용 양면 테이프를 붙인다.
⑤ 노 테이프 글루를 양면 테이프 위에 얇게 펴 발라준다.
⑥ 드라이기 찬 바람을 사용해 3분~5분 정도 글루가 꾸덕꾸덕해질 때까지 건조한다.
⑦ 가발을 양손으로 잡아 프런트부터 붙이고, 양손으로 텐션을 주면서 옆 사이드를 지나 백 부위까지 붙여준다.
⑧ 공기가 들어가지 않게 양손으로 글루가 발라진 두상 전체를 꼼꼼히 눌러준다.

■ 샌드위치식

본딩식은 두피에 직접적으로 글루를 사용하므로 두피가 손상될 수 있고, 땀이나 피지 등의 노폐물에 의해 빨리 떨어질 수 있다. 반면, 샌드위치 기법은 모발을 이용해 고정하기 때문에 약품이 두피에 직접 닿지 않아서 두피 손상이 없고, 본딩식 다음으로 밀착감이 좋고 단단하며 오래가는 것이 특징이다.

샌드위치 고정법의 작업 순서는 다음과 같다.
① 고객의 두상을 깨끗이 정리하고, 커트 후에 유분기를 없애는 딥클렌징 샴푸를 한다.
② 가발에 하루용 양면테이프를 붙인다. 이때, 스켈프 프로텍터로 가발을 닦은 후

가발 프런트부터 전체 패치 테두리까지 테이프를 붙여준다.

③ 고객의 두상에도 하루용 양면테이프를 붙인다.

④ 고객의 모발을 걷어 테이프 위에 붙인다. 이때 너무 많은 양의 모발을 올리면 접착력이 떨어지기 때문에 모발을 얇게 붙여준다. 프런트 사이드 포인트에서 첫 단은 1cm 붙이고 나머지는 0.5cm 간격으로 머리카락을 올려준다. 간격을 두고 모발을 걷어 올리기 때문에 다음에 고정할 때는 안 쓴 모발을 써서 번갈아 가면서 테이프에 붙여준다.

⑤ 테이프에 접착한 모발 위에 글루를 발라준다. 이때 얇게 펴 발라야 접착력이 좋다. 아래 방향으로 발라주게 되면 모발에 글루가 묻을 수 있으므로 먼저 중앙에 글루를 바른 후 위쪽 두피 쪽으로 펴 발라준다.

⑥ 드라이기 찬 바람을 사용해 3분~5분 정도 글루가 꾸덕꾸덕해질 때까지 건조한다.

⑦ 가발 테두리를 두피에 붙여준 후에 프런트 쪽의 양면테이프를 떼어 이마에 붙여주면 완성된다.

■ 테이프식

올 테이프식은 테이프만 붙여서 사용하기 때문에 착용 방법이 간단하다. 또한 테이프식은 고정식과 탈부착식 모두 가능한 기법인데, 4주용 테이프를 사용하면 고정식이고, 3일용~5일용 테이프를 사용하면 탈부착용으로 사용할 수 있어서 고객이 직접 집에서도 할 수 있다는 것이 특징이다. 또한 테이프식은 클립이나 벨크로를 사용한 탈부착식 공법에 비해 밀착력이 좋고 고정력이 뛰어나며, 테두리에 두께감이 없어서 머리를 만졌을 때 이물감이 느껴지지 않는다. 그리고 CT, MRI, X-RAY 등을 찍을 때도 가발을 벗지 않고 촬영할 수 있어서 편리하다. 단, 땀이랑 유분기가 많으면 고정력이 떨어지기 때문에 테이프를 매일 교체해야 해서 테이프 유지 비용이 발생한다.

테이프식 고정법의 작업 순서는 다음과 같다.

① 고객의 두상을 깨끗이 정리하고, 커트 후에 유분기를 없애는 딥클렌징 샴푸를 한다.

② 고객의 두상을 가발 사이즈만큼 쉐이빙해준다.

③ 거즈에 스켈프 프로텍터를 뿌려 고객의 두피를 닦아준다. 그 후 가발의 스킨, 테두리도 같이 닦아준다.

④ 스킨과 테두리에 2주~4주용 양면테이프를 재단해서 붙인다.

⑤ 가발을 양손으로 잡고 C.P를 맞춰서 붙이고 양손으로 텐션을 주면서 옆 사이드를 지나 백 부위까지 붙여준다.

■ 퓨전식 (링고정식)

퓨전식은 고객 머리를 밀지 않고 가발 테두리에 구멍이 뚫려 있어 구멍 사이로 고객 머리를 빼내어 가모와 고객 머리를 묶어 고정하는 기법으로 글루나 클립을 사용하지 않는 고정식이며, 고정식 중에 가장 고정력이 뛰어나다. 수영이나 축구 등 격한 운동을 해서 땀이 많이 발생해도 무관하여서 운동을 즐기는 고객에게 추천하는 가발 고정식이다. 하지만 고객의 머리카락이 연모일 때는 권하지 않는 것이 좋다.

퓨전식 고정법의 작업 순서는 다음과 같다.

① 고객의 두상을 깨끗이 정리하고, 커트 후에 유분기를 없애는 딥클렌징 샴푸를 한다.

② 프런트 스킨 부분에 일회용 양면테이프를 붙인다.

③ 거즈에 스켈프 프로텍터를 뿌려 고객의 두피를 닦아준다.

④ 양면테이프를 제거 후 C.P를 맞춰서 붙이고, 고객 모를 모류 방향으로 베이스 빗질을 한다.

⑤ 뒤 백 부분 천공에서 고객 모를 90°로 빼낸다.

⑥ 테두리 라인 선을 따라 익스텐션용 스킬 바늘을 이용해 고객 모를 링 사이즈만큼 섹션을 뜬다.

⑦ 왼손 엄지와 검지로 섹션모를 잡고, 스킬 바늘에 링을 넣은 다음 섹션모에 스킬을 걸고 링을 밀어 넣는다.

⑧ 펜치로 링을 잡고 왼손은 고객의 두상으로 다운시킨 후 1차 100% 압력으로 링을 짚어주고, 2차 1/3 지점에서 한 번 더 짚어준다.

⑨ 이 방법으로 링 5개를 고정해주고, 양쪽 사이드로 이동하여 링을 5개씩 고정하면서 나머지를 차례대로 고정해준다.

2) 반고정식 공법

반고정식은 고정식과 탈부착식을 조합한 방식으로 고정식 가발의 단점인 내 머리를 시원하게 감을 수 없는 문제와 탈부착의 단점인 단단한 고정, 밀착의 문제를 동시에 해결한 고정법이다. 특히 가발 위치를 잘 맞추지 못하는 가발 초보자들에게 적합하다. 하지만 두피에 접착제를 이용하여 붙여야 한다는 단점이 있고, 가발을 벗었을 때도 두피에 단추, 벨크로가 붙어 있어서 사우나, 대중목욕탕을 이용할 때 가발을 벗기가 곤란할 수 있다.
반고정식 공법으로는 단추식, 벨크로식 등이 있다.

■ 단추식

단추식 공법은 본딩으로 작업하는 방법과 샌드위치 작업 방법이 있다.

먼저 단추식을 본딩으로 작업하는 순서는 다음과 같다.
① 고객의 두상을 깨끗이 정리하고, 커트 후에 유분기를 없애는 딥클렌징 샴푸를 한다.
② 거즈에 스켈프 프로텍터를 뿌려 고객의 두피를 닦아준다.
③ 고객 두피의 단추를 고정할 부분에 일회용 양면테이프를 재단해서 붙인다.
④ 글루를 양면테이프 위에 골고루 얇게 펴 바른다.
⑤ 찬 바람으로 3분~5분 정도 꾸덕꾸덕해질 때까지 건조시킨다.
⑥ 단추를 붙여야 할 부분에 부착시키고 꾹꾹 눌러준다.
⑦ 가발 프런트에 일회용 양면테이프를 붙이고, 양손으로 가발을 잡고 단추 + 와 -을 결합한다.
⑧ 앞 프런트의 양면테이프를 제거한 후 이마에 붙여준다.

단추식 샌드위치 작업 순서는 다음과 같다.

① 고객의 두상을 깨끗이 정리하고, 커트 후에 유분기를 없애는 딥클렌징 샴푸를 한다.
② 두피에 양면테이프를 붙인다. 샌드위치식은 아래쪽 모발만 걸어 올렸다면 단추식은 사방에서 모발을 가져와서 고정해주어야 한다.
③ 모발 위에 글루를 얇게 펴 발라준 다음 3분~5분 찬 바람으로 건조한다.
④ 건조되면 단추 – 부분을 붙인다. 이때 가발에 +가 붙어 있어야 한다.
⑤ 가발의 단추 +와 두피의 단추 –를 맞추어 고정해준 뒤 프런트에 가발용 테이프를 붙여 이마에 고정한다.

■ 벨크로식

벨크로식은 단추식과 작업 순서가 같다. 단, 벨크로는 암수가 너무 강하게 붙어 있어서 탈착 시 고객이 아픔을 느낄 수 있다. 고정할 때는 본딩식도 가능하고 모발식도 가능하다.

3) 탈부착식 공법

탈부착식은 고객이 원할 때 직접 탈착할 수 있어서 실내 활동이 많거나 외출 시에만 착용 원하시는 분들께 적합하다. 탈부착식은 특히 움직임이 많지 않은 직업에 종사하거나 연령대가 높으신 분들이 선호하고, 샴푸 횟수가 고정식 가발에 비해 적어서 가발 수명이 길다. 또한 잠을 잘 때 가발을 벗고 편하게 잘 수 있고 내 머리를 시원하게 감을 수 있다는 장점이 있다. 단, 가발이 벗겨질 위험이 있어서 수영, 축구 등 활동이 큰 운동은 삼가는 것이 좋고, 고정식이 아니어서 가발이 떨어질 수 있다는 불안감에 강하게 부착하여 견인성 탈모가 올 수 있다.
 탈부착식 공법으로는 클립식, 벨크로식, 클립+벨크로식, 테이프식 등이 있다.

■ 클립식

클립식 공법은 가장 대중적인 기법으로, 고객의 머리카락을 밀지 않아도 되고, 고객이 편하게 착용할 수 있다는 것이 가장 큰 특징이다. 다만, 가발이 떨어질까 하는 불안감에 클립을 너무 강하게 고정하거나, 한 자리에 오래 착용할 시 견인성 탈모가 생길 수 있고, 테이프식에 비해 밀착감이 떨어지고 모발이 얇고 힘이 약하면 고정력 떨어진다는 단점이 있다.

클립식 고정법의 작업 순서는 다음과 같다.
① 가발 프런트에 일회용 양면테이프를 붙인다.
② 양손으로 가발을 잡고 C.P에 맞추고 붙인다.
③ 클립을 열고 두피에 밀착시키고 사이드부터 클립을 꽂고 나머지 부분도 클립을 열고 모발에 꽂아준다.

■ 벨크로식

벨크로식은 모자처럼 편하게 착용할 수 있어 탈부착식 중에 가장 편한 공법으로 클립으로 인한 견인성 탈모가 있는 고객에게 권장하는 방법이다. 벨크로 부분이 모발에 달라붙어 불편하지만, 벨크로 사이즈대로 스펀지를 잘라서 붙여주면 편하게 사용할 수 있다. 또한 고객 머리를 밀지 않아도 되어 클립 테이프식처럼 두피에 자극 없이 사용할 수 있다. 단, 가발 사이즈가 작으면 벗겨질 위험이 있어서 사이즈가 모자처럼 커야 불안감이 해소된다. 벨크로식은 벨크로의 접착력이 떨어지면 떼고 새 벨크로로 교체할 수 있다.

벨크로식 고정법의 작업 순서는 다음과 같다.
① 가발 프런트에 일회용 양면테이프를 붙인다.
② 양손으로 가발을 잡고 C.P에 맞추고 붙인다.
③ 두피에 밀착시키면서 양 사이드부터 텐션을 주면서 뒤통수 부분까지 꼼꼼하게 붙인다.
④ 밀착력이 강해지도록 잘 문질러준다.

■ 테이프식

올 테이프식은 테이프만 붙여서 사용하기 때문에 착용 방법이 간단하다. 3일용 ~5일용 테이프를 사용하면 탈부착용으로 사용할 수 있어서 고객님이 직접 집에서도 할 수 있다는 것이 특징이다. 또한 테이프식은 클립이나 벨크로를 사용한 탈부착식 공법에 비해 밀착력이 좋고 고정력이 뛰어나며, 테두리에 두께감이 없으므로 머리를 만졌을 때 이물감이 느껴지지 않는다. 그리고 CT, MRI, X-RAY 등을 찍을 때도 가발을 벗지 않고 촬영할 수 있어서 편리하다. 단, 땀이랑 유분기기가 많으면 고정력이 떨어지기 때문에 테이프를 매일 교체해야 해서 테이프 유지 비용이 발생한다.

테이프식 고정법의 작업 순서는 다음과 같다.

① 가발 프런트와 테두리에 일회용 양면테이프를 재단해 붙인다.

② 거즈에 스켈프 프로텍터를 뿌려 고객의 두피를 닦아준다.

③ C.P부터 붙이고, 두피에 밀착시키면서 양쪽을 잡아 텐션을 주면서 사이드에서 백 쪽까지 붙인다.

Ⅲ. 스타일링

가발은 착용감이나 커버력도 중요하지만, 무엇보다 가발 티가 나지 않는 자연스러움이 필요하다. 가발이 아닌 것처럼 자연스럽게 보이기 위해서는 무엇보다 스타일링이 잘돼야 한다. 지금부터는 고객이 원하는 대로 다양한 스타일을 할 수 있는 스타일링 노하우를 배워본다.

모든 새 제품은 가모에 유연제 처리가 되어 있어서 코팅을 벗겨내기 위해서 가볍게 알칼리 샴푸로 딥클렌징을 먼저 해준 다음 커트, 펌, 염색 등 스타일링 준비를 한다.

1. 커트

가발은 가발 착용 전 가봉 커트와 고객이 제품을 착용한 후 고객의 모발에 맞춰 가발을 자연스럽게 연결하는 마무리 커트까지 총 2번의 커트를 진행한다.

OK   NO

가발을 커트할 때는 반드시 무홈 틴닝가위를 사용해야 한다. 무홈 틴닝가위를 사용하면 모발 끝 날림 현상이 없고, 단면이 깨끗하게 잘려서 모발의 손상이 없다. 만약 일반 홈 틴닝가위를 사용하면 모발 손상이 심하고, 모발이 부스스하고 거칠어질 수 있다. 또한 레저날을 사용해 커트하면 모발 끝이 갈라지는 현상이 발생하니 주의가 필요하다. 만약 스타일을 내기 위해 반드시 레저날을 사용해 커트해야 하는 경우, 끝처리에 무홈 틴닝가위로 한 번 더 마무리 커트하면 날림 현상을 없앨 수 있다.

1) 가봉 커트

① 전체 질감 처리
② 잔머리 만들기: 베이비 헤어

③ 앞머리 가르마 쪽 커트: 삼각 존

④ 사이드 떨어지는 라인

⑤ 가르마 커트: 방향 잡기

〈가봉커트 순서〉

(1) 전체 질감 처리

① 탑 부분의 전체 숱 질감 처리는 90° 각도로 뿌리에서 3cm 띄우고 질감 커트한다. 이때 무겁게 커트를 하게 되면 가발 표시가 나기 때문에 자연스러움을 위해 질감 처리를 한다.

② 사이드 부분은 1.5cm 띄우고 질감 처리한다.

(2) 잔머리 만들기

① 스킨에 있는 모발을 0.5cm 간격으로 지그재그 섹션을 뜬다.

② 레저 날을 검지와 엄지 사이에 끼고, 손가락만 이용해서 밑에서 위로 날을 수직으로 세워서 약간 15° 각도로 불규칙적으로 긁어낸다.

③ 뾰족한 핀셋 등을 이용하여 엄지에 대고, 강한 텐션으로 훑어준다. 이는 모발의 탄성을 이용한 것으로 인위적인 웨이브가 형성되어 자연스러운 잔머리를 만들 수 있다.

(3) 앞머리 가르마 쪽 커트

① 가르마 쪽 삼각존을 잡아서 1cm~1.5cm 띄우고 커트한다.

② 가르마 쪽을 중심으로 사이드로 이동하면서 가르마 쪽으로 당겨서 커트한다.

(4) 사이드 떨어지는 라인

페이스라인을 가볍고 자연스럽게 만들어주기 위해 사이드 떨어지는 라인을 커트한다. 머리카락을 잡고 얼굴 쪽으로 당겨서 15°, 45°, 75°, 90° 순으로 가위 방향이 1.5cm 떨어진 위에서 아래로 향하게 라인을 커트한다.

(5) 가르마 커트

① 탑 부분은 약 8cm 정도로 커트한다.

② 가르마 부분은 90°로 커트한다.

③ 가르마 쪽으로 당겨서 120°, 180°로 커트한다.

④ 프런트 머리가 길어지게 할 경우는 중심을 뒤쪽으로 잡아준다.

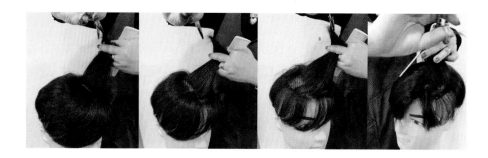

2) 마무리 커트 (2% 커트)

2% 커트: 펌 등 착용 전 스타일을 완성한 가발을 고객에게 씌운 후 마무리로 고객 모발과 연결하는 커트를 한다.

고객의 머리카락과 자연스러운 연결감을 위해 질감 처리가 중요하다.

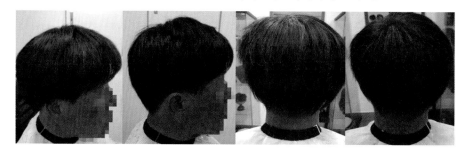

3) 올백 스타일 커트

① 댄디 스타일과 반대로 질감 처리를 해준다.

② 탑 쪽에서 프런트 쪽으로 무홈 틴닝가위를 3cm 지점부터 원을 그리듯이 회전하면서 커트한다.

③ 뿌리 쪽이 짧아진 모발의 볼륨으로 받쳐주면서 끝 쪽으로 질감 처리가 되어 커트만으로도 올백으로 넘길 수 있다.

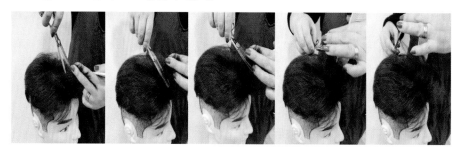

2. 펌

가발 펌의 종류로는 일반펌, 아이론펌, 연화펌 등이 있다. 가발 펌을 하게 되면 고객이 손질하기가 쉽고, 펌 디자인에 따라 다양한 스타일을 연출할 수 있는 장점이 있다. 또한 가모의 볼륨감이 과할 경우, 고객 모에 맞춰 가모의 뿌리 숨을 죽이는 작업을 해서 가발 티가 나지 않게 해결할 수도 있다.

1) 일반 펌

① 가발 테두리는 빼고 윗부분만 치오나 멀티펌제 1제를 도포한다.

② 고객이 원하는 스타일에 따라 방향과 롯드 크키를 설정하여 와인딩한다. 이때 고무줄 자국이 남지 않게 스틱 처리해준다.

③ 비닐 캡을 씌우고 15분 동안 자연 방치한다. 가발은 산 처리가 되었기 때문에 사람의 머리카락보다 작업 시간이 짧다. 다만 공장에서 제작된 염색 모발은 펌 처리 작업이 늦어진다.

④ 자연 방치 10분 되었을 때 5분 남겨놓고 테두리 부분에 매직약을 뿌리에 발라 숨을 죽이는 작업을 한다. (테두리 핀컬도 가능하다)

⑤ 중화는 과수로 5분 (2번 도포) – 산성 샴푸로 헹군다.

2) 연화 세팅펌

① 가발에 치오를 전체적으로 바른 후 꼬리빗으로 스타일 방향대로 결 빗질을 해준다.

② 공기 차단을 위해 비닐 캡을 씌운 후 15분간 자연 방치한다.

③ 샴푸를 하면 연화한 의미가 없으므로 물로만 깨끗이 헹궈준 후 수건으로 꾹꾹 눌러 물기를 닦아준다.

④ 프리미엄 유연제(농도 짙은) 1 : 정제수(정수기 물 안 됨) 1 비율로 유연제를 만든다.

⑤ 유연제를 가발에 듬뿍 뿌려 거품이 날 정도로 뿌리부터 빗질해준다. 이때 뿌리 빗질이 중요한 이유는 대부분 가발이 뿌리부터 엉키기 때문에 결을 잡아주기 위함이다.

⑥ 원하는 컬의 롯드보다 2단계~3단계 작은 롯드로 와인딩한다.

⑦ 아이롱펌이 뿌리에서 모발 끝까지 바싹 마르듯이 겉에만 마르는 게 아니라 안쪽까지 마를 정도로 뜨거운 바람으로 말려준다.

⑧ 열을 식힌 후에 중화는 과수로 5분 (2번 도포) − 산성 샴푸로 헹군다.

3) 펌 디자인

〈댄디 스타일〉

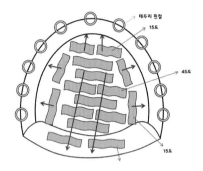

① 모든 섹션은 지그재그로 뜬다.

② 벽돌 쌓듯이 와인딩한다.

③ 탑 부분은 45° 각도로 1¼ 바퀴 와인딩한다.

④ 점차 프런트 쪽으로 갈수록 각도를 다운시켜서 와인딩한다.

⑤ 라인은 핀컬펌한다.

〈올백 스타일〉

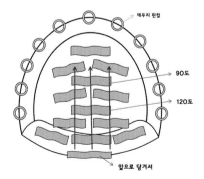

① 프런트에서 위빙 섹션을 떠서 뼈다귀 롯드로 뿌리만 1바퀴 감아준다.

② 프런트부터 앞으로 최대한 당겨서 뒤로 와인딩한다. (120°)

③ 시작점은 1½ 바퀴 와인딩, 그 다음은 160°, 140°, 120° 순으로 와인딩한다.

④ 교대로 받쳐주는 롯드는 뿌리에 작은 롯드(싱)를 넣고 1½ 와인딩한다.

⑤ 라인은 핀컬펌한다.

〈가르마 스타일〉

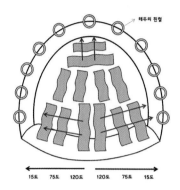

① 떨어지는 라인은 1½ 바퀴, 각도는 15°로 와인딩한다.

② 탑으로 올라가면서 최대한 각도를 들어서 2바퀴로 와인딩한다.

③ 라인은 핀컬펌한다.

〈옆 올백 스타일〉

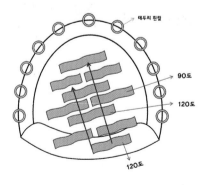

① 넘기는 앞쪽만 각도를 최대한 앞쪽으로 당겨서 뒤로 와인딩한다. (180°)

② 사선으로 지그재그 섹션을 뜬다.

③ 롯드 1½바퀴 와인딩한다.

④ 떨어지는 라인은 핀컬펌한다.

〈리젠트 스타일〉

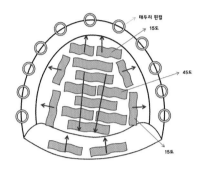

① 모든 섹션은 지그재그로 뜬다.

② 벽돌 쌓듯이 와인딩한다.

③ 탑은 45° 각도로 1¼ 바퀴 와인딩한다.

④ 프런트 쪽 모발은 앞으로 당겨서 와인딩한다.(120°)

⑤ 라인은 핀컬펌한다.

3. 염색

일반적으로 가발의 모발은 3레벨이다.

1) 산화제 활용 방법

산화제 농도별 사용 방법

1.5%	손상이 심하고 탈색된 모발에 착색. 손상이 적고 착색력이 뛰어나며 명도가 어두워질 수 있고 톤 업이 안 된다.
3%	0.5~1 level 리프트 업 가능. 톤 인 톤(Tone in Tone), 톤 온 톤(Tone on Tone), 모발 색상이 #4 level 시 #4~5 level 색상 연출
6%	1~2 level 리프트 업 가능하고 모발 색상이 #4 level 시 #5~7 level 색상 연출
9%	3~4 level 리프트 업 가능하고 밝은 명도 표현에 사용한다. 모발 색상이 #4 level 시 #7~8 level 색상 연출
탈색	5~6 level 리프트 업 가능하고 선명한 명도 표현에 사용한다.

산화제 비율별 사용 방법(염모제 1제 : 산화제 2제 비율)

- 1:1 염모제에 맞춰 농도별 레벨을 원할 시 사용
- 1:2 염모제로 1~2 level 리프트 업, 건강한 모발 탈색 시 사용
- 1:3 안정적 탈색 또는 모발의 기염 부분 잔류색소 제거 시 사용
- 1:4 탈염제를 이용하여 검정 염색 입자 제거 시 사용

2) 투페이 가발 염색

KIMHO 가발은 100% 인모를 사용하기 때문에 햇빛에 많이 노출되면 모발 탈색이 될 수 있다. 만약 가발 모발의 색상이 밝아졌을 때는 톤다운 염색한다.

투페이 가발을 염색하는 방법은 다음과 같다.

가발을 염색할 때는 모발 외의 자재에 염색이 되지 않도록 주의해야 한다. 이때 염색 붓 대신 헤어 매니큐어 바르듯이 꼬리빗을 사용하면 스킨에 묻지 않으면서 뿌리까지 염색을 깔끔하게 할 수 있다.

① 가발 스킨에 양면테이프를 꼼꼼히 붙이고 바셀린을 면봉에 묻혀서 발라준다.

② 테두리부터 탑으로 올라가면서 염색을 하게 되면 무게 때문에 눌려서 가발 내피에 염색 얼룩이 질 수 있으므로 탑부터 시작해서 테두리로 염색약을 바르는데, 탑 쪽으로 모아주면서 발라주는 것이 좋다.

3) 하이라이트

모발 손상을 최소화하면서 하이라이트를 뺄 때는 두 가지 방법 중 하나를 선택할 수 있다.

다만 공장 염색모가 아닌 자연모여야 가능하다.

- 블루(1) + 화이트 파우더(2) = 1 : 2 자연 방치(15분~20분)

  (큐티클이 열림, 멜라닌 색소 희석, 최대한의 하이라이트 작업)

- 블루(1) + 화이트 파우더(3) + 과수 20v(6%) 1 : 3 = 30mL : 90

  (과수를 3배 넣는 이유: 최대한 모발에 상처 주지 않고, 손상 최소화하면서 레벨 up)

※ 손상과 얼룩 없이 밝은 색상 빼기 - 화이트 파우더만 사용하는데 이때 산화제 9%를 사용하고, 1:3 비율로 해서 20분간 자연 방치한다.

4) 원색 멋내기 컬러링

- 중성 컬러 매니큐어(원색의 원하는 컬러)를 사용한다. 왁싱 매니큐어 산성 컬러 25분~30분
- 첫 번째, 두 번째 사진의 컬러는 하이라이트로 색상을 밝게 뺀 후에 매니큐어 처리
- 세 번째 사진의 컬러는 천연 자연모 색상에 와인색 매니큐어 처리

4. 가발 샴푸

가발을 샴푸하는 방법은 다음과 같다.

① 착용한 제품에 붙은 양면테이프를 깨끗이 제거해준다.
② 샴푸 전 먼저 트리트먼트나 린스를 소량 발라 빗질하여 헹구면 헤어 제품의 잔여물이나 먼지가 부드럽게 떨어져 나간다.
③ 물이 위에서 아래 방향으로 흐르게 하고, 한 방향으로만 씻어준 후 약산성 샴푸를 발라준다.
④ 비비지 않고 위에서 아래 한 방향으로만 결 정리를 하면서 샴푸를 한다.
⑤ 잔여물이 남지 않도록 깨끗하게 헹군 후 트리트먼트나 린스를 다시 한 번 발라 헹궈준다.
⑥ 타월로 비비지 않고 꾹꾹 눌러 닦아준다.
⑦ 젖은 상태에서 가발 유연제를 뿌리고, 오일에센스를 발라준다. 이때 모발이 마른 상태에서 유연제를 뿌리면 머리가 끈적거리게 되므로 주의한다.
⑧ 가발 내피와 모발을 적당히 찬 바람으로 말려준다. 필요시 따뜻한 바람으로 스타일링한다.

※ 홈케어시 주의 사항

– 급하다고 뜨거운 바람을 직접적으로 쐬게 되면 가발 내피가 뭉쳐서 제품이 오그라들 수 있다.

– 웨이브가 많은 롱 스타일은 완전히 젖은 상태에서 빗질하여 가볍게 흔들어 웨이브를 살린 후 그대로 가발 걸이에 걸어 건조시킨다.

– 만약 스프레이를 뿌려서 가발이 심하게 엉겨 붙으면 물파스를 충분히 바른 다음 꼬리빗으로 눌러 스프레이 잔여물을 빼낸다. 어느 정도 스프레이가 빠졌으면 물로 헹구는 것이 아니라 물파스 위에 산성 샴푸를 발라 꼬리빗으로 눌러 한 번 더 잔여물을 제거해준다.

– 가발 유연제가 바닥에 묻으면 미끄러워서 넘어질 수 있으므로 주의가 필요하다. 가발 유연제는 가발 가까이에서 뿌리는 것을 권장한다.

– 가발은 모발이 생명이며, 모발 관리가 가장 중요하다. 샴푸를 자주 하게 되면 모발의 마모가 빨라져서 단백질이 빠진 모발처럼 푸석푸석해지고 엉킬 가능성이 있기 때문에 샴푸를 한 다음 드라이를 하기 전에 가발 유연제를 뿌려 관리하는 것이 좋다.

5. 얼굴형에 맞는 헤어스타일

▣ 계란형
여러 가지 스타일이 다 잘 어울리는 얼굴형이다.

▣ 긴 얼굴형
긴 얼굴형은 앞머리를 내려 이마 부분을 가리면서 얼굴이 좀 더 작아 보이게 만들어주는 것이 좋고, 뿌리 볼륨감을 살리면 오히려 더 길어 보일 수 있으니 피하는 것이 좋다. 위쪽보다 옆쪽 모양이 둥글게 되면 긴 얼굴형을 커버할 수 있다.

▣ 사각형 얼굴형
각진 얼굴형이기 때문에 생머리보다는 웨이브 있는 스타일을 하여 인상을 부드럽게 만들어주면 자연스럽게 커버가 되고, 어두운 컬러보다는 브라운 계열 컬러로 스타일을 하여 부드러운 인상을 만들어주는 것을 추천한다.

▣ 둥근 얼굴형

모발 뿌리 쪽에 볼륨감을 살려 시선을 분산시킴으로써 둥근 얼굴형의 단점을 커버하면 좋다. 앞머리를 내리는 스타일보다는 앞머리 없이 이마가 보이면 얼굴이 길어보이는 효과가 있어 훨씬 세련되고 답답해 보이지 않는 스타일이 완성된다.

6. 패션 가발

1) 착용 순서

패션 가발을 착용하는 순서는 다음과 같다.

① 가발망을 헤어밴드 하듯이 쓰고 망 안의 모발을 잘 정리해준다.
② 뒤쪽 모발을 쓸어 담아 망 안으로 넣어준다. 롱 헤어일 경우에는 G.P에 모발을 납작하게 모아준다.
③ 망을 골고루 잘 펴주어 망의 끝부분을 핀으로 고정한다.
④ 가발 앞부분을 이마에 고정해 착용하고, 헤어라인을 자연스럽게 잡아준다.
⑤ 좌우 대칭이 잘 맞는지 확인하고, 가발 뒤쪽을 목 뒤쪽 부분에 착용한다.
⑥ 가발 브러시를 이용하여 가발을 잘 정리해준다.

2) 커트

패션 가발 커트도 일반 가발 커트와 똑같이 숱이 많은 부위는 질감 처리를 해서 자연스럽게 만드는 것이 좋다. 미싱 가발의 경우 너무 위쪽까지 질감 처리를 하게 되면 뜰 수가 있으므로 윗부분은 무게감 있게 눌러줄 수 있는 커트를 해주는 게 좋다. 또한 미싱 가발은 앞과 옆머리의 숱이 많이 몰려 있어 불룩하게 튀어나온 부분을 부분 질감 처리해주면 자연스럽게 페이스라인과 연결할 수 있다. 수제 가발은 스판망 부분에 질감 처리를 잘못하면 뜰 수 있으니 잘 확인 후 커트하는 것이 중요하다.

3) 고열사 펌

① 세미 롱 롯드 펌 → 100℃ 물에 2분~3분 작업한다.
② 찬물에 담근다.
③ 롯드를 풀지 않고 그대로 망에 넣어서 탈수기로 건조한다. 만약 탈수기를 쓰지 않는다면 자연건조한다. 드라이로 말리면 부스스해지고 컬이 잡히지 않기 때문에 드라이기는 사용하지 않는다.

4) 고열사 아이론펌

고열사의 종류에 따라 열을 가할 수 있는 온도가 80℃~200℃까지 다양하다. 최고급 고열사는 인모와 비슷하게 제작할 수 있지만, 일반적인 고열사의 열 반응 온도는 100℃가 가장 적당하다. 고열사는 인모와 다르게 컬의 늘어짐이 거의 없으므로 드라이한 느낌으로 컬감을 주어야 한다.

아이론 기계를 사용하는 방법보다는 볼륨 매직기를 사용하는 것이 스타일을 내는 데 더 효과적이다. 고열사를 아이론펌할 때는 물이 클리닉 역할과 동시에 1제와 2제 중화제 역할을 같이 한다는 점을 명심한다.

〈고열사 아이론펌 순서〉

고열사 아이론펌 순서는 다음과 같다.

① 모발을 조금만 섹션을 잡아 찬물을 도포하면서 꼬리빗으로 뿌리부터 모발 끝까지 골고루 물이 가게끔 깨끗하게 빗질하거나 가발을 물에 적셔서 꼬리빗으로 뿌리부터 모발 끝까지 깨끗하게 빗질해준다. (클리닉 역할)

② 아이론기로 100°에서 뜸을 들여서 다려준다. 컬링 아이론기를 사용할 때 롤에 모발을 깨끗하게 감은 후 수분이 마를 때까지 뜸을 들인다.

③ 찬물을 다시 도포하여 식혀주면 고정이 된다. (찬물=중화제 역할)

아이론펌을 할 때, 모발에 수분이 부족하거나 모발이 마른 상태에 아이론기를 사용하게 되면 모발이 부스스해지고, 엉키면서 끝이 꼬실거리게 되기 때문에 주의해야 한다. 또한 모발이 타지 않도록 아이론기는 반드시 100℃ 이하의 온도로 사용한다.

5) 고열사 샴푸 방법

① 물에 샴푸를 풀어준 다음 가발을 샴푸물에 담가 위에서 아래로 결대로 손빗질을 한다.

② 헹굴 때도 비비지 않고 한 방향으로만 헹군다.

③ 물에 린스를 풀어서 가발을 담근 다음 손 빗질 후 헹군다.

④ 타월로 두드려 물기를 제거하고, 가발 전용 쿠션 철브러시로 모발 끝에서부터 위로 올라가면서 엉키지 않게 잘 빗질해준다.

7. 가발 수선 – 낫팅

1) 망 낫팅

가발 망에 모발 심는 방법을 '낫팅'이라고 한다. 낫팅은 가르마나 망 부위별 모발이 빠져서 숱 보강을 하고자 할 때나 흰머리를 혼합하고자 할 때도 쓰인다. 망에 낫팅을 할 때에는 일자로 낫팅을 하지 않고 다이아몬드식으로 지그재그 형태로 낫팅을 해주어야 서로 모발이 받쳐주기 때문에 볼륨감이 잘 살고 갈라지지 않는다.

2) 스킨 낫팅

스킨 낫팅은 프런트 스킨 부위에 모발이 빠져 숱 보강을 하고자 할 때 사용한다. 스킨에 양면테이프를 붙인 다음 캡에 붙여 고정한 후 낫팅을 하는데, 주로 싱글 기법 또는 핫싱글 기법으로 작업한다. 낫팅을 한 다음 코팅 처리를 하지 않으면 낫팅한 모발이 빠질 가능성이 있으므로 낫팅 후에는 반드시 우레탄 코팅 작업을 한다.

3) 낫팅 기법

- 싱글낫팅 – 전체 한 번 빼내는 기법. 가발에서 전체적으로 떨어지는 부분에 사용하고, 각도가 전혀 없다. 가장 많이 사용한다.
- 핫싱글낫팅 – 한쪽만 빼내는 기법. 한쪽만 빼내서 고정력이 없으므로 낫팅한 매듭에 접착제를 발라주어야 한다. 잘 풀리는 것이 단점.
- 더블낫팅 – 두 번 전체 빼내는 기법. 두 번 묶기 때문에 볼륨이 많이 산다. 단단하고 낫팅이 잘 빠지지 않는다.
- 핫더블낫팅 – 양쪽을 한 번씩 빼내는 기법. 퍼짐성이 강해서 탑, 가르마 등 볼륨이 가장 많이 사는 곳에 사용한다.
- 뉴핫더블낫팅 – 밑으로 들어가 바깥쪽부터 빼고 난 뒤 앞쪽 빼기. 한쪽에 퍼짐성을 가지고 있다.

- V 낫팅 – 매듭을 짓지 않고 코팅으로 처리하는 기법. 매듭 표시가 나지 않는 것이 특징이나 매듭을 짓지 않았기 때문에 약하다. 스킨에만 낫팅이 가능하다.

식모 방법

싱글낫팅		전체 한 번 빼기	떨어지는 부분 사용. 각도 전혀 없다
핫싱글낫팅		한쪽만 빼기	고정력이 없어서 낫팅한 매듭에 코팅 처리 해야 한다
더블낫팅		두 번 전체 빼기	두 번 묶기 때문에 볼륨이 많이 산다 단단하다
핫더블낫팅		양쪽을 한 번씩 빼기	탑, 가르마 등 볼륨이 가장 많이 사는 곳에 사용. 퍼짐성이 강하고, 김호가발에 주로 사용
뉴핫더블낫팅		밑으로 들어가 바깥쪽부터 빼고난 뒤 앞쪽 빼기	한쪽에 퍼짐성을 가지고 있다
V 낫팅		매듭 짓지 않고 코팅 처리	매듭 표시가 나지 않는 것이 특징이나 매 매듭을 짓지 않아 약하다 스킨에만 사용

Ⅳ. 성형가발술 고객 유치 및 관리

1. 고객 상담

1) 방문 상담
고객이 방문하면 우선 가발 유경험자인지 미경험자인지 확인해 알맞은 상담을 할 수 있도록 한다.

▣ 가발 유경험자
현재 착용 중인 가발의 스펙과 불편한 점(영업 방식, 헤어스타일, 관리, 가격 등)을 파악해 고객이 만족할 수 있게끔 대응한다. 가발을 이미 착용하고 있는 고객은 가발에 대한 지식이 많으므로 기본 정보 외에 가격, 유지 기간, 자연스러운 스타일링 등 서비스가 만족스럽다면 80% 이상 구매로 이어질 수 있다. 나머지 20%는 디자이너에 대한 전문성을 확인 후 기술과 제품에 신뢰감이 생기면 구매하기 때문에 자신감 있는 태도로 고객을 리드하는 것이 중요하다.

▣ 가발 무경험자
처음 가발을 하는 고객은 자연스러운 가발에 대한 불신이 강하고, 기대치가 매우 높아서 고객의 얼굴형, 원하는 스타일, 가발 착용 시 중요하게 생각하는 점 등 여러 가지 방면을 신중하게 상담을 진행한다. 이때 생활 방식, 알레르기 유무, 고객 성향 등을 꼼꼼하게 파악하면 고객의 신뢰를 얻을 수 있고, 원하는 스타일을 먼저 보여주고 시범 삼아 착용해드려야 고객의 눈높이를 맞출 수 있다.
또한 가발을 제품별로 직접 보여주면서 장단점을 설명하여 고객이 결정할 수 있을 때까지 진득하게 상담을 이어 나간다면 전체 결과의 완성도를 높일 수 있고, 자연스럽게 충성 고객으로 확보할 수 있다.
가발을 착용한 후에는 착용감이 어떤지, 다음 예약은 언제인지 계속 전화 또는 문자로 체크하면서 고객이 관리받는다는 인상을 남기면 재방문, 재구매로 이어질 수 있다.

고객이 방문하였을 때 상담매뉴얼은 다음과 같다.

〈고객 상담 순서〉

① 전화상담 후에 방문한 경우 먼저 고객 상담차트에 고객 정보를 간단하게 작성하게끔 한다. (성함, 연령대, 전화번호, 방문 동기 등)

② 상담 카드에 고객의 생활 방식 패턴, 직업, 두피 상태, 땀의 정도, 가발 착용 경험 등을 작성한 것을 토대로 1차적으로 고객님과 충분한 상담을 한다.

③ 상담차트를 활용하여 고객이 원하고, 두피 상태에 따라 추천해줄 수 있는 내피 소재를 선정한다. (맞춤 가발 유도)

④ Before & After 사진을 보여주며 헤어스타일 상담을 한다.

⑤ 고객이 직접 가발을 체험할 수 있게끔 여러 가지 스타일을 준비해놓고 어떤 스타일이 어울리는지 고객에게 직접 씌워서 보여준다.

⑥ 가격 상담 후 고객이 맞춤 가발을 구매할 의사가 있으면 두상 패턴 제작 및 작업 지시서를 작성한다.

⑦ 당일 날짜, 서비스 내용, 비용, 맞춤 가발 제작 완료 날짜 등의 정보를 서비스 동의서에 기재하고, 고객과 디자이너가 각각 사인을 한다.

⑧ 상담 당일에는 서비스 비용의 50%를 계약금으로 결제하고, 나머지 50%는 맞춤 가발 도착 후 고객에게 착용해준 다음 잔금을 받는다.

2) 상담차트 활용법

상담차트는 여러 가지 망, 스킨의 종류에 대한 설명을 직접 만져볼 수 있게끔 정리한 유용하고 신뢰를 줄 수 있는 차트이다. 고객이 직접 망, 스킨 종류에 따라서 구조와 구멍 크기, 두께, 재질, 색상 등을 확인할 수 있으므로 상담 시 고객의 눈높이에서 맞춤 가발에 관해 설명하기 위해서는 상담차트를 갖추는 것이 좋다.

상담차트는 망차트, 스킨차트, 모량차트, 컬러차트 등이 있다.

상담차트는 고객 상담 시에 생활 방식, 직업, 두피 상태에 따라 적합한 망, 스킨 소재를 선택할 수 있게끔 도와주는 용도이며, 일반적으로 가발샵에서는 진열된 제품의 스타일만 보고 가발을 구매했다면, 상담차트를 보여주면서 상담할 때는 고객 이 직접 원하는 내피를 선정할 수 있고, 상담하면서 고객에게 적합한 소재를 추천하여 고객에게 신뢰도 쌓을 수 있고, 전문가로서의 믿음을 줄 수 있다.

| 망차트 | 스킨차트 | 모량차트 | 컬러차트 |

3) 전화 상담

전화 상담을 할 때는 밝고, 부드럽고, 상냥한 목소리로 응대하는 것이 좋다.
고객은 궁금한 것이 많으나 방문에 부담을 느낄 수 있다. 이때에는 고객이 요구하는 질문을 정확하게 설명하면서 탈모 커버에 대한 자신감을 보여주고, 고객이 편하게 방문할 수 있도록 예약제로 이끌어주는 것이 좋다.

전화 상담 매뉴얼 예시

① 가발을 착용할 때 가장 걱정하는 부분이 바로 '티 나지 않을까?' 하는 것입니다. 이 부분은 가발 커트 등 스타일에서 결정되는데 저는 스타일에 대한 노하우가 있으니 걱정하지 않으셔도 됩니다. 혹시 원하는 스타일이 있으시다면 방문 전에 먼저 제 블로그를 보시고 오셔도 됩니다.

② 고객님의 탈모 상황에 맞게 충분한 진단을 해서 남아 있는 모발과 두피는 건강하게 관리하면서 탈모 부위만 완벽하게 커버할 수 있도록 해드리겠습니다. (내피 디자인, 여러 고정 방식 등)

③ 가발이 처음이시면 후 관리에 대해서도 걱정이실 텐데, 예쁜 헤어스타일을 손질하는 방법이나 홈케어 방법 등 사후 관리하실 수 있게 알려드리겠습니다.

④ 저희 샵은 가발백화점처럼 다양한 브랜드의 가발이 모두 있습니다. 가격 면이나 기능 면에서 전부 비교해보고 원하는 스타일을 시범 삼아 착용도 해보실 수 있습니다.

⑤ 100% 인모로 제작한 가발이며, 품질은 제가 보장해드립니다.

⑥ 현재 이벤트 중인 가발은 부담 없이 구매할 수 있는 기성 가발입니다. 당일 착용도 가능합니다.

⑦ 커트는 기본요금에 포함되어 있고, 펌, 염색 등 미용 서비스가 추가되면 별도 요금이 발생할 수 있습니다. 단, 저는 가발 전문 디자이너로서 직접 스타일을 내드리기 때문에 가장 자연스럽고 멋있는 스타일을 만들어드릴 수 있습니다.

(100% 자신감 어필)

2. 성공하는 가발전문샵의 조건

팔지 마라! 사게 하라!

제품의 적정 가격대는 이미 형성되어 있다. 따라서 고객이 나의 샵에 방문하여 내가 제안하는 제품을 구매하게 하기 위해서는 아래와 같은 다양한 준비가 필요하다.

1) 가발전문샵 이미지를 보여줄 수 있는 샵 외관 디자인

샵 출입구에 특허증, 수상 트로피 등 디자이너의 경력과 가발샵의 전문성을 보여줄 수 있는 PR용 디스플레이를 갖춘다.

2) 상담 환경

고객이 상담할 때 탈모 부위를 보여주면서 해야 하므로 편안한 분위기에서 1:1 상담이 가능한 상담실이 별도로 있는 것이 좋다.

또한 상담실에는 상담에 필요한 자료(고객 카드, 탈모 도해도 등), 책자, 가격표, 다양한 매뉴얼을 직접 보여줄 수 있는 제품들이 스타일별로 갖춰져 있어야 고객의 성향을 파악하고, 고객을 리드해서 원하는 상품 판매까지 이어질 수 있다.

3) 상담 스킬

상담사는 일반적인 타업체 매뉴얼과 김호중모가발 매뉴얼의 정확한 차이점과 제품별, 기술별 시술 후 장단점을 확실하게 설명한다. 선택은 고객의 몫이다. 상담사가

할 일은 고객에게 적합한 탈모 커버 방법을 소개하고, 테크닉을 잘할 수 있는 능력을 어필하는 것이다.

이때, 탈모 고객의 경우 주변 이목에 많이 위축된 상태이기 때문에 무엇보다 고객의 아픔을 공감하고, 상황을 경청하는 것이 가장 중요하다. 고객의 자신감을 회복시켜 주겠다는 믿음을 준다면 금액에 상관없이 고객은 선택할 것이다. 만약 한 번에 결정하지 않더라도 나의 마음을 이해해주는 사람이 있다는 것만으로도 힘을 얻을 것이고 결국 다시 방문할 계기가 될 수 있다.

4) 홍보

이제는 전국구 시대이다. 고객이 거주하는 지역만 찾지 않고, SNS 등을 미리 확인해 잘하는 곳을 찾아가기 때문에 지역 현수막, 각종 SNS(블로그, 인스타그램, 유튜브, 페이스북 등) 다양한 채널을 통해 고객이 검색하고 방문할 수 있도록 홍보자료를 자주, 많이 올리는 것이 중요하다.

5) 제품 판매 시 클레임 방지

고객이 구매하는 제품에 문제가 없고, 비용은 어떻게 처리하는지 [고객 동의서] 등 추후 클레임 방지를 위한 서류를 반드시 작성해야 한다. 고객이 귀가 후 스스로 제품을 관리할 수 있도록 샴푸법, 스타일링 방법, 주의 사항 등을 자세하게 설명하고, 가능한 고객이 익숙해질 때까지 연락 또는 재방문하여 다시 배울 수 있도록 하는 등 책임감 있는 태도를 보여서 신뢰를 주는 것이 좋다.

6) 단골 고객 유치

증모, 가발은 한 번 구매 후 끝이 아니라 매달 정기적으로 방문해 리터치 등 서비스를 받아야 두피도 안전하고, 예쁜 스타일을 계속 유지할 수 있다. 따라서 고객이 계속 관리받을 수 있도록 정기적인 커트, 두피 관리, 가발 모발 코팅 관리 스타일의 중요성을 강조하고, 예약제 시스템을 통해 고객 관리를 철저히 해야 한다.

〈고객 관리 문자 서비스 예시〉

안녕하세요? 가발 디자이너 OOO입니다.

관리하시다가 궁금하신 점 있으시면 연락해주세요

☆ 관리 요령☆

《 절대 비비지 않습니다! - 모발 엉킴 원인 》

마른 머리에 소량의 린스를 묻혀 보라색 브러시로 엉킨 머리와 먼지를 제거해주세요.

샴푸 시 드린 공병에 물과 샴푸를 넣어 흔들어서 원액보다는 거품으로 하시는 게 좋습니다.

3~5분 방치하여 피지가 녹을 시간을 주세요.

샴푸는 무조건 위-아래 방향으로만 해주시고, 보라색 브러시로 결 방향대로 빗어서 두피 샴푸 해주세요

샴푸 후 헹굴 때도 위에서 아래로 한쪽으로 하셔야 합니다.

매일 샴푸를 하기 때문에 모발 마모가 빨리 되니 꼭 가모에는 린스나 트리트먼트 팩 필수!!

타월 사용 시 절대 비비지 마시고 꾹꾹 눌러 물기를 제거한 다음 빨간색 유연제를 뿌려주세요.

(엉킴 방지와 머리카락에 단백질 영양 보충)

100% 인모이지만 자체 영양공급이 되지 않기 때문에 인위적으로 영양을 넣어줘야 합니다.

드라이기를 사용할 때는 찬 바람과 따뜻한 바람을 번갈아 가며 건조해주시면 됩니다.

그럼 멋진 스타일 하시고 다니세요~^^

7) 그 외 마케팅 방법

대부분 고객은 매장을 부담 없이 방문해서 샵의 분위기, 디자이너의 대응, 전문적인 상담, 그리고 직접 가발을 시험으로 착용해보거나 무료로 증모서비스를 받아보게 되면서 증모술에 대해 친숙해지고 서비스 받아야겠다는 욕구가 생기게 된다.

고객의 마음을 사로잡으려면 고객의 고민과 상처를 이해하고 적극적으로 해결하겠다는 자신감을 보여주어야 한다. 또한 증모술을 받은 고객들의 데이터를 쌓고, 새 고객을 유치할 때는 비슷한 탈모 유형의 고객이 증모술을 받은 다음 어떻게 변화했는지 서비스 전후 사진을 보여주면서 상담하면 고객이 쉽게 이해할 수 있다.

특히 고객은 증모를 하기 전에 항상 비용을 투명하게 알고 싶어 한다. 모든 서비스가 완료되고 비용을 지급할 때 예상했던 금액과 다르다면 기분이 많이 상할 수 있고 디자이너를 불신하게 된다. 따라서 추가되는 비용, 할인 비용, 전체 금액 등을 충분히 인지시켜 미리 컴플레인을 예방하는 것이 중요하다.

가장 중요한 것은 한 번 방문한 고객을 고정 고객으로 유치하는 것이다. 증모술을 받은 다음 홈케어는 잘하고 있는지, 관리상 어려움은 없는지, 다음 방문은 언제쯤 할 것인 지 디자이너가 직접 가이드를 주면서 꼼꼼하게 고객을 챙기면 그 정성에 이끌려 고객은 재방문하게 되고, 이러한 신뢰가 지속되면 좋은 관계를 유지할 수 있다. 증모 술과 가발술 등 탈모커버 기술은 한 번에 매출을 올리는 매뉴얼이 아닌 지속해서 고정수입을 창출할 수 있는 필수 매뉴얼이다. 샵에서 탈모커버 기술을 효자 메뉴로 정착시키기 위해서는 그 무엇보다 고객 관리를 철저하게 해야 한다.

3. 가발 고객 관리

탈모 고객은 다른 사람과 마주치는 것을 좋아하지 않는 사람들이 대부분이고, 상담 중에 예약 없이 다른 고객이 방문하게 되면 먼저 온 고객 상담을 충분히 못 해줄 수도 있기 때문에 가발전문샵은 반드시 100% 예약제로 운영하는 것이 좋다.

가발 고객은 고정법에 따라 관리 방법이 달라진다.

1) 고정식 고객

고정식 고객은 3주~4주에 한 번씩 재방문하게 되는데, 고정식 관리 후 고객이 샵을 나가기 전에 미리 다음 방문 일정을 예약해주는 것이 좋다. 또한 예약 날짜 변경 시 미리 전화나 문자로 변경할 수 있도록 안내해주어야 한다. 고객의 직업 특성 등의 이유로 스케줄을 알 수 없어 예약이 어려운 경우, 방문 후 3주 차가 되었을 때 디자이너가 먼저 문자를 넣어 예약이 가능한 날짜를 제안하고 방문을 권유하는 것이 바람직하다.

고정식 고객이 재방문한 경우 관리 순서는 다음과 같다.
① 고정한 가발을 제거한 다음 기본 두피 관리를 해준다.
② 고객 모발을 가발에 맞게 다시 커트해주고, 필요시 염색(새치) 등 스타일링을 해준다.
③ 가발을 깨끗하게 세척한 다음 고객에게 다시 고정하고, 마무리 스타일링을 해준다.

2) 탈부착 고객

탈부착 고객은 가발을 구매한 샵에서만 서비스를 받을 필요가 없기 때문에 재방문하지 않는 경우가 많다. 따라서 처음 고객이 가발을 구매했을 때 관리를 받으러 방문할 수 있도록 안내해주는 것이 좋다. 이때에는 일반 미용실과 가발전문샵의 차이점을 강조하는데, 일반 미용실의 경우 가발을 착용한 상태에서 머리를 자르기 때문에 가발 모발을 자를 수도 있고, 고객 모발과 가모가 층이 나게 잘라 커트 후 티가 나는 등 가발에 대한 전문성이 부족하다는 점을 설명하고, 가발에 대한 이해가 풍부한 가발전문샵으로 방문해 스타일링과 가발 관리를 함께 받을 수 있도록 권유해야 한다.

탈부착 고객이 재방문한 경우, 고객 모발을 커트해 가발과 자연스럽게 일체감이 돋보이게 해주고, 가발을 깨끗하게 세척해 고객에게 다시 씌워준 다음 마무리 스타일링을 해준다. 이때 고객 모발에 새치가 많은 경우 고객 모발을 염색해서 가모와 구분되지 않게 스타일링을 잘 잡아준다.

3장

가발 아이론펌 부문

집필위원

김수미 박미옥 이연미

아이론펌은 모발의 황 성분을 재결합하는 일반펌과 달리 수소 성분 분해와 재결합을 이용해 모발의 형태를 변형시키는 펌이다. 수소 성분의 변형을 위해서는 수분이나 높은 열이 필요해서 아이론기구를 이용해 열을 분해하고 재결합시키는 원리이다.

우리나라는 1970년 후반까지 전기 아이론기계가 아닌 불에 달구어 쓰는 재래식 아이론기로 헤어스타일을 연출하였다. 1980년 초반에 열펌 기술이 도입되어 90년대 후반 매직스트레이트가 유행함에 따라 전기식 플랫 아이론기기가 대중화되면서 굵기와 넓이가 다양한 아이론기계가 보급되고 아이론펌 기술 또한 발전하게 되었다.

가발에 아이론펌을 제대로 하기 위해서는 가발에 사용하는 다양한 모발 및 아이론펌기술에 대한 이해가 필요하다. 지금부터는 모발의 종류, 가발 아이론펌의 개념, 모발에 따른 아이론펌 방법 및 펌 가발 관리 방법에 대해 자세히 알아본다.

I. 모발의 이해

가발을 제작할 때 사용하는 모발은 크게 인모와 합성모로 나눌 수 있다.

■ 인모

인모의 모표피 층에는 비늘처럼 생긴 모양의 큐티클이 있는데, 원모를 그대로 사용해 가발을 만들 경우 큐티클 방향성이 일정하지 않아서 모발이 서로 엉키게 된다. 그래서 가발 제작 전 모발은 큐티클을 깎는 작업, 즉 산 처리 작업(특수 약품 처리를 1~2회 정도 거쳐 큐티클을 깎아 균일하게 만들어주는 작업) 과정을 반드시 거쳐야 한다. 산 처리를 거쳐 큐티클을 균일하게 깎아주면 모발 엉킴 현상을 최소화할 수 있다. 이 때문에 가발에 사용하는 인모는 산 처리로 인해 손상모에 가깝다고 볼 수 있다.

인모의 종류와 특징은 다음과 같다.

▣ 버진헤어 (당발)

– 염색을 한 번 입힌 머리카락으로 가발에 사용하는 인모의 90%는 버진헤어이다.
– 100% 인모는 사람의 머리카락이므로 멜라닌 색소나 큐티클이 보존되어 자연 그대로의 모발이다.
– 버진헤어는 열에 강해서 펌, 염색 등이 가능하고, 가발로 제작해 착용하면 고객 모발과 일체감이 좋아서 자연스럽다. 단, 모발이 단백질 성분이기 때문에 탈색 등 변형이 일어날 수 있고 손질이나 관리가 까다롭다.

▣ 변발

– 변발은 자연모이긴 하지만 염색과 산 처리를 해서 큐티클을 한 번 깎은 모발이다.
– 변발은 품질에 따라 등급을 구분한다. 젊은 사람의 건강한 모발은 상급으로 분류하고, 흰머리가 섞인 모발이나 염색 모발 등은 품질이 낮고 비용이 저렴하다.

◼ 레미모

- 버진헤어(천연모)라고 하기도 한다.

- 큐티클 방향이 한쪽으로 일정하다.

- 염색이 안 된 머리를 '내추럴 레미모'라고 한다.

- 산 처리를 한 자연모이기는 하나 큐티클을 가볍게 가공한 것을 업계에서는 '레미모'라고 한다.

- 레미모는 익스텐션용으로 많이 사용하고, 살짝 탈색한 후 모발 색을 맞춰 사용한다.

- 레미모 중 염색이 안 된 자연 모발을 'NO 염색 레미모'라고 한다.

◼ 혼합모 (믹스모 / 인모+합성모)

- 인모가 80%, 인조모가 20% 섞인 모발 또는 인모와 인조모 비율이 7:3, 5:5로 섞인 모발을 혼합모라 한다.

- 요즘 가발 시장에는 인조모 비율이 높은 것이 더 많다.

- 인조모 대신 동물의 털을 인모와 혼합하기도 한다.

◼ 벌크헤어

- 벌크헤어는 유통 과정에서 자루에 인모를 담아서 판매하기 때문에 큐티클 방향이 일정하지 않다.

- 주로 패션 가발 또는 저가용 가발에 사용한다.

■ 합성모

합성모는 인조모를 통틀어 지칭한다.

합성모를 제작할 때는 원사를 사용하는데, 원사는 고열사와 저열사로 구분할 수 있다.

• 저열사 프로테인 원사 110°, 저열사 모다크릴 원사 110° → 일본 가네카론사 90%

독점

- 저열사 P.V.C 원사 96°
- 고열사 180° & 저열사 100° P.E.T (폴리에스테르) 원사
- 저열사 85° PP 원사
- 기타 모두 룸팔랑, 최하 나일론 등이 있다.

원사는 필요한 모장만큼 잘라서 제작하기 때문에 길이 제한이 없다. 우리나라는 우노컴퍼니에서 나투라, 푸투라를 생산해 일본 가네카론사의 독점을 막고 있다. 원사의 종류는 난연성 원사와 비난연성 원사로 나눌 수 있는데 난연성 원사는 불을 붙이면 붙었다가 떼면 불이 꺼지기 때문에 가발을 제작하기에 적합한 원사이고, 비난연성 원사는 불이 한번 붙으면 계속 타들어 가서 위험하므로 가발 제작용으로 사용하기에 부적합하다.

Ⅱ. 가발 아이론펌의 이해

가발 아이론펌은 약제를 이용해 모발의 성질을 바꾸어주며 큐티클을 재정리하여 모발 결을 정돈하고, 들뜸 없는 매끄러운 볼륨감으로 부스스함이 적고 날림 현상을 확실히 잡아주어 가발의 펌으로 가장 적당한 펌이라 할 수 있다.

가발 아이론펌의 장점은 다음과 같다.
- 기존 가발 스타일에서 웨이브로 인해 다른 스타일을 연출, 디자인하기 쉽게 해 준다.
- 일반펌에 비해 유지 기간이 길다.
- 화학 제품 사용으로 모발의 성질을 바꾸어주어 찰랑거리는 질감과 결 정리로 인한 윤기가 최고이다.
- 모류의 방향성, 움직임을 컨트롤한다. (웨이브로 인한 모류의 방향을 쉽게 조절할 수 있다)
- 웨이브로 인한 무게감, 질감, 볼륨감을 조절할 수 있다.
- 아이론펌 시술 후에는 손질이 쉽다.
- 웨이브의 볼륨감으로 고객 얼굴형의 단점을 보완할 수 있다.
- 고객의 두상과 가발이 일체형이 되어 티가 나지 않는 스타일 연출에 용의하다. (매끄러운 결 작업으로 인해 들뜸이 없다)
- 가발 아이론펌 부분에서 배우는 테크닉은 가모로 제작하는 모든 제품에서 활용할 수 있다.

단, 가발 아이론펌은 기술을 숙련하기가 어려워 초보자의 경우 실패를 많이 할 수 있다.

가발 아이론펌을 제대로 하기 위해서는 작업 중 다음과 같은 주의 사항을 꼭 염두에 두어야 한다.
- 가발은 산 처리된 손상모이기 때문에 1제 도포 시간이 길어지면 과연화돼서 손

상을 일으키기 때문에 모든 부위의 균일한 연화 시간을 맞추기 위해 연화 시 약제를 빠르게 바르도록 한다.

- 연화 타임을 정확하게 보지 않으면 컬이 걸리지 않는다.
- 연화 후 샴푸 시 꼭 산성 샴푸로 약제가 남지 않도록 깨끗하게 샴푸한다.
  (1제가 완벽하게 제거되도록 샴푸한다. Ph 조절과 손상 방지)
- 와인딩 시 모발이 아이론의 열판 롯드에서 뜨지 않고 매끄럽게 밀착되어 텐션과 각도가 동일하게 유지되어야 한다. 컬이 잘 나오지 않는 원인이기도 하다.
- 섹션을 뜰 때는 아이론 사이즈와 동일한 사이즈로 잡는다.
- 중화 시에는 안개 분사 중화기로 모발에 약제가 흐르지 않을 정도로 한다. 만일 중화제가 흐르면 수건으로 중화제를 눌러 닦아준다. 웨이브 처짐 현상 방지를 위함이다.
- 중화 후 2제가 잔류하지 않게 깨끗하게 세척되어야 한다.

1. 아이론기의 종류

가발 아이론펌은 건식 아이론 방법과 습식 아이론 방법이 있다.

'건식 아이론'은 수분이 있는 상태에서 진행해 완전히 수분을 건조하게 하는 방식으로 주로 인모 가발에 많이 사용하는 방식이다.

'습식 아이론'은 수분이 있는 상태에서 수분을 이용해 마무리하는 방식으로 고열 사펌에 주로 사용하는 방식이다.

아이론펌 기계의 종류와 사용 요령은 다음과 같다.

1) 일반 매직기

곱슬을 곧게 펴기 위한 기기로 가발펌으로는 적당하지 않다.

2) 볼륨(반달) 매직기

가벼운 볼륨을 주기 위한 기기이다. 가발 테두리 부분의 모발을 밀착시키기에 가장 적당하다.

3) 아이론기기(선권. 원권)

선권 – 가위형으로 와인딩 시 힘 조절을 할 수 있어 디테일한 작업을 할 수 있다.

원권 – 일자형으로 시술 시 편리하나 가위형에 비해 디테일함은 부족하다.

컬을 형성하기 위해 적당하며 기기의 mm 수에 따라 다양한 컬과 볼륨을 줄 수 있어 유용하게 쓰인다.

4). 컬링 아이론기

인모에 펌을 할 수 없으나 고열사펌에 사용이 가능하고 붙임머리 헤어드라이어에 유용하게 사용된다.

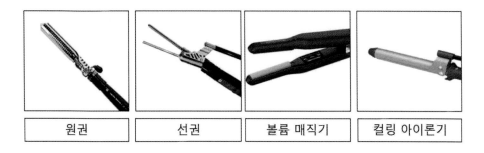

| 원권 | 선권 | 볼륨 매직기 | 컬링 아이론기 |

*아이론기기는 회사마다 열판과 기능이 다양하여 정답이 없으며 모발 상태에 따라 시술 방식이 달라질 수 있다.

2. 아이론펌 과정

사람의 머리카락에 연화할 때는 사람마다 모질이 각각 다르고 큐티클이 살아 있기 때문에 연화 과정이 매우 복잡하다.

하지만 가발의 경우 산 처리해 큐티클을 정리했기 때문에 연화 방법이 비교적 간단하고, 약제에 따라 작업 시간이 정해져 있다.

가발 연화 작업을 할 때에는 가모는 손상모에 가까워서 연화를 오래 할 경우 모발 손상이 크다는 점을 유의해야 한다.

<약제별 연화 작업 시간>

- 건강모용 약제: 5분~10분
- 손상모용 약제: 15분~20분

펌을 한 번 했던 모발의 경우 손상모용 약으로 5분~10분 정도 연화한다.

이때 약액 도포 과정에서 모발이 산화되는 것이 보이면 빠르게 전체 도포 후 2분 ~3분 안에 산성 샴푸로 씻어낸 다음 영양제를 발라준다.

1) 연화제 도포 전 작업

공장에서 가발을 제작할 때 마지막 과정에 코팅 처리를 살짝 하기 때문에 처음 기성 가발 또는 맞춤 가발을 받으면 모발에 윤기가 나는 것을 볼 수 있다.

코팅제는 모발에 펌제가 투입되는 데 방해가 되기 때문에 연화를 하기 전 먼저 가발을 물로 깨끗이 헹궈서 코팅제를 제거해야 한다.

가발을 깨끗이 세척한 뒤에는 드라이기로 말리지 않고 수건으로 물기를 제거 후 자연 건조나 찬 바람으로 건조해준다.

2) 연화제 도포

가발에 연화제를 도포할 때에는 크게 4파트로 나눠서 1제를 섹션을 나누면서 빠르게 도포한다.

이때, 가발의 내피까지 연화제를 도포할 경우 가발 매듭 부분이 눌리는 현상과 모발 꺾임 현상이 발생하기 때문에 가모의 뿌리에서 1cm 띄운 상태로 약을 도포해주어야 한다. 단, 고객 모와 일체감을 줘야 하는 가발 테두리 쪽 모발에는 뿌리까지 연화제를 발라서 볼륨을 눌러준다.

3) 샴푸

① 연화 펌제의 종류에 따라 5분~20분 방치 후 테스트하는데, 가모의 모질에 따라 약액 도포 후 5분 정도 지났을 때부터 큐티클 손상으로 컬이 늘어질 수 있으니 연화 상태를 잘 점검해준다.

테스트는 매듭법, 당겨보는 법, 꼬리빗 끝으로 감아보는 법 등 여러 가지 방법이 있으며, 모발을 반으로 접었을 때 꺾이지 않고 구부러져 있으면 연화가 된 것이다.

② 테스트가 끝나면 1제를 찬물로 깨끗하게 헹구어낸 후 ph5.5 산성 샴푸로 다시 한 번 헹구어준다.

요즘 산성 샴푸 제품은 기능이 좋아서 트리트먼트까지 할 필요는 없지만, 모질 상태에 따라 트리트먼트를 추가할 수 있다.

4) 아이론 준비

① 타월로 가발을 감싼 다음 꾹꾹 눌러가며 물기를 제거해준다.

② 찬 바람으로 적당히 수분을 말린 후 열 보호제 또는 오일을 도포해준다.

열 보호제나 오일을 도포하는 이유는 모발 속의 기본 수분을 뺏기지 않기 위함 과 와인딩 시 열로 인한 손상을 막아주기 위해서다.

③ 찬 바람으로 수분을 15%~20% 정도만 남겨두고 건조한다.

5) 아이론 와인딩 작업

- 아이론 작업을 할 때는 모발을 잡고 빗질해 잘 정돈한 상태에서 최대한 모발을 펼쳐서 모발이 빠져나오지 않게 잘 와인딩을 해준다.

- 와인딩 작업 시 모발에 수분이 많은 경우 미열로 수분을 한번 날려주고 와인딩 을 시작하면 된다.

- 한번 수분 날린 후 시작점에서 5초 뜸을 들이고 시작한다. 이때 1/4바퀴 지점에 서 3초, 2/4바퀴 지점에서 3초, 3/4바퀴 지점에서 3초, 4/4바퀴 지점에서 5초씩 뜸을 들이면서 와인딩을 마무리한다.

- 와인딩을 하면서 수분이 날아가면 중간중간 수분을 다시 뿌리며 와인딩하면 컬 이 잘 나온다.

- 모발의 섹션은 사용하는 아이론 두께보다 많이 뜨지 않고 아이론 길이에 비슷하 게 나눈다.

- 아이론기계는 모발 길이에 따라 mm 수가 달라진다.

예를 들어 가발의 모발 길이가 8cm~10cm 정도면 12mm, 14mm, 16mm 아이론기가 적당하다.

6) 중화 작업

와인딩 작업을 모두 끝낸 후 과산화수소 액상을 도포 후 5분 동안 방치한다.

그 후 약산성 샴푸로 헹구어준 후 가벼운 에센스를 발라 찬 바람으로 건조해준다.

Tip

아이론펌을 완성하는 3대 요소
- 연화: 연화가 잘 안 된 상태에서 와인딩 작업 시 컬이 완벽하게 나오지 않는다.
- 수분: 모발의 수분량은 와인딩 작업 시 중요한 요소이다.
- 온도/뜸: 온도는 110˚~130˚ 중 선택한다.
  와인딩을 한 바퀴 한 후 3초~5초 정도 뜸을 준 다음 컬이 흐트러지지 않게 아이론기를 살살 빼준다.

3. 아이론펌 스타일

1) 댄디 스타일

댄디 스타일은 남자 헤어스타일 중 가장 선호 하는 스타일로 무난하고 손질이 쉽다.

댄디 스타일 순서는 다음과 같다.
① 1제를 도포하여 스타일 방향을 잡아야 하는 쪽으로 약을 잘 발라준다.
② 정수리 볼륨을 살려야 하는 부분만 빼고 사이드, 테두리는 볼륨을 다운시키기 위해 매직약을 뿌리까지 도포해준다. 도포 후 모질 상태를 보고 연화 펌제 종류에 따라 5분~20분 정도 연화 타임을 본다.
③ 연화 테스트 후 산성 샴푸로 헹구어준다.
④ 타월 드라이한 후 찬 바람으로 살짝 말려준다.
⑤ 수분이 15%~20% 남았을 때 에센스 또는 열 보호제를 도포한 후 빗질해준다.
⑥ 〈아이론 작업〉
    ⇨ 앞머리 첫 단 뿌리 볼륨은 선권 아이론 5mm로 뿌리를 들어서 볼륨감 있게 잡는다.
      (이유: 머리카락이 이마에 달라붙으면 땀이나 여러 가지 이물감 등으로 인해 불편함

을 줄 수 있다.)

⇨ 14mm~16mm 아이론기를 사용하여 탑에서 프런트 방향으로 와인딩을 한다. 탑에서부터 꼬리 빗으로 가로 섹션을 뜨고 두상에서 70°~90°로 들어 깨끗하게 빗은 다음 수분 제거와 컬을 잡아주기 위해 아이론기로 한번 훑어준다.

⇨ 아이론을 다시 잡아 뜸을 들인 후 돌려주면 모발이 당겨 올라온다. 그다음 다시 뜸을 주고 나머지 모발을 돌려주면서 빼준다.

⇨ 사이드와 백 테두리는 다운시켜 C컬만 잡아준다. (아이론기 온도: 110°~120°)

⑦ 과산화수소 중화 5분간 방치한다.

⑧ 약산성 샴푸로 헹궈준다.

⑨ 가벼운 에센스 발라서 건조한 후 마무리한다.

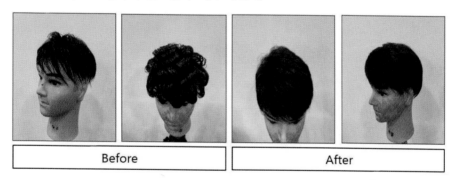

| Before | After |

2) 가르마 스타일

가르마 스타일은 자연스러운 볼륨감과 이마가 드러나는 스타일로, 부드럽지만 답답하지 않아 꾸준히 찾는 스타일 중 하나이다.

가르마 스타일 작업 순서는 다음과 같다.

① 1제를 도포하여 스타일 방향을 잡아야 하는 쪽으로 약을 골고루 도포해준다.

② 연화 펌제의 종류에 따라 5분~20분 연화 타임을 본 후 연화 테스트를 하고 산성 샴푸로 헹구어준다.

③ 타월 드라이한 후 찬 바람으로 살짝 말려준다.

④ 수분이 15%~20% 남았을 때 에센스 또는 열 보호제를 도포 후 빗질해준다.

⑤ 〈아이론 작업〉

⇨ 6:4 양쪽으로 갈라서 5mm 선권으로 뿌리 방향을 잡아준다.

⇨ 가르마가 중심인 곳은 세로로 섹션을 뜬 다음 원권 아이론기를 사용해 90°
각도로 두 바퀴 반을 와인딩한다.

⇨ 수분 제거와 컬을 잡아주는 작업을 위해 아이론기로 한번 훑어준다.

⇨ 아이론기를 잡고 뜸을 들인 후 돌려주면 모발이 당겨 올라온다. 그다음 다시
뜸을 주고 나머지 모발을 돌려주면서 빼준다.

⇨ 사이드와 백 테두리는 다운시켜 C컬만 잡아준다. (110~120℃)

⑥ 과산화수소 중화 5분간 방치한다.

⑦ 약산성 샴푸로 헹궈준다.

⑧ 가벼운 에센스 발라서 건조한 후 마무리한다.

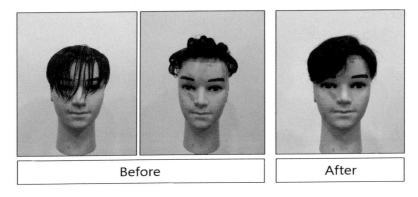

Before   After

3) 리젠트 스타일

리젠트 스타일은 이마가 시원하게 드러나도록 앞머리를 세운 스타일로 깔끔하고 남
성미 넘치는 트렌디한 스타일이다. 주로 짧은 머리를 선호하는 고객에게 추천한다.

리젠트 스타일 순서는 다음과 같다.

① 아이론펌 전 미리 커트를 한다. (리젠트 스타일은 앞머리 길이가 길면 잘 세워지지 않
기 때문에 이마 중간까지는 커트를 해줘야 물결모양으로 넘어가듯 세워진다.)

② 스타일 방향을 잡아야 하는 쪽으로 1제를 골고루 도포해준다.

③ 연화 펌제의 종류에 따라 5분~20분 연화 타임을 본 후 연화 테스트를 하고 산

성 샴푸로 헹구어준다.

④ 타월 드라이한 후 찬 바람으로 살짝 말린다.

⑤ 수분이 15%~20% 남았을 때 에센스 또는 열 보호제를 도포 후 빗질한다.

⑥ 〈아이론 작업〉

⇨ 탑에서 가로 섹션으로 프런트까지 2바퀴~2바퀴 반 정도 말아준다.

⇨ 수분 제거와 컬을 잡아주는 작업을 위해 아이론기로 한번 훑어준다.

⇨ 아이론기를 잡고 뜸을 들인 후 돌려주면 모발이 당겨 올라온다. 그다음 다시
뜸을 주고 나머지 모발을 돌려주면서 빼준다.

⇨ 사이드와 백 테두리는 다운시켜서 C컬만 잡아준다. (110°~120°)

⑦ 과산화수소 중화 5분간 방치한다.

⑧ 약산성 샴푸로 헹궈준다.

⑨ 가벼운 에센스 발라서 건조한 후 마무리한다.

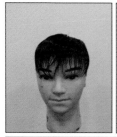

Before	After

4) 쉼표 스타일 (애즈펌)

쉼표 스타일은 7:3이나 6:4, 5:5 비율로 이마 양쪽이 가려서 이마가 살짝 보이는 스타일로 젊은 고객들에게 인기가 많은 스타일이다. 주로 M자 라인이 신경 쓰이는 고객에게 추천하는 스타일이다.

쉼표 스타일 순서는 다음과 같다.

① 제를 도포하여 스타일 방향을 잡아야 하는 쪽으로 약을 골고루 도포해준다.

② 연화 펌제의 종류에 따라 5분~20분 연화 타임을 본 후 연화 테스트를 하고 산
성 샴푸로 헹구어준다.

③ 타월 드라이한 후 찬 바람으로 살짝 말려준다.

④ 수분이 15%~25% 남았을 때 에센스 또는 열 보호제를 도포 후 빗질해준다.

⑤ 〈아이론 작업〉

⇨ 5mm 선권을 이용하여 뿌리는 잡아주는 작업을 한 다음, 원권을 이용해서 한 바퀴 반을 말아준다.

⇨ 방향은 가르마 중심 쪽은 세로 섹션으로 90° 각도를 유지하면서 와인딩한다.

⇨ 수분 제거와 컬을 잡아주는 작업을 위해 아이론기로 한번 훑어준다.

⇨ 아이론을 다시 잡아 뜸을 들인 후 돌려주면 모발이 당겨 올라온다. 그다음 다시 뜸을 주고 나머지 모발을 돌려주면서 빼준다.

⇨ 사이드와 백 테두리는 다운시켜서 C컬만 잡아준다. (110°~120°)

⑥ 과산화수소 중화 5분간 방치한다.

⑦ 약산성 샴푸로 헹군다.

⑧ 가벼운 에센스 발라서 건조한 후 마무리한다.

 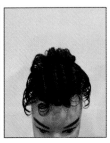  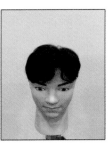

Before	After

5) 옆 올백 스타일

옆 올백 스타일은 8:2 또는 7:3 가르마 비율로 시원하게 뒤로 볼륨감 있게 넘기는 스타일로 깔끔하고 시원한 인상을 준다.

옆 올백 스타일 작업 순서는 다음과 같다.

① 연화 펌제의 종류에 따라 5분~20분 연화 타임을 본 후 연화 테스트를 하고 산성 샴푸로 헹구어준다.

② 타월 드라이한 후 찬 바람으로 살짝 말려준다.

③ 수분이 15%~20% 남았을 때 에센스 또는 열 보호제를 도포 후 빗질한다.

④ 〈아이론 작업〉

　　⇨ 프런트(삼각존)에서 사선 섹션으로 5mm 선권으로 뿌리 방향을 잡아준다. 그
　　　다음 원권으로 두 바퀴 말아준다.

　　⇨ 수분 제거와 컬을 잡아주는 작업을 위해 아이론기로 한번 훑어준다.

　　⇨ 아이론을 다시 잡아 뜸을 들인 후 돌려주면 모발이 당겨 올라온다. 그다음
　　　다시 뜸을 주고 나머지 모발을 돌려주면서 빼준다.

　　⇨ 사이드와 백 테두리는 다운시켜서 C컬만 잡아준다. (110°~120°)

⑤ 과산화수소 중화 5분간 방치한다.

⑥ 약산성 샴푸로 헹궈준다.

⑦ 가벼운 에센스 발라서 건조한 후 마무리한다.

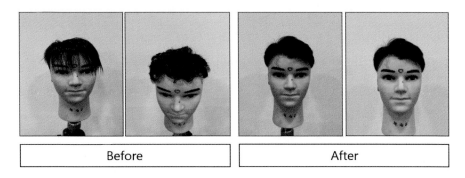

| Before | After |

4. 모발에 따른 아이론펌

1) 아이론 복구펌

① 이물질 제거를 위해 가발을 깨끗이 세척한다.

② 손상모용 약제를 도포한 다음 빗질하여 큐티클을 재정리해준다. 손상도에 따라
　3분~5분 사이로 짧게 연화 처리를 해준다.

③ 산성 샴푸로 헹구어준다.

④ 프리미엄 유연제 1: 정제수1 비율로 제조한 유연제(또는 유연제 원액)를 골고루 뿌
　린다.

⑤ 뿌리부터 모발 끝까지 꼬리빗을 사용해 거품이 날 정도로 빗질한다.

⑦ 찬 바람으로 수분 15%~25% 에센스 또는 열 보호제를 도포하고 빗질해준다.

⑧ 아이론기로 와인딩을 해준다. (열에 의해 유연제 침투력이 향상된다)

⑨ 과산화수소 중화 5분간 방치한다.

⑩ 약산성 샴푸로 헹궈준다.

2) 고열사 아이론펌

⇨ 고열사 펌은 펌제가 필요없다. 물이 클리닝 역할과 1, 2제 역할도 같이 한다.

① 모발 섹션을 적게 잡아 찬물을 도포해준다.

② 꼬리빗으로 뿌리부터 모발 끝까지 골고루 깨끗하게 빗질한다. 또는 가발을 물에 적셔서 꼬리빗으로 뿌리부터 모발 끝까지 깨끗하게 빗질해준다. (클리닝 역할)

③ 아이론기로 원하는 컬의 모양대로 100℃에서 뜸을 들여 다려준다. 컬링아이론 기 사용 시 롤에 모발을 깨끗하게 감아 수분이 마를 때까지 뜸을 들인다.

④ 찬물을 다시 도포해 식혀주면 고정이 된다. (중화제 역할)

⇨ 수분이 부족하거나 마른 상태에 아이론기를 하게 되면 부스스하고 모발이 엉키게 되어 끝이 꼬실거리게 된다.

Tip

손상된 고열사 복구
– 너무 심하게 훼손된 고열사는 사실상 복구가 불가능하다.
– 직접적, 간접적 드라이에 의한 열 손상은 복구가 어렵다.
  * 끝머리가 꼬실하게 타버린 경우
– 수분을 충분히 주고 100℃로 다시 뜸 들이며 펴준 다음 손상이 심한 부분은 커트해준다.
  * 부스스하고 거친 상태
– 수분을 주고 100℃ 아이론으로 윤기가 올라오도록 펴준다.

Before

After

3) 믹스모 아이론펌 (인모+고열사)

- 인모는 케미컬 처리를 해야만 컬이 만들어지고, 고열사는 케미컬 처리 필요 없이
  열처리로 컬이 만들어진다.

  인모와 고열사가 믹스되어 있을 때는 인모부터 케미컬 처리 후 아이론펌을 하면
  컬이 만들어진다.

  단, 아이론의 온도는 고열사 손상을 방지하기 위해 100℃로 하여야 한다.

  인모가 있으므로 중화제는 과산화수소 중화제를 사용한다.

① 믹스 모발에 1제를 도포하여 5분~10분 연화한다.

② 물로만 헹군 후 타월 드라이를 한다.

③ 수분 15%~20% 정도 남았을 때 에센스 또는 열 보호제를 도포 후 빗질해준다.

④ 아이론기로 와인딩한다.

⑤ 과산화수소 중화 5분 해준다.

⑥ 약산성 샴푸로 헹궈준다.

⑦ 가벼운 에센스 발라서 건조한 후 마무리한다.

인모 + 고열사 흰모 펌

Before

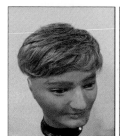 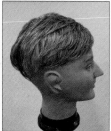  

After

Ⅲ. 스타일링

1. 커트

아이론펌 후 고객 모발과 자연스럽게 일체하는 스타일을 만들기 위해서는 먼저 가발 가봉 커트를 진행하고, 아이론펌한 다음 고객에게 가발을 씌워서 마무리 커트를 해야 한다.

가발을 커트할 때는 반드시 무흠 틴닝가위를 사용해야 한다. 무흠 틴닝가위를 사용하면 모발 끝 날림 현상이 없고, 단면이 깨끗하게 잘려서 모발의 손상이 없다. 만약 일반 틴닝가위를 사용할 경우 모발 손상이 심하고, 모발이 부스스하고 거칠어질 수 있다. 또한 레저날을 사용해 커트하면 모발 끝이 갈라지는 현상이 발생하니 주의가 필요하다. 만약 스타일을 내기 위해 반드시 레저날을 사용해 커트해야 하는 경우 끝처리에 무흠 틴닝가위로 한 번 더 마무리 커트하면 날림 현상을 없앨 수 있다.

■ 가봉 커트

가봉 커트를 할 때는 '전체 질감 처리 → 잔머리(베이비 헤어) 만들기 → 앞머리 가르마 쪽 커트 → 사이드 커트 → 가르마 커트'의 총 5가지 단계에 따라 순서대로 작업한다.

(1) 전체 질감 처리

① 탑 부분의 전체 숱 질감 처리는 90° 각도로 뿌리에서 3cm 띄우고 질감 커트한다. 이때 무겁게 커트를 하면 가발 표시가 나기 때문에 자연스러움을 위해 질감 처리를 한다.

② 사이드 1.5cm 띄우고 질감 처리를 한다.

(2) 잔머리 만들기

① 스킨에 있는 모발을 0.5cm 간격으로 지그재그 섹션을 뜬다.

② 레저날을 검지와 엄지 사이에 끼고, 손가락만 이용해서 밑에서 위로 날을 수직으로 세워서 약간 15° 각도로 불규칙적으로 긁어낸다.

③ 뾰족한 핀셋 등을 이용하여 엄지에 대고 강한 텐션으로 훑어준다. 이는 모발의 탄성을 이용한 것으로 인위적인 웨이브가 형성되어 자연스러운 잔머리를 만들 수 있다.

(3) 앞머리 가르마 쪽 커트

① 가르마 쪽 삼각존을 잡아서 1cm~1.5cm 띄우고 커트한다.

② 가르마 쪽을 중심으로 사이드로 이동하면서 가르마 쪽으로 당겨서 커트한다.

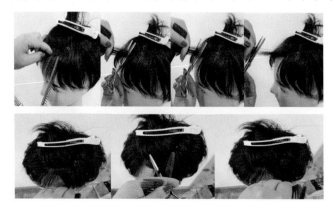

(4) 사이드 떨어지는 라인

페이스라인을 가볍고 자연스럽게 만들어주기 위해 사이드 떨어지는 라인을 커트한다. 머리카락을 잡고 얼굴 쪽으로 당겨서 15°, 45°, 75°, 90° 순으로 가위 방향이 1.5cm 떨어진 위에서 아래로 향하게 라인을 커트한다.

(5) 가르마 커트

① 탑 부분은 약 8cm 정도로 커트한다.

② 가르마 부분은 90°로 커트한다.

③ 가르마 쪽으로 당겨서 120°, 180° 커트한다.

④ 프런트 머리카락을 길게 할 경우 중심을 뒤쪽으로 잡아준다.

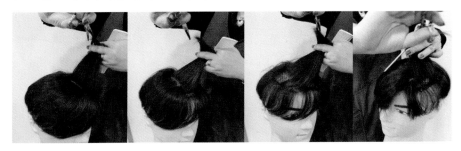

■ 마무리 커트

펌 등 착용 전 스타일을 완성한 가발을 고객에게 씌운 후 마무리로 고객 모발과 연결하는 커트를 의미하며, '2%커트'라고도 한다.

고객의 머리카락과 자연스러운 연결감을 위해 질감 처리가 중요하다.

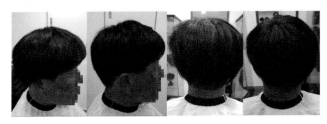

■ 올백 스타일 커트

① 댄디 스타일과 반대로 질감 처리를 해준다.

② 탑 쪽에서 프런트 쪽으로 무홈 틴닝가위로 3cm 지점부터 원을 그리듯이 회전하면서 커트한다.

③ 뿌리 쪽이 짧아진 모발의 볼륨으로 받쳐주면서 끝 쪽으로 질감 처리가 되어 커트만으로도 올백으로 넘어간다.

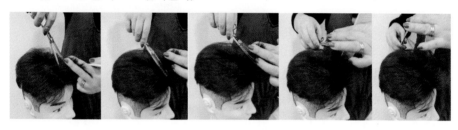

2. 가발 관리

1) 가발 샴푸

① 착용한 제품에 붙은 양면 테이프를 깨끗이 제거한다.

② 샴푸 전 먼저 트리트먼트나 린스를 소량 발라 빗질하여 헹구면 헤어 제품의 잔여물이나 먼지가 부드럽게 떨어져 나간다.

③ 물이 위에서 아래 방향으로 흐르게 하고, 한 방향으로만 씻어준 후 약산성 샴푸를 발라준다.

④ 비비지 않고 위에서 아래 한 방향으로만 결 정리를 하면서 샴푸한다.

⑤ 잔여물이 남지 않도록 깨끗하게 헹군 후 트리트먼트나 린스를 다시 한 번 발라 헹궈준다.

⑥ 타월로 비비지 않고 꾹꾹 눌러 물기를 제거한다.

⑦ 젖은 상태에서 가발 유연제를 뿌리고, 오일에센스를 발라준다. 이때 모발이 마른 상태에서 유연제를 뿌리면 머리가 끈적거릴 수 있으니 주의한다.

⑧ 가발 내피와 모발을 적당히 찬 바람으로 말려준다. 필요시 따뜻한 바람으로 스타일링한다.

2) 고열사 가발 샴푸

① 물에 샴푸를 풀어준 다음 가발을 샴푸물에 담가 위에서 아래로 결대로 손 빗질을 한다.

② 헹굴 때도 비비지 않고 한 방향으로만 헹군다.

③ 물에 린스를 풀어서 가발을 담근 다음 손 빗질 후 헹군다.

④ 타월로 두드려 물기를 제거하고, 가발 전용 쿠션 철브러시로 모발 끝에서부터 위로 올라가면서 엉키지 않게 잘 빗질 해준다.

3) 컬을 오래 유지하는 방법

– 샴푸 후 드라이할 때는 냉풍 건조가 원칙이다.

– 뜨거운 바람으로 드라이를 계속하면 부스스해지고 컬 감이 떨어져 빨리 풀린다.

– 스타일링 기구 사용 시 고온으로 하게 되면 기존의 컬이 사라질 수 있다.

– 가발 세척 후 가발 유연제를 뿌려 자연 건조하면 컬을 오래 유지할 수 있다.

4) 가발 관리 시 주의 사항

– 웨이브가 많은 롱 스타일은 완전히 젖은 상태에서 빗질하여 가볍게 흔들어 웨이브를 살린 후 그대로 가발 걸이에 걸어 건조시킨다.

– 만약 스프레이를 뿌려서 가발이 심하게 뭉친 경우, 물파스를 충분히 발라 꼬리빗으로 눌러 스프레이 잔여물을 빼내고, 어느 정도 스프레이 성분이 제거되었다면 물로 헹구지 말고, 물파스 위에 산성 샴푸를 발라 꼬리빗으로 눌러 한 번 더 잔여물을 제거해준다.

– 가발 유연제가 바닥에 묻으면 미끄러워 넘어질 수 있기 때문에 주의가 필요하다. 그래서 가발유연제를 뿌릴 때에는 가발 가까이에서 뿌리는 것을 권장한다.

– 가발은 모발이 생명이며, 모발 관리가 가장 중요하다. 잦은 샴푸 시에는 마모가 빨라져서 단백질이 빠진 모발처럼 푸석푸석해지고 엉킬 가능성이 있으니 샴푸 시에 드라이 전 유연제를 뿌리는 것이 좋다.

4장

가발 수선 부문

집필위원

이진영 이진희 임양순 진명희

가발 수선은 낡거나 헌 가발을 고쳐서 고객이 사용하는 데 불편함이 없도록 해주는 서비스이다. 모든 수선은 최상의 결과물을 위해 한 번만 하는 것이 좋다.

가발 수선은 크게 교체, 보수, 증모, 코팅으로 나누어진다. 가발을 사용한 기간이 1년 이내면 교체보다는 보수나 덧댐, 증모, 코팅 등 필요한 작업을 하고, 가발을 사용한 기간이 1년 이상이면 땀이나 피지에 의해 망이나 스킨이 삭기 때문에 교체를 하는 것이 바람직하다.

가발 수선을 할 때 사용하는 기구는 재봉틀, 초음파기, 열 박스, 적열구 등이 있다.

지금부터는 가발 프런트, 가르마, 내피, 패치 테두리 등 가발을 구성하는 부분을 수선하는 방법부터 사이즈 변경, 모발 수선(모량 늘리기, 백모 심기, 모발 코팅, 모발 복구) 등 전반적인 가발 수선 방법에 대해 배워본다.

I. 프런트 수선

프런트 수선은 가발 수선 의뢰 중 80%를 차지할 정도로 가장 많이 요청하는 서비스이다.

■ 프런트 스킨 수선

가발 프런트의 스킨 부분은 두피에 밀착되므로 피부에 땀을 많이 발생시킨다. 땀과 노폐물이 쌓여서 스킨이 손상되면 스킨에 매듭지어진 부분의 모발과 스킨이 삭기 때문에 모발이 빠지고 스킨은 훼손된다. 또한 이마에 붙이는 양면테이프 탈부착을 반복하면서 모발도 같이 떨어지기도 하고, 얇은 나노스킨일 경우 테이프를 제거하다가 스킨이 찢어지거나 손상될 수 있다.

프런트 스킨 수선 의뢰가 들어왔을 경우 우선 스킨의 상태를 정확하게 판단하는 것이 무엇보다 중요하다. 스킨을 교체할 것인지, 보수할 것인지, 덧댄 처리를 해야 할 것인지 등 서비스 내용을 판단하여 상담하여야 한다. 만약 찢어지거나 삭아 있는 스킨의 보수를 선택할 경우 코팅 처리 과정에서 스킨이 우글거리거나 녹아버리기 때문에 보수할 수 없다고 판단될 때는 교체로 수선하여야 한다.

1. 프런트 스킨 교체

스킨의 손상도가 심각해서 보수를 할 수 없다고 판단될 때는 새 스킨으로 교체해야 한다.

• 준비물

올스킨, 비닐랩, 스카치테이프, 네임펜, 가위, 연질, 경질, MEK, 헤라, 초음파기, 종이테이프, 열 박스, 압정, 목형, 재봉틀, 모노사

• 작업 순서

① 찢어진 가발을 뒤집어서 스킨 부분 본을 뜬다. 프런트 찢어진 부분이 벌어지지

않고 프런트의 형태를 유지할 수 있도록 잡아주어야 한다. 프런트 부분의 조인

선까지 본을 뜬다.

② 찢어진 스킨 부분을 잘라낸다. 조인선은 남기고 프런트 부분만 잘라낸다.

③ 스킨 부분보다 0.5cm, 조인선 띠만큼 올스킨을 잘라낸 다음 0.5cm에 있는 모발

을 족집게로 뽑아낸다. 눈썹 칼을 이용하여 모발을 결의 반대로 밀어주고 나머

지는 족집게로 뽑아낸다.

④ 찢어진 가발을 뒤집어 목형에 고정한 후 0.5cm 모발 뽑은 올스킨 부분을 가발의

조인선 부분에 고정하고 초음파로 붙인다.

⑤ 미싱 처리 후 종이테이프 붙이고 연질 6 : 경질 4 MEK 소량 섞어서 코팅 처리

후 적외선 기로 20분 열처리하고 자연 건조한다.

⑥ 마무리로 초음파로 코팅 턱을 없앤다.

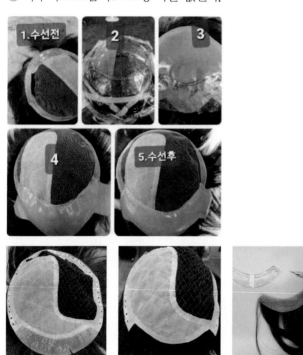

2. 프런트 스킨 보수

1) 코팅
프런트 스킨이 찢어진 상태에 따라 보수용 테이프를 붙여서 코팅 처리하는 방법이다.

- **준비물**

목형, 보수 테이프, 연질, 경질, 스켈프 프로텍터

- **작업 순서**

① 목형에 가발 내피가 보이게 고정한다.

② 모발은 종이테이프를 이용해 고정한 뒤 프런트 모양을 잡아준다.

③ 코팅할 부분 외 우레탄이 묻지 않게 종이테이프를 붙인다.

④ 찢어진 부분을 스켈프 프로텍터를 이용해 정리한다.

⑤ 보수용 테이프를 붙여준다. 보수 테이프를 사용할 때는 이물질이 남아 있으면 보수 테이프가 완전 밀착이 되지 않고 그 위에 코팅한다고 해도 공기가 들어가고 가발을 세척하면 물이 스며들게 된다.

⑥ 경질과 연질을 혼합하여 찢어진 부위만 1차 코팅해준다.

⑦ 열 박스에 구워준다.

⑧ 다시 전체 코팅해준다. 2차 코팅할 때는 MEK을 섞어서 얇게 펴 바른 후 열 박스에 다시 한 번 말려준다. 이때, 스킨 가까이에 붙어 있는 종이테이프는 제거하고 열 박스에 구워준다.

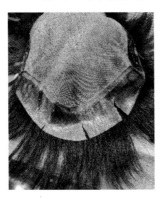 

2) 덧댐

기존의 스킨에 새 스킨을 덧대서 더 튼튼하게 만들고 싶을 때 주로 하는 수선 방법이다. 뿐만 아니라 가발 프런트가 망으로 되어 있는 경우 테이프를 부착할 수 없으므로 이때에도 스킨을 덧대서 테이프를 붙일 수 있게 만들 수 있다. 스킨을 덧대면 쉽게 찢어지지 않고 내구성이 강화된다. 다만, 두께가 두꺼워지기 때문에 고객이 답답함을 느낄 수 있다.

• 준비물

샤스킨, 모노실, 연질, 경질, MEK, 납작 볼, 유화 나이프, 가위, 꼬리빗, 바늘 또는 재봉틀, 도루코 칼, 목형, 종이테이프 0.5cm, 1cm, 타카, 본뜨기 재료, 양면테이프, 스킬 바늘, 적외선기, 라이터

• 작업 순서

① 목형에 가발을 뒤집어 고정해준다.

② 나노스킨 또는 샤스킨 1장을 고정된 가발 위에 밀착시켜 고정한다.

③ 프런트 스킨과 덧댄 스킨을 초음파로 붙여준다.

④ 붙여놓은 스킨보다 0.5cm 정도 크게 잘라준다.

⑤ 미싱 처리 (테두리 미싱 후 W모양으로 스킨과 스킨끼리 밀착시키도록 미싱한다.)

⑥ 연질 6 : 경질 4 : MEK 몇 방울을 얇게 펴 바른 다음 열 건조 20분 마무리 후 스킨만 잘라낸다.

■ 프런트 망 수선

1. 프런트 망 교체

프런트 망이 삭아서 교체하는 때도 있지만, 프런트를 레이스 가발처럼 자연스러워 보이게 하고 싶을 때 기존 프런트 부분을 망으로 교체하기도 한다. 망은 스킨에 비해 늘어날 가능성이 크고 수명도 짧은 편이다.

• 준비물
레이스 가발, 비닐랩, 스카치테이프, 초음파기, 재봉틀, 모노사, 가위, 목형, 종이테이프, 연질, 경질, MEK, 압정, 헤라, 열 박스

• 작업 순서
① 가발을 뒤집어서 고정한 후 스킨 자리에 래핑해서 본을 뜬다. (조인선 0.5cm까지 그린다)
② 조인선을 남기고 스킨을 잘라낸다.
③ 본을 레이스 가발 망에 올려놓고 고정한 후 사이즈만큼 자른다.
④ 잘라낸 레이스 망에 0.5cm 조인선 부분의 모발을 클리퍼로 제거한다. (클리퍼로 밀고 남은 부분은 족집게로 뽑아낸다. 모발이 남아 있으면 조인 부분에 올려서 고정(초음파)할 때 잘 안 붙고 지저분해질 수 있다)
⑤ 가발을 뒤집어서 고정하고 레이스 망을 조인선 부분에 맞추어 고정한 다음 초음파 기계로 조인선 부분을 붙인다.
⑥ 조인선 부분을 미싱 처리한 다음 코팅 처리한다. (연질 6 : 경질 4 : MEK 소량)
⑦ 열 박스로 20분 열처리 후 자연 건조한다.
⑧ 건조 후 조인선 부분을 초음파로 한 번 더 눌러준다.

2. 프런트 망 보수

1) 덧댐

기존의 스킨에 얇은 실크망을 덧대어주면 프런트 부분이 더 튼튼해진다. 망 덧댐 수선 후에는 쉽게 찢어지지 않는 장점이 있지만, 두께가 두꺼워지기 때문에 고객이 착용 시 답답함을 느낄 수 있다.

• 준비물

실크망, 종이테이프, 압정, 목형, 연질, 경질, MEK, 초음파기, 재봉틀, 모노사

• 작업 순서

① 가발을 뒤집어 고정한 후 스킨 부분을 스켈프 프로텍터로 닦아주고, 망 덧댈 부분을 남기고 종이테이프를 붙여준다.

② 연질을 망 덧댈 부분에 얇게 도포 해주고, 열처리하고 미싱한다.

③ 연질 6 : 경질 4 코팅으로 마무리한다.

※ 망 덧댐을 작업할 때 초음파로 망을 붙이지 않고 연질을 사용하는 이유는 가발에 유분기나 이물질이 있는 경우 초음파로 고정하면 스킨과 망이 잘 붙지 않고, 초음파 때문에 모발이 손상될 수 있기 때문이다.

2) FM

고객이 올백 스타일을 원하면 스킨라인이 보이는 부분을 자연스럽게 커버하기 위해 스킨 끝부분을 망으로 덧댐 처리한 후 증모해준다.

- 준비물

P31망, 연질, 경질, 모발, 초음파, 철형, 가위

- 작업 순서

① 프런트 사이즈에 맞게 망을 잘라준다.

② 망을 반으로 접어서 초음파로 눌러주고 프런트에 미싱으로 박아준다.

③ 망부분에 낫팅 해준다.

④ 프런트 스킨 밖으로 나온 망 부분을 빼고 프런트에 박음질한 부분에 우레탄 코팅해준다.

※ 망을 덧댈 때 망 한 장을 프런트 부분에 올려서 프런트 모양과 일치하는 부분을 사용하면 프런트 모양을 잘 유지하기 위할 수 있다. 단 이 방법은 망 하나를 다 써야 하므로 재료 낭비가 될 수 있다.

■ 프런트 증모

1. 일반 증모

가발에 테이프를 탈부착하면서 3개월~6개월 정도 착용하다 보면 테이프를 부착한 자리에 모발 매듭이 손상되어 모발이 빠지게 된다. 이를 수선하기 위해 모발이 빠진 부위에 증모를 하는데, 증모 후에는 가발 착용 후 모발이 가능한 한 빠지지 않도록 반드시 증모 매듭 부분을 코팅해준다. 코팅하면 매듭 부분이 피부에 닿지 않아서 착용감이 부드럽고, 매듭도 한 번 더 잡아주기 때문에 가발을 사용하는 동안 모발이 탈락하는 현상이 줄어들지만 코팅한 부위가 두꺼워져서 밀착도가 떨어지는 단점이 있다.

• 준비물

족집게, 민두, 스카치테이프, 양면테이프, 구슬핀, 산 처리모, 스킨용 낫팅 바늘, 핀셋, 종이테이프, 압정, 연질, 경질, MEK, 헤라, 열 박스

• 작업 순서

① 프런트 스킨에 모발 잔여물을 깔끔하게 뽑아 정리한다.

② 민두 마네킹에 가발을 팽팽하게 구슬핀으로 고정한다.

③ 1올~2올스킨 바늘로 산 처리된 모발을 이용해 핫싱글낫팅, 싱글낫팅, 뉴핫더블 등의 방법으로 모발을 심어준다. (아주 얇으면 싱글, 핫싱글로 낫팅한다.)

④ 낫팅 후 스킨을 스켈프 프로텍터로 깨끗하게 닦는다.

⑤ 종이테이프로 모발 고정 처리를 한 다음 연질, 경질 혼합해 코팅한다.

⑥ 열 박스에 10분 후 종이테이프를 제거하고 2시간 60℃에서 말려준다.

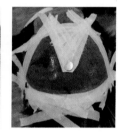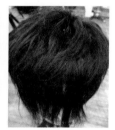

2. 베이비 헤어 증모

베이비 헤어 증모는 올백 스타일을 원할 때 프런트 라인이 보이지 않도록 끝부분을 부분적으로 2줄 정도 하면 자연스럽다.

• 준비물

산 처리모, 매직펌제, 과산화중화제, 호일, 나무젓가락, 민두 마네킹, 가발, 구슬핀, 낫팅바늘

• **작업 순서**

① 모발에 매직약(건강 모)을 충분히 발라 포일로 감싸고 15분 연화시킨다.

② 물로 깨끗하게 헹군 후 유연제를 뿌려서 가는 나무젓가락에 촘촘히 감은 다음 포일로 다시 감싼다.

③ 열처리 10분 후 포일을 제거하여 다시 마를 때까지 열처리한다.

④ 과산화수소 중화 5분에 2번 한다.

⑤ FM 망 부분에 언더낫팅으로 베이비 헤어를 마무리한다.

⑥ 레저날을 이용해 사선 방향으로 커트해 마무리한다.

II. 가르마 수선

가르마는 프런트 스킨 다음으로 모발이 많이 빠지는 부위이다. 가르마 부분의 모발이 빠지는 원인은 가르마가 가장 노출이 많이 되는 부위로 손이 많이 가고, 2중망이나 3중망으로 이루어져 다른 부위보다 두꺼워서 땀 배출이 쉽지 않아 노폐물이 쌓이면서 망과 모발이 삭기 때문이다. 또한 가르마는 빗질을 많이 하는 부분이기 때문에 빗질 때문에 손상될 수 있고, 심하면 망이 찢어지기도 한다.

지금부터는 가르마 교체, 증모, 보수, 코팅하는 방법에 대해 알아본다.

1. 가르마 교체

보수가 불가능할 정도로 심하게 훼손되었으면 가르마 부분을 교체해주어야 한다.

• 준비물

비닐랩, 스카치테이프, 불파트망, 올망, 가위, 재봉틀, 초음파기, 모노사, 연질, 경질, MEK, 헤라, 열 박스

• 작업 순서

① 가발을 뒤집어 래핑하여 교체할 가르마 본을 뜬다. (조인선 포함)

② 가르마 부분을 잘라내거나 조인선 부분은 가위를 넣어 MEK을 바르면서 칼로 뜯어낸다.

③ 조인선 부분 0.5cm 모발을 제거한다.

④ 올망이나 불파트 본 사이즈만큼 잘라낸다.

⑤ 재단한 올망을 가르마(모발쪽) 부분에 올리고 미싱한다.

⑥ 안쪽에 접힌 망 부분을 초음파로 눌러 정리한다.

⑦ 조인선 부분에 우레탄 코팅한다.

2. 가르마 보수

1) 망 덧댐

부주의로 인해 가르마의 여러 부분이 찢어진 경우 손상도에 따라 가르마 전체를 망으로 덧댐해서 보수해줄 수 있다.

• 준비물

p31망, 초음파기, 재봉틀, 모노사

• 작업 순서

① 가발을 뒤집어 고정해준다.

② 덧댐 할 가르마 부분에 본을 뜬다.

③ 본을 덧댐 할 망 위에 올리고 본을 올리고 본대로 그려준다.

④ 본보다 0.5cm 크게 잘라준다.

⑤ 재단한 망의 바깥 라인 0.5cm를 안으로 접어 눌러준 다음 초음파로 고정한다.

⑥ 시접 부분이 가발의 가르마 부분으로 가게하고 박음질해준다. (재봉틀 사용)

예시 1)

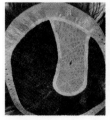

예시 2)

2) 바느질

망이 조금만 찢어졌으면 바느질로 가볍게 수선할 수 있다.

• 준비물

망, 미싱, 낫팅 바늘, 일반 모, 가위, 연질, 열 박스, 헤라

• 작업 순서

① 가발을 뒤집어 고정한다.

② 화인모노망을 빼서 망과 망을 이어준다.

③ 가르마 화인모노망은 바느질이 들어가면 올이 풀린다.

④ 연질만 사용하여 이어진 부분에 바른 다음 적외선 열처리로 마무리한다.

 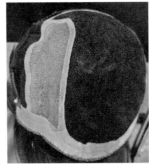 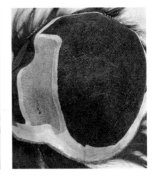

3. 가르마 증모

가르마는 눈에 잘 띄는 부분이기 때문에 모발이 많이 빠지면 증모를 한다.

• 준비물

모발, 낫팅 바늘, 민두 마네킹, 가위, 분무기, 구슬핀, 핀셋, 꼬리빗

• 작업 순서

① 수선 가발을 민두 마네킹 위에 구슬핀으로 고정한다.

② 가르마 부분에 끊어진 모발 또는 매듭만 남아 있는 모발을 모두 제거해 모발을 정리해준다.

③ 뉴핫더블로 한두 올 낫팅한다.

④ 낫팅 후 가위로 커트하고 물 분무 후 모발 정리 에센스를 바르고 스타일을 내준다.

4. 가르마 코팅

스킨 전용 가발(올스킨 가발)일 경우 훼손 정도에 따라 우레탄으로 코팅 처리를 한다.

• 준비물

목형, 종이테이프, 연질, 경질, MEK, 압정, 헤라, 열 박스

• 작업 순서

① 가발을 뒤집어 목형에 고정한다.

② 종이테이프로 가르마 부분의 라인을 잡아 붙인다.

③ 연질 6 : 경질 4 : MEK 소량을 섞은 다음 코팅 처리 작업한다.

④ 종이테이프를 제거한 다음 열처리를 20분하고 자연 방치한다.

 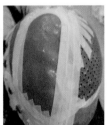  

Ⅲ. 내피

내피는 프런트, 가르마, 테두리 뺀 나머지 부분이다. 내피 부분에 모발이 빠지는 경우는 드물지만 땀의 점도 차이에 의해 빠지거나 과도한 샴푸, 빗질 등에 의해 모발이 빠질 수 있다. 내피 중에서 천공이 있는 올스킨은 우레탄 코팅을 할 수 없다. 내피 수선은 손상도에 따라 달라지는데 내피가 조금 찢어진 경우라면 보수를 하고, 손상도가 큰 경우에는 교체하는 것이 바람직하다.

1. 내피 교체

내피의 훼손 정도가 심해서 보수가 힘든 경우에는 새로운 내피로 교체해준다.

• 준비물

비닐랩, 스카치테이프, 올망, 종이테이프, 재봉틀, 초음파기, 압정, 목형, 모노사, 연질, 경질, MEK, 헤라, 열 박스

• 작업 순서

① 찢어진 내피 가발을 뒤집어 고정한 다음 래핑 후 본을 뜬다. (0.5cm 조인선 포함)

② 교체할 내피를 잘라준다. 이때 주변의 모발을 자르지 않도록 조심한다.

③ 본을 올망에 올려서 밑그림을 그리고 재단한다.

④ 올망 조인선 0.5cm 부분을 클리퍼 처리한다. (모발 없애기)

⑤ 내피 부분 조인선에 맞게 잘라 놓은 올망을 올려 초음파 기계로 붙인 다음 미싱 처리한다.

⑥ 종이테이프 붙이고 코팅 처리 후 열처리 20분 자연 방치한다.

⑦ 마무리 초음파 기계로 경계선을 눌러 없애준다.

2. 내피 보수

1) 망 덧댐

내피에 훼손 정도에 따라 망을 한 겹 덧대면 깔끔하게 보수할 수 있다.

• 준비물

목형, 종이테이프, 연질, 경질, MEK, 헤라, 열 박스, 벌집 화인모노망

• 작업 순서

① 찢어진 스킨 부분을 MEK로 닦아낸다.

② 가발을 뒤집어서 목형에 얹은 다음, 종이테이프를 이용해서 테두리 라인에 붙이
고 압정으로 팽팽하게 고정한다.

③ 중간 부분에 연질을 이용해서 망과 스킨 부분을 먼저 붙이고 열처리 20분을 해
준다.

④ 화인모노망을 덧대서 팽팽하게 스테이플러로 당겨가며 고정한다.

⑤ 종이테이프를 우레탄 바른 곳에 붙여준다.

⑥ 연질 6 : 경질 4 : MEK 소량을 섞어서 코팅 처리한다.

⑦ 열처리 20분 후 자연 건조한다.

⑧ 미싱으로 돌려가며 박음질 처리한다.

⑨ 마무리 후 원하는 부분만 벌집 화인모노망을 잘라낸다.

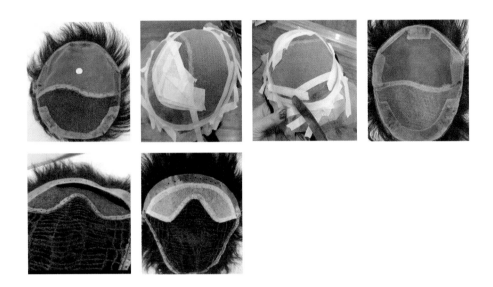

위 사진은 프런트 스킨 부분과 프런트 망 부분이 찢어진 경우로 먼저 망과 스킨을 모노실로 감침질하여 모양을 잡아준 다음 본을 떠서 망을 재단하는데 이때 시접을 안으로 접어주면서 덧댐 작업을 하면 깔끔하게 완성할 수 있다.

2) 바느질

바느질로 망과 망을 이어주는 방식으로 망을 잘라 박음질해서 보수한다.

• 준비물

망, 모발, 초음파, 미싱

• 작업 순서

① 찢어진 부분을 확인하고 망을 덧댐 할 것인지 덧댐 없이 망 복원이 가능한지 결정한다. 만약 망이 많이 벌어져 있으면 덧댐 해야 한다.

② 찢어진 부위 모발과 찢어진 부분의 망을 정리해준다.

③ 마네킹에 가발의 내피가 보이도록 고정한다.

③ 덧댐 할 망을 재단하여 인두나 초음파로 망 테두리를 접어준다.

④ 찢어진 부분에 망을 대고 초음파로 눌러준다. 초음파를 사용할 때는 초음파로

누르는 압력이 높거나 타임이 길어지면 망이 뚫릴 수 있으니 특별히 주의해야 한다.

⑤ 덧댐 한 부분을 재봉틀로 박아준다.

⑥ 가발을 뒤집어 찢어진 망과 덧댐 한 망을 잡아주고 낫팅해준다.

3. 내피 증모
내피의 모발이 땀이나 피지에 의해 매듭이 삭아서 빠졌을 때는 증모를 한다.

• 준비물
산 처리 모발, 낫팅 바늘, 구슬핀, 핀셋

• 작업 순서
① 민두 마네킹에 가발을 팽팽하게 구슬핀으로 고정한다.

② 낫팅할 부분에 잔 모발이나 남아 있는 매듭을 망이 찢어지거나 늘어나지 않게 족집게로 정리해준다.

③ 모발의 컬러에 맞춰 낫팅한다.

④ 모발이 빠진 부위에 따라 낫팅 스킬을 다르게 해준다.

⑤ 커트한 다음 마무리해준다.

⑥ 가발을 뒤집어 찢어진 망과 덧댐 한 망을 잡아주고 낫팅해준다.

Tip

내피를 낫팅할 때는 한두 올 낫팅이 일반적이고, 두상에 따라 낫팅 방법이 달라진다. 예를 들어 볼륨이 살아야 할 부분은 더블낫팅 또는 핫더블(튼튼함) 기법으로 낫팅을 하고, 연결되는 라인(떨어지는 라인)에는 반더블 또는 싱글낫팅을 하면 더욱 완성도가 높다.

Ⅳ. 사이즈 수선

가발이 고객의 두상보다 작거나 크면 고객의 두상에 맞춰 가발 사이즈를 줄이거나 늘려서 맞춤 가발처럼 두상에 잘 맞게 수선해야 한다.

1. 사이즈 늘리기

• 준비물

올망, 초음파기, 재봉틀, 모노사, 나노스킨, 가위, 종이테이프, 연질, 경질, MEK, 헤라, 열 박스, 압정

• 작업 순서

① 가발 테두리부터 내피 안쪽까지 가위로 자른다.

② 'ㅅ'자 형태로 늘려야 할 사이즈만큼 벌려 고정한 다음 가발은 0.5cm 모발 제거 후 내피 안쪽으로 시접을 접어서 초음파 작업을 한다.

③ 올망을 늘려야 할 사이즈보다 0.5cm 조인선만큼 크게 자른다. (테두리까지 포함)

④ 올망 0.5cm 클리퍼(면도날)로 모발을 정리한다.

⑤ 올망을 조인선에 맞추어 초음파로 붙인 다음 테두리에는 샤스킨을 덧댐 처리 후 미싱한다.

⑥ 테두리 부분은 종이테이프를 붙이고 연질 6 : 경질 4 : MEK 소량을 섞어 코팅 하고, 열처리 20분 후 자연 방치해 마무리한다.

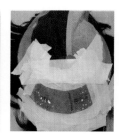

2. 사이즈 줄이기

· 준비물

재봉틀, 모노사, 클리퍼, 가위

· 작업 순서

① 내피를 중심부까지 자른다.

② 줄인 사이즈만큼 모발을 뽑거나 클리퍼로 정리한다.

③ 미싱 처리 후 마무리한다.

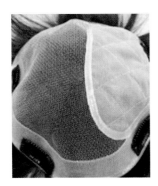

V. 패치 테두리 수선

가발 테두리가 오래되면 삭아서 훼손되는데, 이때 손상 정도에 따라 적절한 방법으로 수선해주는 것이 좋다.

1. 패치 테두리 교체

1) 스킨 교체

· 준비물

목형, 종이테이프, 연질, 경질, MEK, 헤라, 열 박스, 나노스킨, 가발 테두리, 초음파기, 재봉틀, 모노사, 압정

· 작업 순서

① 가발을 고정한 후 테두리 0.5cm를 남기고 잘라낸다.
② 목형에 가발을 올려 고정한다.
③ 본을 테두리에 사용할 올스킨에 올려서 재단한다.
④ 0.5cm 조인선에 사용될 부분의 모발을 제거한다.
⑤ 가발 테두리에 0.5cm 조인선 부분을 초음파로 붙여주고 박음질한다.
⑥ 우레탄 코팅을 해서 마무리한다.

2) 망 가발 패치 테두리 교체

내피가 올망으로 제작된 가발의 패치 테두리가 훼손되었을 때 망 부분의 손상 없이

전체 테두리를 교체하는 방법은 다음과 같다.

• 준비물

목형, 종이테이프, 연질, 경질, MEK, 헤라, 열 박스, 올망, 가발 테두리, 초음파기,
재봉틀, 모노사, 압정

• 작업 순서

① 테두리 부분에 MEK을 묻혀서 내피망과 테두리 스킨을 분리한다.

② 목형에 가발을 올려 고정한다.

③ 테두리에 사용할 망을 내피 위에 씌워서 초크로 밑그림을 그려준다.

④ 망을 재단할 때 안으로 접어들어 갈 시접분을 양쪽으로 0.5cm 남기고 잘라낸다.

⑤ 잘라낸 망의 시접분을 안으로 접어준다.

⑥ 가발 테두리에 접은 망을 대고 재봉틀로 박아준다.

2. 패치 테두리 증모

패티 테두리 부분의 가모가 삭아서 없어지거나 짧게 커트했을 경우 증모를 통해 길
이 연장과 숱 보강을 동시에 하는 방법이다.

• 준비물

산 처리모, 민두 마네킹, 구슬핀, 낫팅 바늘

• 작업 순서

① 민두 마네킹에 가발을 팽팽하게 구슬핀으로 고정한다.

② 둘레가 짧아진 길이를 연장한다. 이때 주변 모량과 맞추기 위해 기존 모발을 뽑아내고 낫팅해야 하는 때도 있다.

③ 사이드 부분을 싱글 낫팅으로 길이를 연장한다.

④ 낫팅 바늘과 산 처리된 모발을 이용해 싱글 방법으로 모발을 심어준 후 커트로 마무리한다.

3. 패치 테두리 덧댐

1) 벨크로 교체

클립식 가발은 착용이 쉬우므로 대중적이다. 하지만 두상의 한 곳에만 오랫동안 클립으로 고정을 하게 되면 견인성 탈모가 생기거나 두피가 손상될 수 있다. 이럴 때 클립을 벨크로로 교체하면 가발을 좀 더 편하게 착용할 수 있다.

• 준비물

벨크로, 미싱기, 모노사, 가위, 핀셋

• 작업 순서

① 클립을 제거한다.

② 가발 사이즈에 맞게 벨크로 사이즈를 조절한다.

③ 테두리 바깥 라인부터 박음질한 후 안쪽에서 가발 라운드 모양을 잡기 위해 사이사이 가위집을 주어 불필요한 부분을 V자로 잘라낸다.

④ 시침 핀으로 잡아주고 안쪽을 미싱한다.

2) 망 덧댐

패치 테두리의 스킨 상태가 얇아서 찢어지기 직전일 경우 얇은 실크망을 덧댄 다음 코팅해주면 패치 테두리가 더욱 단단해지기 때문에 찢어질 염려가 없어진다.

• 준비물

목형, 종이테이프, 연질, 경질, MEK, 헤라, 열 박스, 초음파기, 재봉틀, 모노사, 실크망

• 작업 순서

① 목형에 가발 내피캡을 고정한다.

② 스킨 테두리 바깥쪽에 종이테이프를 붙인다.

③ MEK로 살짝 테두리 스킨을 닦아낸 후 실크망을 겹쳐서 내피 캡 위에 단단하게 고정한다.

④ 연질, 경질, MEK 코팅제를 테두리 스킨 위 망이 겹쳐 있는 곳에 얇게 펴 바른다.

⑤ 적외선램프를 사용하여 30분~1시간 열처리한다.

⑥ 테두리 부분은 가위로 깔끔하게 컷팅해서 마무리한다.

⑦ 실크망 위에 얹어 초음파기를 이용하여 우레탄을 바른 턱을 없애준다.

3. 패치 테두리 보수

테두리 스킨이나 망이 찢어졌으면 보수 테이프나 나노스킨 등을 이용하여 보수
할 수 있다.

• 준비물

나노스킨, 연질, 경질, MEK, 헤라, 열 박스, 가위, 초음파기

• 작업 순서

① 가발을 고정한다.

② 나노스킨을 덧대고 초음파기로 붙인다.

③ 연질 6 : 경질 4 : MEK 소량을 섞어서 코팅 처리한다.

④ 열처리 20분 후 자연 방치한다.

⑤ 연결라인을 초음파로 정리한다.

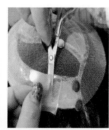

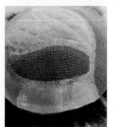

VI. 전두 가발 사이즈 수선

1. 전두 사이즈 늘리기

전두 가발은 두상 전체에 덮어쓰는 큰 사이즈 가발로 고객의 두상보다 제품의 사이즈가 작아서 전두 가발 크기를 늘려야 하는 경우 가발의 네이프 부위를 늘려주면 스타일 내기 쉬워진다.

• 준비물

올망, 샤스킨, 재봉틀, 모노사, 모노 테이프

• 작업 순서

① 사이즈를 변경할 수 있도록 패턴을 제작한다.

　이때 조인선 부분을 고려해 정사이즈보다 0.5cm 더 크게 패턴을 디자인한다.

② 늘릴 사이즈 모양으로 샤스킨과 올망은 테두리를 0.5cm 더 크게 자른다.

③ 올망 테두리 U라인은 0.5cm 안쪽으로 접는 부분의 모발을 0.3cm 모발만 제거한 다음 접어서 눌러 붙인다.

④ 샤스킨과 올망을 시침핀으로 고정한 후 W모양으로 미싱 처리한다.

⑤ 테두리 마감 처리는 모노 테이프를 미싱한다.

⑥ 기존 가발에 부착하는 미싱 처리한다.

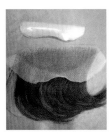

2. 전두 사이즈 줄이기

전두 가발 사이즈가 커서 작게 하고자 할 때 줄이는 방법이다.

• 준비물

우레탄폼, 레이스 테이프, 재봉틀

• 작업 순서

① 고객의 두상 사이즈로 패턴을 제작한다.

② 우레탄 폼으로 고객 두상을 만든다.

③ 사이즈가 줄어드는 면적만큼 잘라낸다.

④ 레이스 테이프를 대고 재봉틀로 박아준다.

Ⅶ. 모발 수선

1. 모량 줄이기

가발의 모발이 너무 많은 경우 자연스럽게 보이기 위해서 모량을 제거하는 수선을 한다.

• 준비물
족집게

• 작업 순서
① 모량을 뽑는 부위의 망 안쪽 내피에서 낫팅 매듭을 찾아서 족집게로 뽑는다.
② 지그재그 모양으로 적당한 비율의 모발을 뽑는다.
③ 불파트의 경우 위에서 족집게로 뽑아주면 된다.

2. 흰머리 심기

고객의 머리카락에 흰머리가 많아서 가발과 자연스럽게 일치하지 않는 경우 또는 고객이 염색하지 못할 때는 가발에 고열사로 만든 흰 모발을 심을 수 있다. 이때 증모하는 흰머리는 인조모이기 때문에 낫팅할 때 과하게 텐션을 주면 모발이 꼬실거릴 수 있으므로 적당한 텐션을 주면서 낫팅해야 한다.

• 준비물
민두 마네킹, 구슬핀, 낫팅 바늘, 흰머리

· 작업 순서

① 가발 모장에 맞춰 고열사를 잘라서 준비한다.

② 고객 모발에 있는 흰머리 비율과 비슷하게 맞춰서 가발에도 흰머리를 낫팅해준다.

③ 프런트나 테두리 스킨 부분은 스킨낫팅을 해주고 망 부분은 망낫팅을 한다. 이 때, 프런트 스킨이 얇은 경우에는 낫팅 후 코팅하는 것도 좋은 방법이다.

3. 모발 코팅

가발의 모발이 탈색되어 푸석거리고 부스스할 경우 매니큐어 코팅 처리를 한다. 모발을 코팅하면 모발이 굵어 보이는 효과와 함께 윤기가 나면서 건강한 모발처럼 보인다. 코팅을 할 때는 고객이 원하는 색깔로 선택할 수 있다. 단, 가모를 코팅한 후 온천수나 사우나에 갈 때는 머리가 건조한 상태로 입장해야 하며, 만약 모발이 젖은 상태로 들어가면 코팅이 녹아내릴 수 있고, 수건으로 머리를 장시간 감싸고 있으면 안 되기 때문에 주의가 필요하다.

· 준비물

매니큐어, 민두 마네킹, 꼬리빗, 열기구

· 작업 순서

① 탈색된 모발을 알칼리성 샴푸로 세척한다.

② 건조 후 약간의 물 분무 후 매니큐어 코팅을 꼼꼼하게 바른다.

③ 열처리 20분 후 작은 민두 마네킹에 고정해서 냉장실에 5분~7분 둔다. 자연 방치 40분 한다.

④ 산성 샴푸로 헹구고 트리트먼트로 마무리한다.

4. 모발 복구

가발의 모발이 손상되면 머릿결이 거칠어지며, 모발끼리 엉킬 수 있기 때문에 다시
부드럽고 건강한 모발로 만들어주는 복구 작업이 필요하다.

- **준비물**

매직 약, 유연제, 꼬리빗, 저온 매직기

- **작업 순서**

① 마른 모발에 트리트먼트를 발라 엉킨 모발을 푼 다음 가발 샴푸를 해서 깨끗하
　게 헹군다.
② 프리미엄 유연제 1 : 정제수 1을 섞어서 뿌려준 후 충분히 뿌리부터 거품이 날 정
　도로 꼬리 빗질해준다.
③ 찬 바람으로 건조해준다.
④ 저온 매직기로 프레스 작업을 한다. (모발의 손상 정도에 따라 ④, ⑤, ⑥ 과정을 2회
　~3회 반복해 준다.)
⑤ 높은 온도로 마지막 프레스 작업을 해주고 투명 매니큐어 또는 오징어 먹물을
　발라 모발에 흡수된 유연제가 빠져나가는 것을 방지한다.
⑥ 약산성 샴푸와 팩으로 마무리해준다.

5. 엉킨 모발 복구

가발의 모발이 심하게 엉키면 망가진 부분을 풀려다가 자칫 모발에 심한 손상을 줄 수 있다.

모발 처리 과정에서의 실수 또는 고객의 관리 잘못으로 모발이 심하게 엉킨 경우 복구하는 방법은 다음과 같다.

• 작업 순서

① 매직약을 발라 꼬리빗으로 머릿결 방향대로 빗질해서 결 정리를 해준 다음 공기를 차단하기 위해 랩을 씌워 10분~15분 자연 방치해 연화를 시킨다.

② 샴푸를 사용하지 않고 물로만 깨끗이 헹궈준다.

③ 수건으로 꾹꾹 눌러 물기를 닦아준다. 이때 절대 비비지 않는다.

④ 프리미엄 유연제 1 : 정제수 1을 섞어서 뿌려준 후 충분히 뿌리부터 거품이 날 정도로 꼬리 빗질해준다.

⑤ 찬 바람으로 건조해준다.

⑥ 저온 매직기로 프레스 작업을 한다.

(모발의 손상 정도에 따라 ④, ⑤, ⑥ 과정을 2회~3회 반복해준다.)

⑦ 높은 온도로 마지막 프레스 작업을 해주고 투명 매니큐어 또는 오징어 먹물을 발라 유연제 작업이 못 빠져나가게 해준다.

⑧ 약산성 샴푸와 팩으로 마무리해준다.

5장

위그테일러 부문

집필위원

김혜연 오수진 이연화 정희정 홍순옥

맞춤 가발을 제작할 때는 두상의 모류 방향을 확인하면서 섬세하게 모량을 조절을 하는 등 전문적이고 정교한 기술이 필요하고, 수제로 한 올 한 올 낫팅해야 하기 때문에 가발 디자이너가 직접 가발을 제작하기에는 시간이 많이 소요된다. 따라서 디자이너는 고객의 탈모 부위를 본(패턴)뜬 다음 상담 시 작성한 작업지시서와 함께 가발공장에 의뢰해 제품을 제작하고 있다. 하지만 각종 자연재해와 불안정한 국제 정세 속에서 유류세 인상과 항공, 선박 운항 횟수 축소 등으로 가발 유통이 어려워짐에 따라 맞춤 가발 제작 또는 가발 수선 등을 의뢰한 다음 고객이 기다리는 시간이 기존의 2배 이상 늘어나면서 원활한 서비스를 제공하기 위해 가발 디자이너의 역량 강화가 필요하게 되었다.

위그테일러 부문에서는 위그테일러 머신을 활용하여 불파트 피스 제작부터 전두 가발 제작, 가발증모까지 디자이너가 직접 고객에게 맞춤 가발을 빠르게 제작할 수 있는 기술을 이수한다. 지금부터 고객을 위한 단 하나의 명품 가발을 내 손으로 만들 수 있는 위그테일러에 대해 배워본다.

Ⅰ. 위그테일러 머신 구성 및 조립법

■ 위그테일러 머신 키트 구성

위그테일러 머신 키트를 받으면 위 사진과 같이 위그테일러 머신 본체, 바늘꽂이,
충전기, 전지, 수정바늘 등이 들어 있다. 각 구성품을 상세히 보면 다음과 같다.

▣ 위그테일러 본체

▣ 바늘꽂이

위그테일러 바늘은 최소 1개 ~ 최대 6개 바늘을 부착하여 사용할 수 있다. 바늘꽂이 양옆에는 작은 PU패드가 있으며 바늘 움직임에 따라 머신을 많이 사용하게 되면 패드가 닳는다. 만약 패드가 소모된다면 샤스킨 두 겹을 필요한 크기만큼 잘라서 대처할 수 있다. 바늘꽂이는 글자와 숫자가 새겨져 있는 면과 인쇄가 없는 면이 있는데, 위그테일러 본체에 바늘을 장착할 때는 글자가 있는 면과 없는 면을 보고 정확한 바늘 장착 위치를 잡을 수 있다.

▣ 충전기

▣ 전지

위그테일러 머신 세트에는 본체에 한 개, 여분의 전지 한 개가 키트에 동봉되어 있다.

▣ 위그테일러용 바늘

위그테일러용 바늘은 모발을 위에서 아래로 밀어 넣어 심는 용도의 바늘이다. 모발을 심을 때 바늘의 호수와 바늘 장착 개수에 따라 모량 조절이 가능하다.

■ 위그테일러 머신 조립 방법
1) 바늘꽂이에 바늘 꽂기

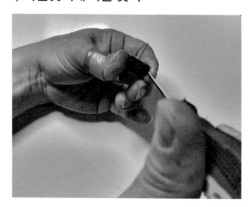

바늘꽂이는 양쪽에 두 개의 나사가 두 판을 고정하는 형태로 되어 있다. 바늘을 장착하는 방법은 다음과 같다.

① 일자 드라이버나 육각 드라이버로 나사를 느슨하게 푼 다음 증모할 모량과 헤어 스타일에 맞춰 적당한 바늘을 꽂아준다.

② 바늘이 잘 고정되었는지 확인한 후 일자 드라이버나 육각 드라이버로 나사를 단단히 조여준다.

　이때, 바늘을 심는 홈 부위가 옆으로 돌아가게 되면 위그테일러 머신을 작동해도 모발이 심어지지 않기 때문에 바늘이 정확하게 장착될 수 있도록 해야 한다.

2) 위그테일러 본체에 바늘꽂이 부착

① 바늘꽂이를 위그테일러 본체 상단에 부착한다.

② 바늘꽂이와 본체 상단 홈이 맞도록 끼운 후 본체 안쪽 끝까지 밀어 넣는다.

③ 바늘꽂이가 머신에 제대로 장착되었는지 확인한다. 오른쪽 사진처럼 글자가 없는 면이 위그테일러 머신의 붉은색 손잡이 부위와 동일한 선상에 있다면 장착이 잘된 것이다.

※ 기계 디자인 색상과 기계 상태에 따라 약간의 차이가 있을 수 있다.

3) 바늘꽂이 측면 고정

머신 상단 우측 바늘꽂이 보호대에 나 있는 구멍에 일자 드라이버나 육각 드라이버로 바늘꽂이 측면 나사를 꽉 조여준다.

이 단계까지 마무리했다면 위그테일러 머신이 준비 완료된다.
바늘꽂이를 머신에 장착할 때 힘 조절에 유의해야 한다. 만약 너무 힘을 줘서 나사를 조이게 되면 바늘꽂이 고정부에 휨 현상이 발생할 수 있고, 바늘꽂이를 머신에 장착할 때 측면 나사를 충분히 조이지 않으면 머신을 작동해 작업을 하다가 바늘꽂이 헤드가 튕겨 나가서 기계가 망가질 수 있으니 바늘꽂이를 머신에 장착할 때는 적당한 힘으로 제대로 고정되도록 한다.

■ 위그테일러 전지 충전

만약 위그테일러 머신을 사용하다가 전지 충전이 필요하게 되면 본체 하단에 있는
전지를 힘을 줘 빼낸 다음 전지 충전기에 꽂아 충전 후 사용한다.

1. 가발 제작 전 준비

1) 베이스틀 제작

가발을 제작하기 위해 사용하는 베이스틀은 판형과 반구형이 있다.

(1) 판형

압축 스티로폼을 가로 30cm, 세로 30cm 정사각형으로 잘라 준비한다.

(2) 반구형
〈반구형 베이스틀 제작 순서〉

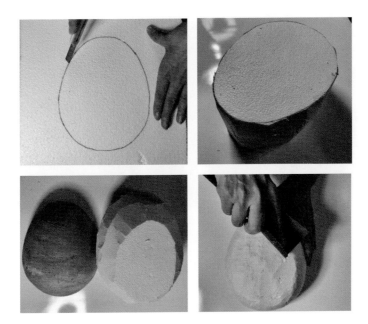

① 30cm로 자른 정사각형 압축 스티로폼을 준비한다.

② 스티로폼 위에 원하는 크기의 반구 몰드를 올린다.

③ 네임펜을 사용하여 반구의 크기만큼 둘레를 그려준다.

④ 커터칼로 미리 그린 선을 따라 원기둥 모양으로 잘라준다.

⑤ 커터칼로 압축 스티로폼 측면의 각진 부분을 깎아서 원하는 반구형 몰드와 모양
　 이 비슷해지도록 조각해준다.

⑥ 일정 부분 커터칼로 반구를 조각했다면 사포를 사용하여 표면을 둥글고 매끄럽
　 게 만들어준다.

2) 모발 준비

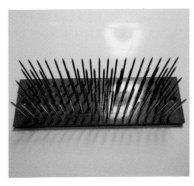 

위그테일러 전 정모 작업을 해서 모발을 준비해준다.

하클을 사용하기 때문에 하클 작업이라고도 하며, 가발 제작 전 모발의 길이를 일정하게 만들고, 상이한 색상의 모발들을 자연스럽게 섞어주면서 머릿결을 정리하는 작업이다.

① 가발에 식모할 모발과 하클을 준비한다. 만약 여러 가지 색깔의 모발을 섞어야 한다면 원하는 색상의 모발을 각각 준비한다.

② 한 가지 모발 또는 색상이 다른 모발들을 한 번에 잡은 다음 하클 사이사이에 모발이 들어갈 수 있도록 넓게 펼치면서 아래로 빼낸다. 이 작업을 10회에서 15회 반복한다.

③ 위아래가 균일해질 수 있도록 한쪽을 먼저 한 다음 반대쪽도 같은 방법으로 작업한다.

Tip

모발의 길이를 조절하고자 할 때는 한쪽 손으로 전체 모발 모량 길이가 긴 쪽 다발을 잡고 나머지 다른 쪽 길이감이 있는 모발을 다른 쪽 손가락으로 뽑아내어 왼쪽 모 다발 쪽에 합쳐서 길이감이 같아지게끔 반복 조절한다.

2. 위그테일러 머신 모량 조절법

1) 바늘 개수로 모량 조절하는 방법

■ 바늘 1개 사용

바늘꽂이에 바늘 하나를 부착하는 방법으로 테두리 증모나 이마라인 증모 등 정교
한 작업을 하거나, 한 줄씩 모량을 채우고자 할 때는 바늘 하나를 사용해 작업한다.
바늘 1개를 사용하면, 한 번에 한 줄의 모량을 심을 수 있다.

■ 바늘 2개 사용

바늘꽂이에 바늘 2개를 부착하는 방법으로 한 번에 두 줄의 모량을 심을 수 있다.
이때 바늘꽂이 구멍 간격은 한 칸씩 뛰어넘어서 바늘을 고정하면 바늘 간격만큼 넓
게 심을 수 있고, 바늘구멍 간격을 붙여서 바늘꽂이를 고정하면 촘촘하게 모량을
심을 수 있다.

■ 바늘 3개 사용

 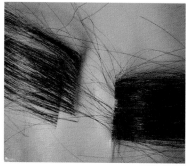

바늘꽂이에 바늘 3개를 부착하는 방법으로 한 번에 세 줄의 모량을 심을 수 있다.

■ 바늘 4개 사용

바늘꽂이에 바늘 4개를 부착하는 방법으로 한 번에 네 줄의 모량을 심을 수 있다.

■ 바늘 5개 사용

바늘꽂이에 바늘 5개를 부착하는 방법으로 한 번에 다섯 줄의 모량을 심을 수 있다.

■ 바늘 6개 사용

바늘꽂이에 바늘 6개를 부착하는 방법으로 한 번에 여섯 줄의 모량을 심을 수 있다.

2) 바늘 간격으로 모량 조절하는 방법

■ 바늘 2개 사용

듬성듬성 모발을 심길 원할 때는 바늘꽂이 구멍을 일정한 간격을 띄우고 바늘 2개를 고정한다.

■ 바늘 3개 사용

듬성듬성 모발을 심길 원할 때, 바늘꽂이 구멍을 일정한 간격을 띄우고 바늘 3개를 고정해서 사용할 수 있다.

3) 힘 조절로 모량 조절하는 방법

모량 조절은 바늘꽂이에 꽂힌 바늘의 수나 간격 조정 외에도 제작자의 손힘과 머신 속도를 적절하게 이용해서 모량을 조절할 수 있다. 위그테일러 머신으로 모발을 심을 때 제작자 손에 힘을 많이 주게 되면 모발을 심는 간격이 줄어들어 풍성한 모량을 만들 수 있고, 같은 원리로 모발을 심을 때 압축 플라스틱을 가로지르는 속도가 빠를 경우 심는 모발의 간격이 넓어져 모량을 적게 심을 수 있다. 단, 머신을 사용할 때 손에 힘을 너무 많이 주면 압축 스티로폼에 손상이 생겨서 재사용하기 어렵기 때문에 주의해야 한다.

4) 드로잉매트로 모량 조절하는 방법

하클 작업을 해서 일정한 길이로 정리한 모발을 드로잉매트에 고정하면 화살표 방향으로 모발을 빼내는 작업에 용이하다. 이때 드로잉매트에 모발을 많이 고정하면 심는 모발의 수가 많아지고, 같은 원리로 드로잉매트에 고정된 모발이 적으면 심는 모발의 수가 적어진다.

모발 길이 사용에 따라 완성 모발 길이감을 정하기 위해 모발을 꺾어 심기 작업할 때 참고해서 작업한다.

5) 내피 부위별 모량 조절 방법

■ 프런트 (노란색)

가발의 프런트 부분은 모발의 밀도를 '보통 촘촘히'로 하는 것이 일반적이다. 바늘꽂이에 일정 간격을 띄워 두세 개 바늘을 부착하면 적당하다.

■ **가르마** (분홍색)

가발 가르마 부분은 가장 눈에 띄는 부위이기 때문에 모발의 밀도를 '촘촘히'하는 것이 일반적이다. 바늘꽂이에 바늘 간격을 띄우지 않고 두세 개 바늘을 부착하여 모발을 증모한다.

■ **내피** (파란색)

가발 내피 부분은 모발의 밀도를 '보통'으로 한다. 바늘꽂이에 일정 간격을 띄워 두 세 개 바늘을 부착하여 사용하는 것을 권장한다.

3. 경화제 비율

위그테일러를 제작할 때 사용하는 경화제 비율에 따라 모발의 유실 정도가 달라진다.

1) 우레탄 본드량 대비 경화제 비율 10%

완성된 불파트 피스를 빗질하고 있다　　　　　　빗질 후 피스와 유실된 모발

① 모발용 우레탄 본드 10g에 경화제 한 방울을 넣어 도포한 뒤 열처리하여 부착시 킨다.
② 작업이 완료된 상태에서 빗질하여 유실되는 모량을 확인한다.

2) 우레탄 본드량 대비 경화제 비율 20%

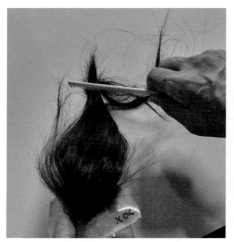

완성된 불파트 피스를 빗질하고 있다

빗질 후 피스와 유실된 모발

① 모발용 우레탄 본드 20g에 경화제 한 방울을 넣어 도포한 뒤 열처리하여 부착시킨다.

② 작업이 완료된 상태에서 빗질하여 유실되는 모량을 확인한다.

3) 우레탄 본드량 대비 경화제 비율 30%

완성된 불파트 피스를 빗질하고 있다

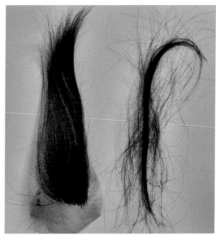

빗질 후 피스와 유실된 모발

① 모발용 우레탄 본드 30g에 경화제 한 방울을 넣어 도포한 뒤 열처리하여 부착시킨다.
② 작업이 완료된 상태에서 빗질하여 유실되는 모량을 확인한다.

4) 경화제 함량에 따른 모발 안정화 실험 결과

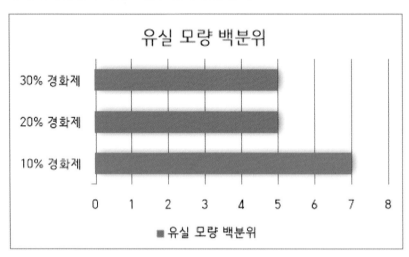

경화제 함량에 따라 유실되는 모량은 피스 전체 모량의 5%~7% 정도로 경화제 함량과 상관없이 모발의 유실량은 비슷했다. 다만, 모발 유실 시 경화제를 10% 조제했된 피스는 다발로 모발이 빠졌고 상대적으로 30% 경화제로 조제된 우레탄 본드로 부착한 피스는 산발적으로 모발이 유실되었다. 또한 경화제 혼합 비율이 높을수록 내피가 단단해지는데 25%~30% 혼합 시 사용에 가장 안정적으로 적합했다. (우레탄 본드 A : 경화제 B = 4:1)

Ⅲ. 위그테일러 머신을 활용한 가발 제작

1. 불파트 피스 제작

불파트 피스를 제작할 때는 베이스로 판형을 사용하느냐, 반구형을 사용하느냐에 따라 작업내용은 같지만 작업 형태가 조금 다르므로 이해를 돕기 위해서 작업 순서별 각 사진을 첨부한다.

① 샤스킨(PU) 작업

좌) 판형 샤스킨(PU) 작업 / 우) 반구형 샤스킨(PU) 작업

압축 스티로폼 표면을 랩으로 감싸고 샤스킨 혹은 폴리우레탄(이하 PU)을 원하는 크기로 잘라 투명테이프나 스테이플러로 단단히 고정한다. 이때 샤스킨이나 PU가 제대로 펴 있지 않은 상태에서 작업하면 원하는 대로 피스를 제작하기 힘들기 때문에 주의해야 한다.

불파트 피스를 만들 때는 샤스킨이 얇아서 착용 시 자연스럽고 착용감이 편안하므로 샤스킨을 사용하는 것이 가장 적합하다. 샤스킨의 가장 얇은 제품은 두께가 0.04mm 정도이며, 모발용 우레탄 본드 작업을 한 다음에는 두께가 0.06mm 정도로 두꺼워진다. 비슷한 두께의 나노스킨도 있지만 나노스킨은 내구성이 약해서 찢어질 우려가 있어서 샤스킨 또는 PU를 주로 사용한다. PU는 샤스킨보다는 두께가 두꺼워서 자연스러운 표현이 상대적으로 어려우니 참고한다.

② 피스 본뜨기

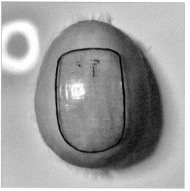

제작하고자 하는 피스의 크기와 모양을 디자인하여 판형 압축 스티로폼 위에 그린다. 판형의 경우 본뜨기를 생략해도 무방하다.

③ 본 그리기

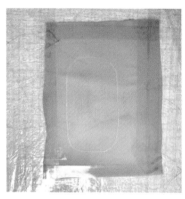

원하는 피스의 크기와 모양에 맞게 디자인한 본을 샤스킨 혹은 PU 고정이 된 압축 스티로폼 위에 올린 다음 마카 혹은 스틱 초크를 사용해 그려준다. 이 본이 피스의 전체적인 틀이 된다.

④ 종이테이프 작업

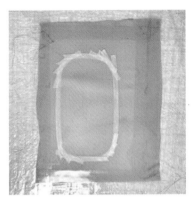 

본을 따라 그린 종이테이프로 테두리를 둘러준다. 종이테이프는 모발을 심을 때 기준점이 된다. 위그테일러 머신으로 모발을 증모할 때 종이테이프 안쪽에만 모발을 심을 수 있도록 유의한다.

⑤ 모발 식모

 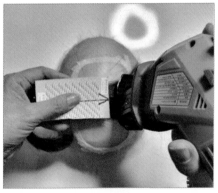

드로잉매트에 증모가발용 모발을 넣어 식모할 준비를 한 다음 드로잉매트에서 모발을 10cm~15cm 빼낸 후 위그테일러 머신과 모발이 90° 각도가 되도록 조정하면서 모발을 심는다. 이때, 종이테이프 바깥으로 모발이 빠져나가지 않도록 유의한다.

모발을 심는 과정은 다음과 같다.

판형 식모 사진

모발을 중간 정도 심었을 때

모발을 모두 심었을 때

반구형 식모 사진

모발을 중간 정도 심었을 때

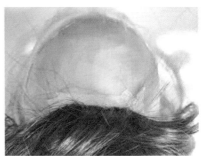

모발을 모두 심었을 때)

⑥ 내피 안쪽 모발 정리

바리캉 정리 작업 중

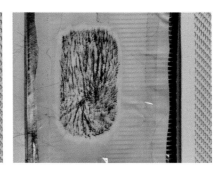

바리캉 정리 후 내피 모습

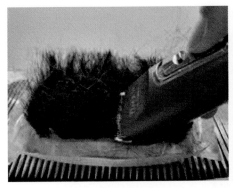
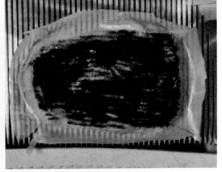

바리캉 정리 작업 중   바리캉 정리 후 내피 모습

긴 모발이 동 빗살 아래를 향하게 한 후 빗살 사이사이에 모발을 끼워 고정한 다음
내피 안쪽으로 나온 모발을 0.2cm~0.3cm 남기고 이발기로 일정하게 정리한다.

⑦ 모발 꺾기 작업

정리한 모발 위에 기름종이를 대고 달궈진 다리미나 인두 등으로 모발을 꺾어준다.
이는 우레탄 본드 작업 시 모발 유실을 최소화하기 위한 사전 작업이다.

⑧ 1차 우레탄 본드 작업

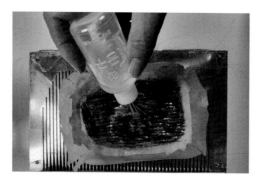

인모용 우레탄 본드 A와 경화제 B를 준비해 인모용 우레탄 100㎖에 경화제 한 방울을 넣어 섞어준다.

그다음 ⑦의 내피 위에 인모용 우레탄 본드를 납작붓이나 헤라를 사용하여 골고루 펴 발라준다. 이때 경화제를 많이 섞으면 우레탄 본드가 딱딱해질 수 있으니 유의한다.

⑨ 1차 열처리

원적외선 온도를 50°~60°로 맞춘 다음 우레탄 본드 작업이 된 피스를 1시간 정도 열처리한다. 이때 우레탄 본드 혼합 비율에 따라 열처리 시간이 달라질 수 있다.

⑩ 1차 내피 압축 작업

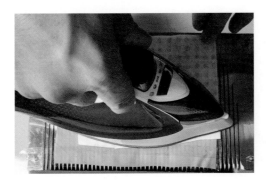

열처리가 완료된 피스를 동 빗살에 고정한 뒤 기름종이를 내피 위에 올리고 다리미로 내피 모발을 펴준다. 이때 다리미 온도는 너무 높지 않게 적당한 온도를 설정한다. 만약 온도를 너무 높게 해서 압축 작업을 하면 우레탄 본드가 다시 녹아서 액화될 수 있다. 액화된 우레탄 본드는 이후 작업에 방해가 되므로 유의해야 한다.

⑪ 2차 압축 작업

내피 안쪽을 버터나이프나 숟가락으로 지그시 눌러 모발이 내피 표면에 잘 안착하도록 도와준다. 이때 버터나이프와 숟가락에 모발이 붙어 빠져나오지 않도록 유의한다.

⑫ 2차 우레탄 본드 작업

1차 우레탄 본드 작업과 같이 인모용 우레탄 본드와 경화제를 준비한 후 인모용 우
레탄 본드A 100㎖에 경화제 B 한 방울을 넣어 0.2cm~0.3cm를 남기고 모발 꺾기
작업으로 정리한 내피 위에 인모용 우레탄 본드를 납작붓이나 헤라를 사용하여 골
고루 펴 발라준다. 이때 경화제를 많이 섞으면 우레탄 본드가 딱딱해질 수 있으니
유의한다.

⑬ 2차 열처리

원적외선 온도를 50°~60°로 맞춘 다음 우레탄 본드 작업이 된 피스를 한 시간 정
도 열처리한다. 이때 열 기계 또는 우레탄 본드 혼합 비율에 따라 열처리 시간이 달
라질 수 있다.

⑭ 3차 마무리 압축 작업

내피 안쪽을 버터나이프나 숟가락으로 지그시 눌러 모발이 내피 표면에 잘 안착하도록 도와준다. 이때 버터나이프와 숟가락에 모발이 붙어 빠져나오지 않도록 유의한다.

⑮ 스타킹 망 작업

가발 제작용 스타킹 망을 피스 크기에 맞게 자른 뒤 재봉틀로 피스 테두리 선을 따라 박음질 처리해준다.

⑯ 초음파 작업

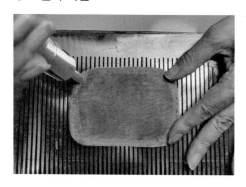

스타킹 망 작업이 끝난 피스 위에 R900 망 혹은 벌집 화인모노망을 피스 크기에 맞게 자른 뒤 초음파 기계로 피스 테두리를 따라 작업해준다. 초음파 작업을 할 때는 망에 얼룩이 생기지 않도록 보조 실크망을 덧대어주는 것이 좋다. 초음파 작업을 할 때 한 곳에 너무 오랫동안 초음파 기계를 대고 있으면 얼룩이 질 수 있으니 주의한다.

초음파 작업이 끝나면 내부 재료들이 서로 잘 고정되어 불파트 피스가 된다.

완성된 불파트 피스 사진

2. 불파트와 머신줄 응용

① 샤스킨(PU) 작업

압축 스티로폼 표면을 랩으로 감싸고 샤스킨 혹은 폴리우레탄(이하 PU)을 원하는 크기로 잘라 투명테이프나 스테이플러로 단단히 고정한다.

② 피스 본뜨기

제작하고자 하는 피스의 크기와 모양을 디자인하여 판형 압축 스티로폼 위에 그린다. 판형의 경우 본뜨기를 생략해도 무방하다.

③ 본 그리기

원하는 피스의 크기와 모양에 맞게 디자인한 본을 샤스킨 혹은 PU 고정이 된 압축 스티로폼 위에 올린 다음 마카 혹은 스틱 초크를 사용해 그려준다. 이 본이 피스의 전체적인 틀이 된다.

④ 종이테이프 작업

본을 따라 그린 종이테이프로 테두리를 둘러준다. 종이테이프는 모발을 심을 때 기준점이 된다. 위그테일러 머신으로 모발을 증모할 때 종이테이프 안쪽에만 모발을 심을 수 있도록 유의한다.

⑤ 식모 작업

원하는 모량만큼 바늘을 장착한 위그테일러 머신을 본의 중심점에서 시계 방향으로 반구를 그리며 가마를 표현한다.

⑥ 내피 안쪽 모발 정리

긴 모발이 동빗살 아래를 향하게 한 후 빗살 사이사이에 모발을 끼워 고정한 후 내피 안쪽으로 나온 모발을 0.2cm~0.3cm 정도 남기고 바리캉으로 일정하게 정리한다.

⑦ 모발 꺾기 작업

정리한 모발 위에 기름종이를 대고 달궈진 다리미나 인두 등으로 모발을 꺾어준다. 이는 우레탄 본드 작업 시 모발 유실을 최소화하기 위한 사전 작업이다.

⑧ 1차 우레탄 본드 작업

인모용 우레탄 본드 A와 경화제 B를 준비한 다음 인모용 우레탄 100㎖에 경화제 한 방울을 넣어 0.3cm를 남기고 모발 꺾기 작업이 끝난 내피 위에 '인모용 우레탄 본드'를 납작붓이나 헤라를 사용하여 골고루 펴 발라준다. 이때 경화제를 많이 섞으면 우레탄 본드가 딱딱해질 수 있으니 유의한다.

⑨ 1차 열처리

원적외선 온도를 50°~60°로 맞춘 다음 우레탄 본드 작업이 된 피스를 한 시간 열처리한다. 이때 우레탄 본드 혼합 비율에 따라 열처리 시간이 달라질 수 있다.

⑩ 1차 내피 압축 작업

열처리가 완료된 피스를 동 빗살에 고정한 뒤 기름종이를 내피 위에 올리고 다리미로 내피 모발을 펴준다. 이때 다리미 온도는 너무 높지 않게 적당한 온도를 설정한다. 만약 온도를 너무 높게 해서 압축 작업을 하면 우레탄 본드가 다시 녹아 액화될 가능성이 있는데, 액화된 우레탄 본드는 이후 작업에 방해가 된다.

⑪ 2차 압축 작업

내피 안쪽을 버터나이프나 숟가락으로 지그시 눌러 모발이 내피 표면에 잘 안착하도록 도와준다. 이때 버터나이프와 숟가락에 모발이 붙어 빠져나오지 않도록 유의한다.

⑫ 2차 우레탄 본드 작업

1차 우레탄 본드 작업과 같이 인모용 우레탄 본드와 경화제를 준비한 후 인모용 우레탄 본드 A 100mL에 경화제 B 한 방울을 넣어 0.2cm~0.3cm를 남기고 모발 꺾기 작업으로 정리한 내피 위에 인모용 우레탄 본드를 납작붓이나 헤라를 사용하여 골고루 펴 발라준다. 이때 경화제를 많이 섞으면 우레탄 본드가 딱딱해질 수 있으니 유의한다.

⑬ 2차 열처리

원적외선 온도를 50°~60°로 맞춘 다음 우레탄 본드 작업이 된 피스를 한 시간 정도 열처리한다. 이때 열 기계 또는 우레탄 본드 혼합 비율에 따라 열처리 시간이 달라질 수 있다.

⑭ 3차 마무리 압축 작업

내피 안쪽을 버터나이프나 숟가락으로 지그시 눌러 모발이 내피 표면에 잘 안착하도록 도와준다. 이때 버터나이프와 숟가락에 모발이 붙어 빠져나오지 않도록 유의한다.

⑮ 스타킹 망 작업

가발 제작용 스타킹 망을 피스 크기에 맞게 자른 뒤 재봉틀로 피스 테두리 선을 따라 박음질 처리해준다.

⑯ 초음파 작업

스타킹 망 작업이 끝난 피스 위에 R900 망 혹은 벌집 화인모노망을 피스 크기에 맞게 자른 뒤 초음파 기계로 피스 테두리를 따라 작업해준다. 초음파 작업을 할 때는 망에 얼룩이 생기지 않도록 보조 실크망을 덧대어주는 것이 좋다. 초음파 작업을 할 때 한 곳에 너무 오랫동안 초음파 기계를 대고 있으면 얼룩이 질 수 있으니 주의한다.

⑰ 구슬핀 작업

미리 준비한 민두 마네킹에 원하는 크기와 모양으로 구슬핀을 꽂은 후 구슬핀을
연결하듯 머신줄을 이어 연결한다.

⑱ 머신줄 작업 및 사슬뜨기

구슬핀과 머신줄로 만들어진 형태를 사슬뜨기 방법으로 연결한다.

⑲ 완성된 제품이 본과 같은지, 모발이 골고루 잘 심어졌는지 확인한다.

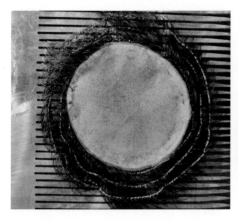

머신줄을 활용한 수제 피스 완성 사진

3. 불파트 가발 고정구 부착

1) 클립 고정식

클립 고정식은 간편하게 상황에 따라 안정감 있게 탈부착하고자 하는 고객이 선호한다.
클립 고정식 작업 순서는 다음과 같다.

① 바늘과 퀼트실, 그리고 망 클립을 준비한다.
② 바늘에 퀼트실을 엮어 망 클립 가장자리 네 군데를 불파트 가발에 부착시켜준다.

2) 벨크로 고정식

벨크로 고정식은 두피가 예민하여 클립 고정식이 부적합한 고객에게 좋은 공법이다. 특히 머릿결이 가늘고 숱이 많이 적은 고객에게 적합하며, 머리숱이 많거나 모발이 두꺼운 고객에게 고정하면 고객 모가 따로 놀 수 있으니 주의해야 한다.

벨크로 고정식 작업 순서는 다음과 같다.

 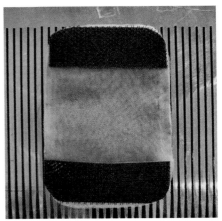

① 벨크로 테이프와 재봉틀을 준비한다.

② 벨크로 가장자리를 재봉틀로 박음질 처리한다.

3) 테이프 고정식

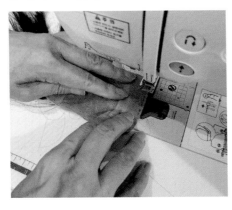 

① 나노스킨, 초음파 그리고 재봉틀을 준비한다.

② 불파트 모양에 맞춰 나노스킨을 자른다.

③ 자른 나노스킨을 불파트 위에 올린 뒤 초음파로 1차 고정한다.

④ 초음파로 부착한 불파트 피스는 재봉틀을 사용하여 불파트 가장자리를 박음질한다.

⑤ 연질을 얇게 발라 코팅처리한다.

⑥ 불파트에 나노스킨이 단단히 고정될 수 있도록 원적외선 온도를 50℃~60℃로 맞춘 다음 두 시간 정도 열처리한다.

4) 링/스킬 고정식

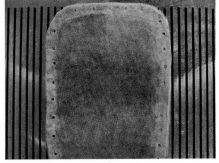

① 펀칭기, 펀칭 시 사용할 매트를 준비한다.

② 불파트 피스의 내피를 위로 향하게 한 후 펀칭 매트를 아래 두고, 펀칭기를 매트와 90° 각도로 놓고 있는 힘껏 눌러줘 타공한다.

Ⅳ. 위그테일러 머신을 활용한 가발 수선

■ 가발증모 서비스

고객이 기존에 사용 중인 가발의 모발이 많이 빠져서 증모가 필요한 경우, 수제 낫팅 대신 위그테일러 머신을 활용해서 빠르게 수선할 수 있다.

위그테일러 머신을 활용한 증모 방법은 다음과 같다.

① 압축 스티로폼을 가로 30cm, 세로 30cm 정사각형 모양으로 잘라준다.

② 수선할 피스를 준비한다. 이때, 피스에 클립이 있다면 클립을 미리 제거한다.

③ 준비한 압축 스티로폼 위에 클립을 제거한 피스를 올린 다음 모발을 사방으로 곧게 빗질해 펴준 후 종이테이프를 사방에 부착한다. 그리고 종이테이프 위에 압정핀으로 헤어피스가 움직이지 않게 스티로폼 몰드에 사방을 고정한다.

④ 불파트 2개~3개 중 내피 한 장을 제거한다.

⑤ 드로잉매트에 증모가발용 모발(산 처리모)을 넣어 모발 삽입을 준비한다.

⑥ 드로잉매트에서 모발을 약 15cm 빼내어 위그테일러와 모발이 90° 각도가 되
　도록 조정하여 숱 보강할 부위에 모발을 심는다.

⑦ 모발을 심은 후 종이테이프 위에 고정한 압정핀을 제거한다.

⑧ 피스에 모발이 잘 증모되었는지 내피 겉면을 확인한다.

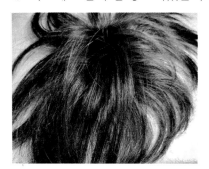
피스 전체에 모발 심기가 완료된 상태

⑨ 긴 모발이 동 빗살 아래를 향하게 한 뒤 빗살 사이사이에 모발을 끼워 고정한 다음 내피 안쪽으로 나온 모발을 0.2cm~0.3cm 남기고 바리캉으로 일정하게 정리한다.

내피 안쪽 모발을 바리캉으로 정리하는 모습

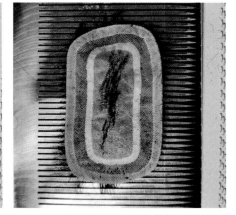
바리캉으로 정리한 내피)

⑩ 기름종이를 대고 달궈진 다리미나 인두 등으로 모발을 꺾어준다.

⑪ 1차 우레탄 본드 작업

인모용 우레탄 본드 A와 경화제 B를 준비한 다음 인모용 우레탄 100㎖에 경화
제 한 방울을 넣어 내피 위에 '인모용 우레탄 본드'를 납작붓 또는 헤라를 사용
하여 골고루 펴 발라준다. 이때 경화제를 많이 섞으면 우레탄 본드가 딱딱해질
수 있으니 유의한다.

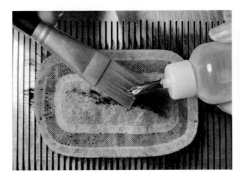 

⑫ 1차 열처리

원적외선 온도를 50°~60°로 맞춘 다음 우레탄 본드 작업이 된 피스를 한 시간
열처리한다. 이때 우레탄 본드 혼합 비율에 따라 열처리 시간이 달라질 수 있다.

⑬ 1차 내피 압축 작업

열처리가 완료된 피스를 동 빗살에 고정한 뒤 기름종이를 내피 위에 올리고 다리
미로 내피 모발을 펴준다. 이때 다리미 온도는 너무 높지 않게 적당한 온도를 설
정한다. 만약 온도를 너무 높게 해서 압축 작업을 하면 우레탄 본드가 다시 녹아

서 액화될 수 있다. 액화된 우레탄 본드는 이후 작업에 방해가 되기 때문에 유의
해야 한다.

⑭ 2차 압축 작업

내피 안쪽을 버터나이프나 숟가락으로 지그시 눌러 모발이 내피 표면에 잘 안착
하도록 도와준다. 이때 버터나이프와 숟가락에 모발이 붙어 빠져나오지 않도록
유의한다.

⑮ 2차 우레탄 본드 작업

1차 우레탄 본드 작업과 같이 인모용 우레탄 본드와 경화제를 준비한 후 인모용
우레탄 본드 A 100㎖에 경화제 B 한 방울을 넣어 0.2cm~0.3cm를 남기고 2차
압축 작업을 한 내피 위에 인모용 우레탄 본드를 납작붓이나 헤라를 사용하여
골고루 펴 발라준다. 이때 경화제를 많이 섞으면 우레탄 본드가 딱딱해질 수 있
으니 유의한다.

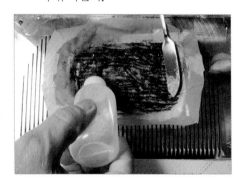

⑯ 2차 열처리

원적외선 온도를 50°~60°로 맞춘 다음 우레탄 본드 작업이 된 피스를 한 시간 정도 열처리한다. 이때 열 기계 또는 우레탄 본드 혼합 비율에 따라 열처리 시간이 달라질 수 있다.

⑰ 3차 마무리 압축작업

내피 안쪽을 버터나이프나 숟가락으로 지그시 눌러 모발이 내피 표면에 잘 안착하도록 도와준다. 이때 버터나이프와 숟가락에 모발이 붙어 빠져나오지 않도록 유의한다.

⑱ 스타킹 망 작업

가발 제작용 스타킹 망을 피스 크기에 맞게 자른 뒤 재봉틀로 피스 테두리 선을 따라 박음질 처리해준다.

⑲ 초음파 작업

스타킹 망 작업이 끝난 피스 위에 R900 망 혹은 벌집 화인모노망을 피스 크기
에 맞게 자른 뒤 초음파 기계로 피스 테두리를 따라 작업해준다. 초음파 작업을
할 때는 망에 얼룩이 생기지 않도록 보조 실크망을 덧대어주는 것이 좋다. 초음
파 작업을 할 때 한 곳에 너무 오랫동안 초음파 기계를 대고 있으면 얼룩이 질
수 있으니 주의한다.

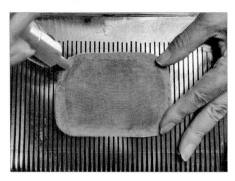

⑳ 증모 수선이 끝나면 내피 안쪽이 깔끔하게 마무리되었는지, 가발 겉면은 모
발이 풍성하고 골고루 증모가 잘 되었는지 확인한다.

불파트 가발 증모 수선이 완료된 모습. 좌 내피 안쪽 / 우 가발 바깥쪽

피스가모술 부문

집필위원

강문정 김춘희 박금란 이경희 정세주

삶의 질이 향상되고, 여성의 사회 진출이 증가하면서 외적인 아름다움이 중요시되자 가발(피스)에 관심이 점점 높아지고 있다. 특히 최근에는 단순한 단점 보완이 아닌 모발의 색상, 스타일 등의 변화를 꾀하는 패션 가발의 소비가 늘어나고 있다. 더욱이 출산, 다이어트 등으로 인해 탈모로 고민하는 여성이 급증하였으며, 대부분의 여성 탈모는 두정부 탈모를 호소하므로 부분 가발과 탑피스 등을 구매하는 경우가 많다.

또한 젊은 층의 탈모 인구 대다수가 탈모로 인한 좌절감, 수치심 등으로 인해 적극적인 사회 활동 참여에 어려움을 호소하면서 두피 관리와 탈모 관리에 대한 관심이 높아지고 있으며, 젊은 층도 탈모 부위를 쉽게 커버할 수 있는 부분 피스를 찾고 있다.

이제는 스스로를 위하여 패션의 마지막 2%를 채우고, 젊음을 찾기 위해서 헤어피스를 활용하는 시대가 왔다. 정수리 볼륨, 사이드 볼륨, 앞머리 뱅 스타일, 어느 곳에나 자연스러움을 연출할 수 있는 헤어피스가 대중화되면서 기성 제품보다 나에게 맞는 맞춤 헤어피스를 찾는 고객들이 늘어나고 있다.

여기에 발맞추어 우리 미용인들은 고객이 필요한 부분에만 쓸 수 있는 피스를 직접 제작할 수 있는 기술을 보유해야 한다.

피스가모술 부문에서는 다중모줄이나 머신줄을 이용하여 여러 가지 다양한 디자인의 피스를 직접 제작할 수 있는 기술을 배우게 된다. 피스가모술을 샵 매뉴얼로 적용하게 되면 고객 맞춤형 피스를 서비스할 수 있기 때문에 탈모 커버와 볼륨감을 동시에 해결하고, 젊음을 되찾아줄 수 있어서 고객 만족도가 매우 높다.

피스가모술은 디자인이 다양하며 부위별 원하는 부분만 커버할 수 있고, 머신줄을 사용해 제작하기 때문에 고정 시 헤어 볼륨감이 좋다. 또한 내피가 없어서 무게가 가볍고 착용감이 답답하지 않다. 고객 맞춤형으로 제작하기 때문에 희소가치가 있고, 간단하게 클립으로 고정할 수 있어서 초보자도 쉽게 착용할 수 있다는 점도 큰 장점이다. 피스가모술은 디자이너가 직접 피스를 제작하기 때문에 맞춤 제작 소요 시간이 짧고, 100% 프리미엄 인모를 사용하여 펌, 염색 등이 가능하므로 스타일이 자유롭다. 단, 피스의 특성상 클립식 고정법 때문에 견인성 탈모가 생길 수 있어 클립 위치를 한 번씩 바꿔주어야 하는 번거로움이 있다.

피스가모술의 이러한 특징을 잘 파악하고, 고객에게 적절한 상담 및 서비스를 제공해야 한다.

피스를 직접 제작하기 위해서는 다중모줄, 롱 다중모줄, 숏 머신줄, 롱 머신줄, 망 클립, 올망, 퀼트실, 스킬 바늘, 바늘 등이 필요하다.

특히 피스를 디자인할 때 사용하는 다중모줄과 머신줄의 특성을 잘 파악해야 한다. 다중모줄은 특수 낚싯줄로 제작되어 있어서 미지근한 물로 샴푸를 하면 줄이 오그라드는 성질이 있다. 따라서 착용 시 볼륨감이 뛰어나지만 관리 부주의 등으로 줄이 늘어날 수 있으니 주의가 필요하다. 머신줄은 미지근한 물로 샴푸를 해도 모양 변형이 되지 않고 줄이 늘어지거나 잘 변형되지 않는 특징이 있다.

피스를 고정할 때 사용하는 망클립은 일반 쇠클립의 단점을 보완해 개발한 KIMHO 특허제품으로 쇠클립에 망사를 둘러 제작하였으며, 밀착력이 좋아서 튼튼하게 잘 고정되며, 바람이 불어도 티 나지 않고, 두피에 쇠가 직접 닿지 않아서 두피에도 안전하다.

1. 피스 제작 기초

피스를 제작할 때는 줄의 흐름이 가장 중요하다. 고객 모류 방향과 모량을 고려하여 제작하여야 하고, 모든 줄은 'ㄹ'자 모양을 기본으로 틀을 잡아 나간다.

피스를 제작할 때는 주로 머신줄을 사용하는데, 머신줄의 특성상 자르게 되면 머리카락이 풀려서 나오게 된다. 따라서 올이 풀리지 않게 하려면 끝부분의 모발을 제거하고 줄 부분을 라이터로 지져서 피스를 디자인할 준비를 한다.

민두 마네킹에 본을 뜬 다음 구슬핀을 이용하여 틀을 잡아주고 머신줄을 그림과 같이 돌려준다.

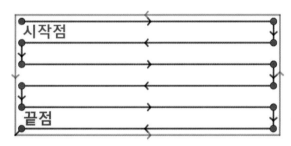

■ 6cm × 6단 피스 제작

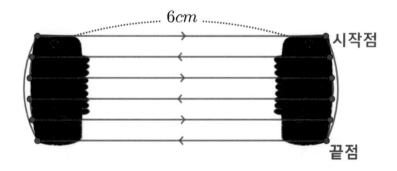

① 민두 마네킹에 망 클립 간격을 6cm를 두고 구슬핀으로 고정한다.

② 머신줄을 ㄹ자 모양으로 6줄 고정한다.

③ 한 줄씩 클립 부분을 퀼트실로 박음질해준다. (클립 안에서 바깥쪽으로)

④ 클립 안쪽에서 시작점 퀼트실을 바늘에 통과하여 걸어주고, 머신줄 밑으로 바

늘을 넣어 두 번 잡고 빼준다.

⑤ 바늘을 망 밑으로 한 땀 가서 다시 머신줄 밑으로 바늘 넣어 한 번 감고 빼준다.

⑥ 이 방법으로 끝까지 박음질해준다.

2. 맞춤 피스 디자인

지금부터는 두상 부위별 탈모 커버나 볼륨감이 필요할 때 맞춤형 피스를 직접 디자인하는 방법에 대해 배워본다.

1) 앞머리 피스

앞머리용 피스는 M 탈모로 고민 중인 남녀 모두 커버할 수 있는 피스이다. 탈모로 인해 모주기가 짧아져서 앞머리가 정상적으로 길어지지 않고 길이가 짧을 때, 앞머리를 만들고자 하는 고객들이 선호하는 피스이다. 기본 사이즈는 가로 11.5cm × 세로 5cm이고, 고객의 두상에 따라 피스 사이즈는 변경하여 제작한다.

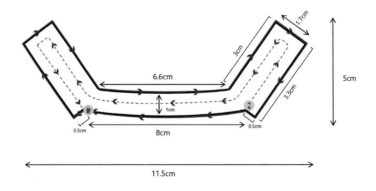

앞머리 피스 제작 순서는 다음과 같다.

① 고객의 두상에 맞게 본(패턴)을 제작한다.

② 본 위에 140D 망을 놓고 초크로 라인을 그린 후 시접분 0.5cm를 두고 가위로
　재단한다.

③ 시접 0.5cm를 안으로 접어 초음파 또는 인두로 시접분을 눌러 붙인다.

④ 시접분 테두리를 퀼트실을 이용해 바느질한다.

⑤ 시작점부터 끝점까지 패턴 라인에 따라 다중모 또는 머신줄을 구슬핀을 꽂아가
　며 모양을 잡아주고 바느질해준다.

⑥ 바늘에 퀼트실을 끼운 후 시작점에 바늘을 넣어 묶음처리를 한다.

⑦ 시작할 때는 바늘에 두 번 실을 감은 후 0.5cm 간격으로 한 번씩 감아서 이동
　한다.

⑧ 끝점에는 실을 두 번 감아 묶음 처리하여 마무리한다.

⑨ 뒤집어서 클립의 이빨이 아래로 향하게 달아준다.

⑩ 샴푸를 해서 모류 방향을 잡아준다.

2) 사이드 볼륨 피스

여성형 탈모는 정수리 부분뿐만 아니라 사이드까지 빠진 경우가 많은데, 이 때문에
양 옆머리 쪽의 볼륨감이 없어서 스타일이 잘 나지 않는다. 사이드 볼륨 피스는 이
러한 양쪽 사이드에 볼륨 커버를 위해 고안한 디자인으로 양쪽에 착용하기 때문에
두 개를 한 세트로 제작한다.

사이드 볼륨 피스의 기본 사이즈는 가로 6.6cm × 세로 2cm이고, 고객의 두상에
따라 피스 사이즈는 변경하여 제작할 수 있다.

| Before | After |

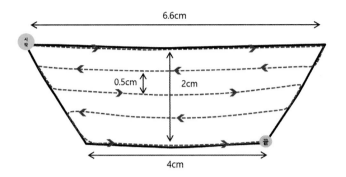

사이드 볼륨 피스 제작 순서는 다음과 같다.

① 고객의 두상에 맞게 본(패턴)을 제작한다.

② 본 위에 140D 망을 놓고 초크로 라인을 그린 후 시접분 0.5cm를 두고 가위로 재단한다.

③ 시접 0.5cm를 안으로 접어 초음파 또는 인두로 시접분을 눌러 붙인다.

④ 시접분 테두리를 퀼트실을 이용해 바느질한다.

⑤ 시작점부터 끝점까지 패턴 라인에 따라 다증모 또는 머신줄을 구슬핀을 꽂아가며 모양을 잡아주고 바느질해준다.

⑥ 바늘에 퀼트실을 끼운 후 시작점에 바늘을 넣어 묶음처리를 한다.

⑦ 시작할 때는 바늘에 두 번 실을 감은 후 0.5cm 간격으로 한 번씩 감아서 이동한다.

⑧ 끝점에는 실을 두 번 감아 묶음 처리하여 마무리한다.

⑨ 뒤집어서 클립의 이빨이 아래로 향하게 달아준다.

⑩ 샴푸를 해서 모류 방향을 잡아준다.

3) 뒤통수 볼륨 피스

뒤통수 볼륨 피스는 뒤통수의 볼륨감을 더 풍성하게 하고자 할 때 사용하고, 줄 사이사이로 모발을 빼내어 숱 보강과 볼륨감을 동시에 충족시킬 수 있다. 고객의 두상이 가마 밑 뒤통수가 함몰된 경우에도 유용하게 사용할 수 있다.

기본 사이즈는 가로 13cm × 세로 7cm이며, 고객의 두상에 따라 피스 사이즈는 변경하여 제작한다.

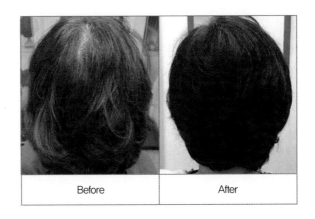

| Before | After |

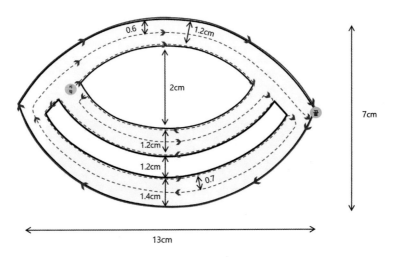

뒤통수 볼륨 피스 제작 순서는 다음과 같다.

① 고객의 두상에 맞게 본(패턴)을 제작한다.

② 본 위에 140D 망을 놓고 초크로 라인을 그린다.

③ 140D 망 1장을 덧댄다. (총 2장)

④ 140D 망 2장을 초음파 또는 인두로 눌러준 후 패턴을 따라 가위로 재단한다.

⑤ 140D 망 2장을 퀼트실을 이용해 전체 감침질한다.

⑥ 시작점부터 끝점까지 패턴 라인에 따라 다증모 또는 머신줄을 구슬핀을 꽂아가
  며 모양을 잡아주고 바느질해준다.

⑦ 바늘에 퀼트실을 끼운 후 시작점에 바늘을 넣어 묶음처리를 한다.

⑧ 시작할 때는 바늘에 두 번 실을 감은 후 0.5cm 간격으로 한 번씩 감아서 이동한다.

⑨ 끝점에는 실을 두 번 감아 묶음 처리하여 마무리한다.

⑩ 뒤집어서 클립의 이빨이 아래로 향하게 달아준다.

⑪ 샴푸를 해서 모류 방향을 잡아준다.

4) 탑 볼륨 피스

탑 볼륨 피스는 정수리 탈모를 커버하면서 동시에 탑 쪽 볼륨을 살리는 목적을 가진 피스이다. 모류 방향을 다이아몬드식으로 디자인했기 때문에 볼륨감을 극대화할 수 있는 장점이 있다.

기본 사이즈는 가로 10cm × 세로 10cm이며 고객의 두상에 따라 피스 사이즈는 변경하여 제작한다.

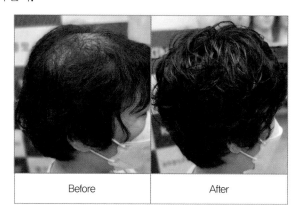

| Before | After |

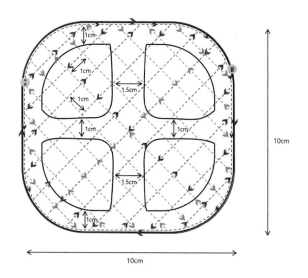

236

탑 볼륨 피스 제작 순서는 다음과 같다.

① 고객의 두상에 맞게 본(패턴)을 제작한다.

② 본 위에 140D 망을 놓고 초크로 라인을 그린다.

③ 140D 망 1장을 덧댄다. (총 2장)

④ 140D 망 2장을 초음파 또는 인두로 눌러준 후 패턴을 따라 가위로 재단한다.

⑤ 140D 망 2장을 퀼트실을 이용해 전체 감침질한다.

⑥ 시작점부터 끝점까지 패턴 라인에 따라 다중모 또는 머신줄을 구슬핀을 꽂아가
며 모양을 잡아주고 바느질해준다.

⑦ 바늘에 퀼트실을 끼운 후 시작점에 바늘을 넣어 묶음처리를 한다.

⑧ 시작할 때는 바늘에 두 번 실을 감은 후 0.5cm 간격으로 한 번씩 감아서 이동
한다.

⑨ 끝점에는 실을 두 번 감아 묶음 처리하여 마무리한다.

⑩ 줄과 줄이 교차되는 부분이 벌어지지 않게 퀼트실로 X자로 묶어준다.

⑪ 뒤집어서 클립의 이빨이 아래로 향하게 달아준다.

⑫ 샴푸를 해서 모류 방향을 잡아준다.

5) 중간 가르마 피스

중간 가르마 피스는 앞머리가 있지만 모발의 양이 적고, 중간 가르마 중심으로부터
가마까지 탈모가 진행된 부위를 커버할 수 있는 피스이다.

기본 사이즈는 가로 10cm × 세로 16.5cm이며, 고객의 두상에 따라 피스 사이즈
는 변경하여 제작한다.

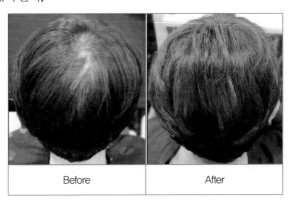

Before   After

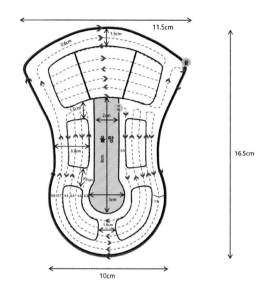

중간 가르마 피스 제작 순서는 다음과 같다.

① 고객의 두상에 맞게 본(패턴)을 제작한다.

② 본 위에 140D 망을 놓고 초크로 라인을 그린다.

③ 140D 망 1장을 덧댄다. (총 2장)

④ 140D 망 2장을 초음파 또는 인두로 눌러준 후 패턴을 따라 가위로 재단한다.

⑤ 140D 망 2장을 퀼트실을 이용해 전체 감침질한다.

⑥ 가르마 표현을 위해 올망 가발을 가르마 사이즈만큼 재단한다.

⑦ 올망을 140D 망 가르마 부분에 올려놓고 바느질한다.

⑧ 시작점부터 끝점까지 패턴 라인에 따라 다중모 또는 머신줄을 구슬핀을 꽂아가며 모양을 잡아주고 바느질해준다.

⑨ 바늘에 퀼트실을 끼운 후 시작점에 바늘을 넣어 묶음처리를 한다.

⑩ 시작할 때는 바늘에 두 번 실을 감은 후 0.5cm 간격으로 한 번씩 감아서 이동한다.

⑪ 끝점에는 실을 두 번 감아 묶음 처리하여 마무리한다.

⑫ 줄과 줄이 늘어지지 않고 모양이 변형되지 않게 단과단 매듭짓기(사슬뜨기)를 한다.

⑬ 뒤집어서 클립의 빗살면이 아래로 향하게 달아준다.

⑭ 샴푸를 해서 모류 방향을 잡아준다.

6) 가르마 피스

가르마 피스는 앞머리가 있고 가르마 주변으로 탈모가 진행 중인 경우, 앞머리를 살짝 내리거나 올릴 수 있게 제작한 피스이다.

기본 사이즈는 가로 11cm × 세로 13cm이며, 고객의 두상에 따라 피스 사이즈는 변경하여 제작한다.

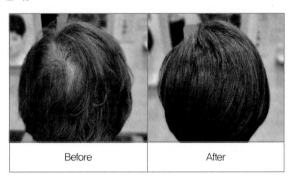

Before   After

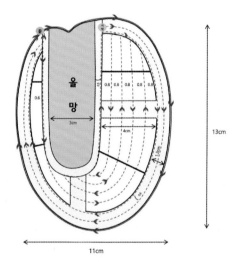

가르마 피스 제작 순서는 다음과 같다.

① 고객의 두상에 맞게 본(패턴)을 제작한다.

② 본 위에 140D 망을 놓고 초크로 라인을 그린 후 시접분 1.2cm를 두고 가위로 재단한다.

③ 시접 1.2cm를 안으로 접어 초음파 또는 인두로 시접분을 누른다.

④ 시접분 테두리를 퀼트실을 이용해 바느질한다.

⑤ 가르마 표현을 위해 올망 가발을 가르마 사이즈만큼 재단한다.

⑥ 올망을 140D 망 가르마 부분에 올려놓고 바느질한다.

⑦ 시작점부터 끝점까지 패턴 라인에 따라 다중모 또는 머신줄을 구슬핀을 꽂아가
  며 모양을 잡아주고 박음질해준다.

⑧ 바늘에 퀼트실을 끼운 후 시작점에 바늘을 넣어 묶음처리를 한다.

⑨ 시작할 때는 바늘에 두 번 실을 감은 후 0.5cm 간격으로 한 번씩 감아서 이동한다.

⑩ 끝점에는 실을 두 번 감아 묶음 처리하여 마무리한다.

⑪ 줄과 줄이 늘어지지 않고 모양 변형이 생기지 않게 단과단 매듭짓기(사슬뜨기)를
  하여 조인선을 만들어준다.

⑫ 뒤집어서 클립의 빗면이 아래로 향하게 달아준다.

⑬ 샴푸를 해서 모류 방향을 잡아준다.

7) 앞머리+뒤통수 볼륨 피스

앞머리+뒤통수 볼륨 피스는 앞머리에서 뒤통수까지 탈모가 진행된 부위에 사용하
는 피스로 뒤통수 볼륨까지 함께 커버하는 것이 목적이다.

기본 사이즈는 가로 13cm × 세로 17cm이며, 고객의 두상에 따라 피스 사이즈는
변경하여 제작한다.

| Before | After |

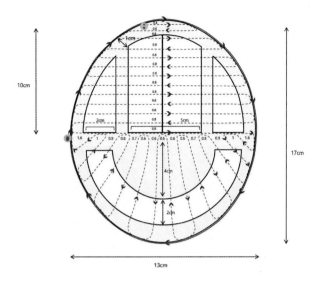

앞머리 + 뒤통수 볼륨 피스 제작 순서는 다음과 같다.

① 고객의 두상에 맞게 본(패턴)을 제작한다.

② 본 위에 140D 망을 놓고 초크로 라인을 그린다.

③ 140D 망 1장을 덧댄다. (총 2장)

④ 140D 망 2장을 초음파 또는 인두로 눌러준 후 패턴을 따라 가위로 재단한다.

⑤ 140D 망 2장을 퀼트실을 이용해 전체 감침질한다.

⑥ 시작점부터 끝점까지 패턴 라인에 따라 다중모 또는 머신줄을 구슬핀을 꽂아가
   며 모양을 잡아주고 바느질해준다.

⑦ 바늘에 퀼트실을 끼운 후 시작점에 바늘을 넣어 묶음처리를 한다.

⑧ 시작할 때는 바늘에 두 번 실을 감은 후 0.5cm 간격으로 한 번씩 감아서 이동한다.

⑨ 끝점에는 실을 두 번 감아 묶음 처리하여 마무리한다.

⑩ 줄과 줄이 늘어지지 않고 모양이 변형되지 않게 단과단 매듭짓기(사슬뜨기)를
   한다.

⑪ 뒤집어서 클립의 이빨이 아래로 향하게 달아준다.

⑫ 샴푸를 해서 모류 방향을 잡아준다.

8) 정수리 피스

정수리 피스는 앞머리부터 사이드, 뒤통수까지 탈모 부위가 넓게 확산된 경우, 탑 전체를 커버하는 것이 목적이다.

기본 사이즈는 가로 16cm × 세로 16cm이며, 고객의 두상에 따라 피스 사이즈는 변경하여 제작한다.

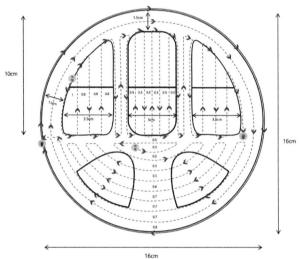

앞머리 + 사이드 + 뒤통수 볼륨 피스 제작 순서는 다음과 같다.

① 고객의 두상에 맞게 본(패턴)을 제작한다.

② 본 위에 140D 망을 놓고 초크로 라인을 그린다.

③ 140D 망 1장을 덧댄다. (총 2장)

④ 140D 망 2장을 초음파 또는 인두로 눌러준 후 패턴에 따라 가위로 재단한다.

⑤ 140D 망 2장을 퀼트실을 이용해 전체 감침질한다.

⑥ 시작점부터 끝점까지 패턴 라인에 따라 다증모 또는 머신줄을 구슬핀을 꽂아가
   며 모양을 잡아주고 바느질해준다.

⑦ 바늘에 퀼트실을 끼운 후 시작점에 바늘을 넣어 묶음처리를 한다.

⑧ 시작할 때는 바늘에 두 번 실을 감은 후 0.5cm 간격으로 한 번씩 감아서 이동한다.

⑨ 끝점에는 실을 두 번 감아 묶음 처리하여 마무리한다.

⑩ 줄과 줄이 늘어지지 않고 모양이 변형되지 않게 단과단 매듭짓기(사슬뜨기)를
   한다.

⑪ 뒤집어서 클립의 빗살면이 아래로 향하게 달아준다.

⑫ 샴푸를 해서 모류 방향을 잡아준다.

9) 피스가모술 활용

■ 뒤통수 흉터 커버 피스 디자인

탈모를 극복하기 위해 절개식 모발이식을 하는 경우, 피부 절개선을 따라 흉터가 생
기는데 이 절개한 부위에는 모발이 자라지 않기 때문에 당장 커버가 필요한 경우에
는 맞춤형 피스를 제작해서 착용하는 것이 좋다. 특히 정수리나 탑 부위에는 탈모
를 커버할 수 있는 다양한 증모제품이 있지만, 뒤통수나 네이프 부분은 커버 제품
이 많지 않으므로, 고객의 탈모 범위에 맞는 수제 피스를 제작해야 한다.

뒤통수 흉터 커버 피스는 기본 사이즈가 가로 15~16cm × 세로 8cm이고, 고객의
두상에 따라 피스 사이즈는 변경하여 제작한다.

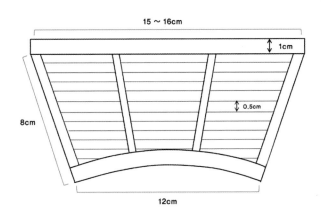

Ⅱ. 수선

1. 늘어난 피스줄 수선

피스의 줄이 늘어난 경우 퀼트실을 사용해 단과 단 사이를 사슬뜨기 방식으로 매듭지어 단단하게 고정해준다.

① 먼저 늘어진 멀티 피스를 민두 마네킹에 고정한다.

② 퀼트실을 한쪽은 짧게 하고, 한쪽은 길게 잡는다.

③ 피스줄 첫째 단에 스킬 바늘을 이용해서 한 번 사슬뜨기해주고 전체 빼낸 후 퀼트실 반을 갈라서 텐션을 준다.

④ 퀼트실의 짧은 줄은 자르고 긴 줄을 이용해서 7번 사슬뜨기 텐션을 주면서 첫줄부터 이어준다.

⑤ 7번 사슬뜨기를 한 후 매듭을 짓는다. (7번 사슬뜨기 길이는 0.5cm가 된다)

⑥ 2번째 칸부터 7번 사슬뜨기를 하면서 앞 방법과 같게 줄 사이사이에 매듭을 지면서 마지막 줄까지 마무리한다. 이때 마지막 줄은 3번 사슬뜨기 후 매듭을 짓고 마무리한다.

2. 끊어진 피스줄 수선

머신줄은 튼튼한 재질이긴 하지만 관리 부주의 등으로 피스줄이 끊어지는 경우가 있다. 이때에는 올이 더 이상 풀어지지 않도록 최대한 빨리 수선해주는 것이 좋다.

끊어진 머신줄을 수선하는 방법은 다음과 같다.

① 물을 충분히 뿌려서 양쪽으로 정확히 파트를 나눈다.

② 나눠 놓은 모발을 깨끗하게 고정한다.

③ 바느질은 안쪽에서 바깥쪽으로 한다.

④ 바늘을 실 중간에 끼워 넣어 묶음 처리한다.

⑤ 클립 망사 안쪽으로 바늘을 끼워 빼낸 후 바느질을 1회전 돌려 바늘과 실을 홀에 넣어 1회 매듭짓는다. (버튼홀스티치 기법)

⑥ 매듭점 4개를 반복 진행 후 끝부분에서 2회전 묶음 처리하고, 바깥쪽의 다증모 끝부분을 한 바퀴 돌려 감아 매듭을 마무리할 때 매듭 자국 없이 마무리한다.

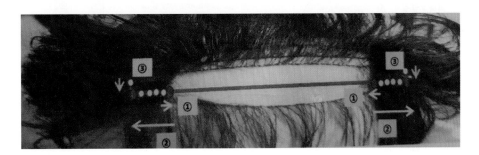

Ⅲ. 스타일링

1. 커트

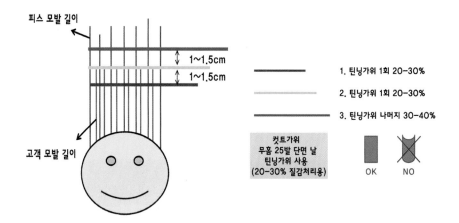

맞춤 증모피스를 커트할 때 가위는 무홈 틴닝가위를 사용한다. 피스를 커트하는 순서는 다음과 같다.

① 고객의 모발과 피스를 90° 각도로 들어서 고객의 모발보다 1cm~1.5cm 아래에서 커트를 한 번 해준다.

② 고객의 모발과 같은 길이에서 한 번 더 커트해준다.

③ 고객의 모발보다 1cm~1.5cm 길게 마지막 커트를 해준다.

  (고객의 모발보다 피스를 1cm~1.5cm 더 길게 자르는 이유는 고객의 모발이 자라기 때문이다)

2. 펌

피스의 모발이 산 처리 모발이기 때문에 펌했을 때 늘어지는 경향이 있다는 것을 염두에 두고, 증모피스를 펌할 때에는 고객 모를 펌할 때 사용하는 와인딩 롯드보다 두 단계 작은 크기의 롯드를 선택한다

또한 고객이 펌 스타일을 원하는 경우, 고객 모 펌 타임과 피스 펌 타임이 다르므로

고객 모와 제품을 따로 펌해야 한다.

피스를 펌하는 방법은 다음과 같다.

① 피스 모발에 전처리제를 도포한다. (열 펌 −PPT / 일반 펌 − LPP 사용한다)

② 뿌리에서 3cm 띄우고 멀티 펌제(1제)를 도포한다.

③ 원하는 롯드를 선정하여 와인딩한다. 와인딩 후 비닐캡을 씌운다.

④ 15분~20분 정도 자연 방치한다. 피스의 모발은 산 처리된 모발이기 때문에 작업 시간이 길어지지 않도록 유의한다.

⑤ 중간 린스 후 타월 드라이한다.

⑥ 과수 중화 5분 (2회)

⑦ 약산성 샴푸로 헹구고, 린스나 트리트먼트로 마무리한다.

3. 염색

산화제 농도별 사용하는 방법은 다음과 같다.

1.5%	손상이 심하고 탈색된 모발에 착색. 손상이 적고 착색력이 뛰어나며 명도가 어두워질 수 있고 톤 업이 안 된다.
3%	0.5~1 level 리프트 업 가능. 톤 인 톤(Tone in Tone), 톤 온 톤(Tone on Tone), 모발 색상이 #4 level 시 #4~5 level 색상 연출
6%	1~2 level 리프트 업 가능하고 모발 색상이 #4 level 시 #5~7 level 색상 연출
9%	3~4 level 리프트 업 가능하고 밝은 명도 표현에 사용한다. 모발 색상이 #4 level 시 #7~8 level 색상 연출
탈색	5~6 level 리프트 업 가능하고 선명한 명도 표현에 사용한다.

1) 산화제 비율별 사용 방법 (염모제 1제 : 산화제 2제)

− 1:1 염모제에 맞춰 농도별 레벨을 원할 시 사용

− 1:2 염모제로 1~2 level 리프트 업, 건강한 모발 탈색 시 사용

– 1:3 안정적 탈색 또는 모발의 기염 부분 잔류색소 제거 시 사용

– 1:4 탈염제를 이용하여 검정 염색 입자 제거 시 사용

2) 하이라이트

모발 손상 없이 하이라이트를 빼는 방법은 2가지가 있다.

- 블루 (1) + 화이트 파우더 (2) = 1 : 2 자연 방치(15분~20분)

    (큐티클이 열림, 멜라닌 색소 희석, 최대한의 하이라이트 작업)

- 블루 (1) + 화이트 파우더 (3) + 과수 20v(6%) 1 : 3 = 30㎖ : 90

    (과수를 3배 넣는 이유: 최대한 모발에 상처 주지 않고, 손상 최소화하면서 레벨 up)

3) 원색 멋 내기 컬러

중성 컬러 매니큐어 (원색의 원하는 컬러)

왁싱 매니큐어 산성 컬러 25분~30분

종합전문가 부문

집필위원

권현경 김미경 이종원 이혜경

증모술은 한 가닥 증모술부터 수만 가닥을 한번에 증모하는 가발까지 탈모 초기부터 후기까지 숱을 보강하는 모든 기술을 의미한다. 종합전문가 부문에서는 증모 전반의 모든 기술에 대한 기초 교육을 시행한다.

먼저 전반적인 증모 기술을 증모술, 피스술, 가발술로 분류하고, 각각의 특징을 간단하게 정리하면 다음과 같다.

■ KIMHO 증모술: 스킬매듭법을 활용한 숱 보강 완전 정복

나노증모술

고객 모발 1 : 가모 1가닥~2가닥 매듭 (탈모 10%~90%까지 진행되었을 때 커버할 수 있다)

원터치 증모술

고객 모발 1 : 가모 1가닥~2가닥 매듭 (탈모 10%~90%까지 진행되었을 때 커버할 수 있다)

재사용 증모술

고객 모발 1 : 가모 1가닥~2가닥 매듭 (탈모 10%~80%까지 진행되었을 때 커버할 수 있다)

스킬나노증모술

고객 모발 1 : 가모 1가닥~2가닥 매듭 (탈모 10% ~70%까지 진행되었을 때 커버할 수 있다)

마이크로 증모술

고객 모발 1 : 가모 2가닥 매듭 (탈모 10%~70%까지 진행되었을 때 커버할 수 있다)

레미증모술 3가지

고객 모발 3가닥~5가닥 : 가모 3가닥~7가닥 (탈모 10%~70%까지 진행되었을 때 커버할 수 있다)

한 올 다증모

고객 모발 4가닥~5가닥 : 가모 48모 (24매듭-48모 – 모량 조절이 가능하며, 탈모 10%~70%까지 진행되었을 때 커버할 수 있다)

1/8 매직 다증모

고객 모발 4가닥~5가닥 : 가모 약 12모 (모량 조절해서 사용할 수 있고 한 올 다증모로 대체할 수 있다)

1/4 매직 다증모

고객 모발 4가닥~5가닥 : 가모 약 30모 (탈모 10%~50%까지 진행되었을 때 커버할 수 있다)

1/2 매직 다증모

고객 모발 5가닥~6가닥 : 가모 약 70모 (탈모 30%~40%까지 진행되었을 때 커버할 수 있다)

오리지널 매직 다증모

고객 모발 7가닥~8가닥 : 가모 약 150모 (탈모 10%~20%까지 진행되었을 때 커버할 수 있다)

한 올 롱다증모

고객 모 4가닥~5가닥 : 가모 48모 (앞머리 연장 시 활용한다)

세 올 롱다증모

고객 모 7가닥~8가닥 : 가모 약 70모 (앞머리 연장 시 활용한다)

붙임머리 (Hair Extention)

블록증모술 - 숏 머신줄, 롱 머신줄 (부위별 디자인 블록증모술)

보톡스증모술 – 부분별 숱 보강 피스

누드증모술 – M자 탈모 커버

이식증모술 – 탈모 유형별 커버

■ **KIMHO 성형가발술**

내피가 있는 가발의 단점을 보완하고, 두피 성장 탈모 케어를 통해 탈모를 관리하는 전 세계 최초 내피 없는 성형가발, 기성 가발, 맞춤 가발 제작을 목표로 한다.

망클립 공법 (탈부착식)

벨크로 테이프 공법 (탈부착식)

테이프 공법 (탈부착식)

샌드위치 공법 (고정식 & 탈부착식)

스킬 공법 (고정식)

퓨전식 공법 (링고정식)

■ KIMHO 증모피스술

두상 전반에 탈모 커버, 숱 보강 또는 볼륨감 형성, 멋 내기 등 여러 가지 요인으로 헤어피스를 필요로 하는 고객에게 활용할 수 있는 다양한 증모피스를 소개하고 나아가 고객 맞춤형 피스를 직접 제작할 수 있는 기술을 전수한다.

커버 디자인 미니 피스

숱 보강용 멀티 피스

탑 빈모용 피스

증모피스 제작 및 활용

Ⅰ. KIMHO 증모술

1. 헤어증모술의 이해

- 헤어증모술은 가발 내피에 모발을 심는 기법(낫팅)에서 착안해 고안한 스킬 방법으로 고객 머리카락에 일반 모발을 심어서 (묶기/스킬) 머리숱을 보강하는 모든 방법을 헤어증모술이라고 한다.
- 헤어증모술은 가장 작은 단위의 가발이다.

※헤어증모술을 할 때는 모발 한 가닥이 견디는 무게감 즉 모발의 강도가 약 120g임을 염두에 두어야 한다.

■ 헤어증모술 장점

- 본드나 접착제를 사용하지 않고 스킬을 활용해 묶어주는 방식으로 고정 방법이 두피에 안전하다.
- 100% 인모를 사용해서 펌이나 염색 등 모든 미용시술이 가능해 다양한 스타일링을 할 수 있다.
- 티 나지 않게 자연스러운 숱 보강이 가능하며, 평소 생활하는 데 불편하지 않다.
- 모발이식과 비슷한 효과(숱 보강)가 있지만 가격대는 수술보다 훨씬 저렴하고 아프지도 않다.

(근본적인 인체 DNA를 바꿀 수는 없으므로 모발이식을 하게 되면 일정 시기 후 다시 탈모 현상을 겪게 된다)

- 증모술을 한 즉시 탈모 부위가 커버되어 일상생활이 가능하다.

■ 헤어증모술 단점

- 증모하는 모발의 양에 비해 비용 부담이 있다.
- 고객의 머리카락이 자라면 묶었던 매듭이 같이 올라오기 때문에 다시 두피 쪽이 비어 보인다.
- 효과가 영구적이지 않고 한 달에 한 번씩 리터치를 받아야 한다.
- 시술자가 고객의 두피 상태, 탈모 진행 상황 등을 정확하게 파악하지 않고 증모할

경우, 증모한 모발의 무게를 견디지 못하고 견인성 탈모를 유발할 수 있다.

■ 헤어증모술 시행 범위와 효과

헤어증모술은 탈모가 진행된 두상 전반에 증모할 수 있으며 탈모 커버 및 기장 연장, 볼륨감 형성 등의 효과가 있다.

- 정수리 가르마 숱 보강
- 원형 탈모 커버
- M자, 이마 숱 보강 커버
- 흉터 커버
- 뒤통수 볼륨, 가마 커버
- 앞머리 연장
- 확산성 탈모 커버

〈두상 부위별 원포인트 증모술 도해도〉

원포인트 증모술은 머리숱이 부족한 부분에 탈모 부위별 포인트 점을 찍듯이 모발 섹션을 뜬 후 스킬로 모발을 엮어서 숱을 보강하는 증모술이다.

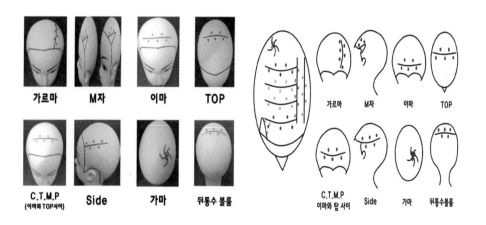

■ 헤어증모술을 할 수 있는 대상

– 두피가 건강한 모든 사람 (두피에 문제가 없는 사람)

– 탈모가 진행 중이지만 진행 속도가 느린 사람

■ 헤어증모술을 할 수 없는 대상

– 모발이 너무 얇거나 두피가 약한 경우

– 숱 빠짐 90% 이상 모발이 빈모인 사람

– 탈모가 급속하게 진행되고 있는 사람

– 두피가 민감한 사람

– 피부 관련 알레르기가 있는 사람

– 임신 중이거나 출산 후 1년 이내인 사람

– 항암 치료 중이거나 항암 치료 후 1년 이내인 사람

– 당뇨, 갑상샘 등 항생제를 장기 복용 중인 사람

– 헤나, 코팅(실리콘 베이스)한 지 일주일이 지나지 않은 모발

– 가발이나 모자를 장기간 착용한 사람

■ 미용실 접목 매뉴얼

증모술은 일반 미용에 접목하기 쉽고, 증모 고객을 관리하면서 고정 고객 확보가
용이하기 때문에 샵에 매뉴얼로 정착시키는 것이 중요하다.

– 증모 디자인 커트 = 증모 + 커트

– 증모 디자인 볼륨 펌 = 증모 + 펌

– 증모 디자인 하이라이트 = 증모 + 컬러

– 증모 디자인 업 스타일 = 증모 + 업 스타일

– 증모 앞머리 연장 익스텐션 = 증모 + 익스텐션

2. 헤어증모술의 종류와 기법

한 올 증모술은 '모발 한 가닥의 기적'이라 불리는 증모술로 가장 섬세하고 정교한 증모술이다. 매듭이 매우 작아서 꼬리빗으로도 빗질이 가능할 정도이며, 티가 나지 않게 증모가 가능하여 많은 고객이 선호하는 증모술이다.

전문가반에서는 한 올 증모술 중 나노증모술에 대해 배워본다.

■ 나노증모술

1) 나노증모술의 특징

나노

- 나노증모술은 고객 모 한 가닥에 가모 1가닥~2가닥(2모~4모)을 스킬 바늘로 엮어서 숱을 보강하는 증모술이다.
- 한 번에 한두 가닥만 증모하여 매듭 무게가 적기 때문에 연모 또는 아주 섬세한 이마라인의 베이비 헤어, 가르마 등에 증모가 가능하다.
- 스킬을 활용하여 묶음 처리하는 매듭법이며, 매듭 크기가 매우 작아 거의 티가 나지 않는다.
- 모량 숱 빠짐 ~90% 정도에 필요한 증모술이다.
- 가벼운 탈모가 진행 중인 사람도 상관없다.
- 증모술 매듭이 가장 정교하고 섬세하여 꼬리 빗질이 가능하다.
- 모발이 자라나도 매듭을 풀지 않아도 된다.
- 고열사가 아닌 100% 천연 인모를 사용하기 때문에 컬러나 펌 등 다양한 미용시술이 가능하다.

2) 나노증모술을 위한 고리 만들기

나노증모술은 매듭 없이 증모하는 무매듭 나노 기법과 손가락 또는 빨대를 활용해서 매듭을 미리 만들어서 증모하는 매듭 나노 기법이 있다.

두 기법 모두 고객에게 바로 증모술을 실시할 수 있도록 고정 작업 전 미리 모발로 고리를 만들어 준비해야 한다.

무매듭 나노 기법을 위한 고리 만드는 순서는 다음과 같다.

무매듭 나노 방법은 다음과 같다.

① 왼손 검지손가락에 일반 모 두 번 감아준다.

② 스킬 바늘 꼬리 부분으로 매듭을 가지고 나온다.

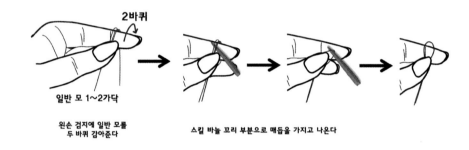

매듭 나노 기법은 손가락을 사용해 매듭을 만드는 방법과 빨대를 활용해 매듭을 만드는 방법이 있다.

손가락으로 매듭을 만드는 순서는 다음과 같다.

① 일반 모를 반 접어서 왼손 엄지와 검지로 잡아준다.

② 일반 모의 고리 부분에 스킬 바늘을 걸어 검지손가락 뒤로 모발을 잡아 내린다.

③ 잡고 있는 모발에 고리 부분을 걸어 첫 번째 매듭을 지은 후 텐션을 준다.

④ 스킬 바늘을 앞으로 밀어 일반 모를 한 번 더 걸어준다.

⑤ 두 번째 매듭을 지은 후 텐션을 주고 빼낸다.

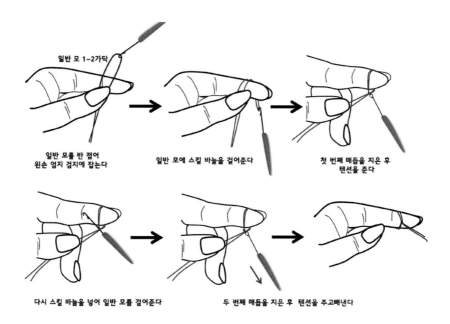

일반 모 1~2가닥

일반 모를 반 접어
왼손 엄지 검지에 잡는다

일반 모에 스킬 바늘을 걸어준다

첫 번째 매듭을 지은 후
텐션을 준다

다시 스킬 바늘을 넣어 일반 모를 걸어준다

두 번째 매듭을 지은 후 텐션을 주고빼낸다

매듭 나노 방법 중 빨대를 활용해 매듭을 만드는 방법은 다음과 같다.

① 일반 모를 접어 왼손 엄지 검지로 잡는다.

② 접은 일반 모를 빨대 중앙에 오도록 한 후 고리 부분이 아래쪽에 위치하게 놓는다.

③ 스킬 바늘을 일반 모 고리에 넣어 앞으로 오게 한 후 왼손으로 잡은 일반 모를 두 번 빼내 매듭을 만든다.

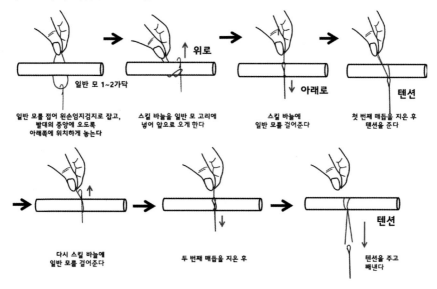

일반 모 1~2가닥

위로

아래로

텐션

일반 모를 접어 왼손엄지검지로 잡고,
빨대의 중앙에 오도록
아래쪽에 위치하게 놓는다

스킬 바늘을 일반 모 고리에
넣어 앞으로 오게 한다

스킬 바늘에
일반 모를 걸어준다

첫 번째 매듭을 지은 후
텐션을 준다

다시 스킬 바늘에
일반 모를 걸어준다

두 번째 매듭을 지은 후

텐션

텐션을 주고
빼낸다

3) 나노증모술 순서

나노증모술의 고정 방법도 무매듭 나노증모 기법과 매듭 나노증모 기법에 따라 달라진다.

무매듭 나노증모 방법은 다음과 같다.

① 왼손 검지에 감은 매듭을 잡고 고객 모발을 왼손 약지위로 올려놓고 중지로 고정한다.

② 일반 모 링크(고리) 안으로 스킬 바늘을 넣고 고객 모발을 빼내어 다시 고객 모발을 빼낸다.

③ 고리를 두피 가까이 가지고 가서 매듭점을 오른손 검지로 누르고 일반 모를 당겨 단단히 고정한다.

④ 고객 모를 양쪽으로 나눠서 텐션을 준 후 마무리한다.

매듭 나노증모 방법은 다음과 같다.

① 빨대에 있는 모발을 빼서 P자 모양이 되도록 매듭을 왼손 검지와 엄지로 잡는다.

② 고객 모발을 왼손 약지 위로 올려놓고 중지로 고정한다.

③ 일반 모 링크(고리) 안으로 스킬 바늘을 넣고 고객 모발을 빼내어 다시 고객 모발을 빼낸다.

④ 고리를 두피 가까이 가지고 가고 매듭점을 오른손 검지로 누르고 일반 모를 당겨 힘을 준 후 마무리한다.

⑤ 일반 모를 양쪽으로 나눠서 텐션 마무리한다.

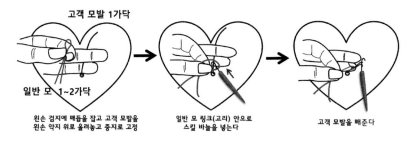

고객 모발 1가닥

일반 모 1~2가닥

왼손 검지에 매듭을 잡고 고객 모발을
왼손 약지 위로 올려놓고 중지로 고정

일반 모 링크(고리) 안으로
스킬 바늘을 넣는다

고객 모발을 빼준다

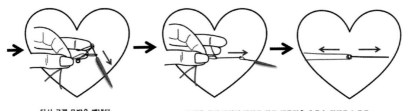

다시 고객 모발을 빼낸다

고리를 두피 가까이 가지고 가고 매듭점을 오른손 검지로 누르고
일반 모를 당겨 힘을 주어 마무리하고
고객 모 양쪽으로 나눠서 텐션 마무리한다

■ 마이크로 증모술

마이크로

1) 마이크로 증모술의 특징

- 마이크로 증모술은 고객 모 1가닥에 가모 2가닥(4모)을 고리 매듭 지어서 엮어주는 튼튼한 증모술이다.
- 다증모에 비해 아주 섬세한 이마라인이나 가르마, 탑 쪽 숱을 ~70%까지 커버할 수 있다.
- 가벼운 탈모로 진행인 사람도 무리 없이 사용할 수 있다.
- 매듭이 작아서 꼬리 빗질이 가능하고, 모발이 자란 후에도 매듭을 풀지 않아도 되는 증모술이다.
- 고열사(합성 모)가 아닌 100% 천연 모를 사용하여 컬러나 펌이 자유롭다.
- 컬러를 하이라이트 느낌으로 넣고 싶을 때도 사용한다. (포인트 증모)
- 글루 접착제를 사용하지 않고 스킬 바늘로 매듭을 만들어 숱을 보강하는 안전한 증모술이다.
- 고리가 있고 매듭 처리하는 증모술로서 한 올 증모술 중 가장 매듭이 튼튼하다.
- 유화 처리(연화 처리)를 하지 않아도 된다.

2) 마이크로 증모술 순서

① 스킬 바늘에 한 바퀴 돌려 밑에서 위로 모발을 한꺼번에 잡고 스킬 바늘 고리에 걸고, 뚜껑을 닫고 그대로 검지로 스킬 바늘 앞쪽에서 뒤쪽으로 밀어 고리를 만든다.

② 오른손 새끼손가락으로 고객 모를 잡아서 왼손 검지 첫째 마디에 놓고 엄지로 누른다.

③ 스핀 3과 달리 일반 모와 고객 모를 같이 잡는다.

④ 모발을 스킬 바늘에 걸고 스킬 바늘을 두피에 밀착시켜서 세우고 0.2cm 뺀다.

⑤ 시계 방향으로 두 바퀴를 돌린 후에 왼손 검지로 중심부를 누르고 스킬 바늘을 좌측 위로 향하게 앞으로 밀어준다.

⑥ 고객 모발과 일반 모발을 같이 잡고 스킬 바늘에 걸어 오른쪽으로 빼낸다.

⑦ 모발을 반으로 나눠서 마무리 텐션을 준다.

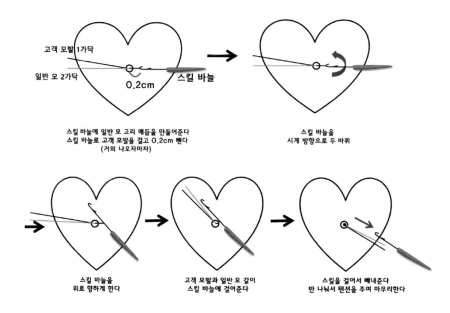

■ 레미증모술

1) 레미증모술의 특징

- 레미증모술은 고객 모발 3가닥~5가닥에 일반 모 3가닥~7가닥을 1:1 비율로 잡고 증모하는 증모술이다.

- 레미증모술의 종류에는 스핀 풀 아웃, 스핀 링크, 스파이럴넛이 있다.
- 일반 모를 사용할 때 큐티클이 있는 모발을 사용하면 모발끼리 엉킬 가능성이 매우 높기 때문에 반드시 산 처리 작업을 거쳐 큐티클이 제거된 모발을 사용해야 한다.

(1) 스핀 풀아웃

스핀 풀 아웃은 일명 '돌려 빼기'식 증모 기법을 뜻한다. 매듭이 가장 작아서 이마 헤어라인이나 섬세한 부위에 증모가 가능하며, 유지 기간은 1개월 정도이다.

〈스핀 풀 아웃 순서〉

① 스킬 바늘에 일반 모를 걸어 오른손 검지로 누른 후 2바퀴를 감아준다.

② 오른손 새끼손가락으로 고객 모를 잡아서 왼손 검지 첫째 마디에 놓고 엄지로 누른다.

③ 스핀 3과 달리 일반 모와 고객 모를 같이 잡는다.

④ 모발을 스킬 바늘에 걸고 스킬 바늘을 두피에 밀착시켜서 세우고 0.5cm 뺀다.

⑤ 시계 방향으로 두 바퀴를 돌린 후에 왼손 검지로 중심부를 누르고 스킬 바늘을 좌측 위로 향하게 한다.

⑥ 고객 모발과 일반 모발을 같이 잡고 스킬 바늘에 걸어 오른쪽으로 모발을 뺀다.

⑦ 모발을 반으로 나눠서 마무리 텐션을 준다.

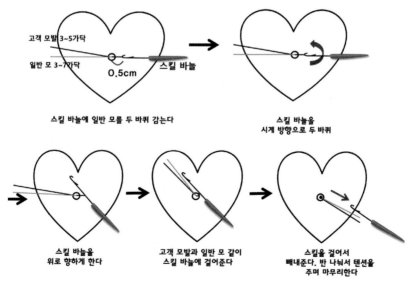

(2) 스핀 링크

스핀 링크는 일명 '고리 지어 돌려 빼기'식의 증모 기법을 뜻한다. 스핀 풀 아웃보다 단단한 매듭법이기 때문에 탑이나 가르마 부위에 사용이 적합하다. 유지 기간은 1개월~2개월 정도이다.

〈스핀 링크 순서〉

① 스킬 바늘에 한 바퀴 돌려 밑에서 위로 모발을 한꺼번에 잡아 스킬 바늘 고리에 걸고, 뚜껑을 닫고 그대로 검지로 밀어 고리를 만든다.

② 오른손 새끼손가락으로 고객 모를 잡아서 왼손 검지 첫째 마디에 놓고 엄지로 누른다.

③ 스핀 3과 달리 일반 모와 고객 모를 같이 잡는다.

④ 모발을 스킬 바늘에 걸고 스킬 바늘을 두피에 밀착시켜서 세우고 0.5cm 뺀다.

⑤ 시계 방향으로 두 바퀴를 돌린 후에 왼손 검지로 중심부를 누르고 스킬 바늘을 좌측 위로 향하게 한다.

⑥ 고객 모발과 일반 모발을 같이 잡고 스킬 바늘에 걸어 오른쪽으로 모발을 뺀다.

⑦ 모발을 반으로 나눠서 마무리 텐션을 준다.

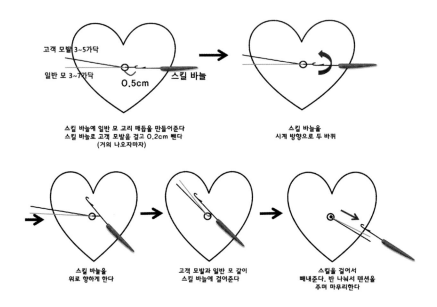

264

(3) 스파이럴넛

스파이럴넛은 일명 'ㄱ자 돌려 빼기'식의 증모 기법을 뜻한다. 레미증모술 매듭 중 가장 단단한 매듭법으로 연모에는 사용이 어렵고, 뒤통수 가마, 구레나룻, 네이프 등에 증모할 수 있다. 유지 기간은 2개월~3개월 정도이다.

〈스파이럴넛 순서〉

① 스킬 바늘에 일반 모를 걸어 오른손 검지로 누른 후 2바퀴를 감아준다.
② 오른손 새끼손가락으로 고객 모를 잡아서 왼손 검지 첫째 마디에 놓고 엄지로 누른다.
③ 스핀 3과 달리 일반 모와 고객 모를 같이 잡는다.
④ 고객 모를 스킬 바늘에 걸고, 고객 모발을 빼면서 12시 방향 일자로 만든 후 고객의 모발을 0.5cm 뺀다.
⑤ 2시 방향에서 스킬 바늘을 시계 방향으로 2바퀴를 돌려준다.
⑥ 일반 모와 고객 모를 왼쪽으로 넘겨준다.
⑦ ㄱ자 모양에서 스킬 바늘을 시계 방향으로 한 바퀴 돌려준다.
⑧ 고객 모발이 내려오면서 트위스트가 되도록 스킬 바늘을 한 바퀴를 돌려준다.
⑨ 고객 모발과 일반 모발을 같이 잡고 스킬 바늘에 걸어 오른쪽으로 모발을 뺀다.
⑩ 모발을 반으로 나눠서 마무리 텐션을 준다.

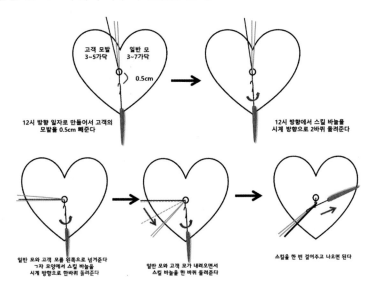

■ 매직 다증모술

매직 다증모술은 360° 회전성과 볼륨감이 뛰어나고, 한 번에 많은 숱을 보강할 수 있는 최고의 헤어증모술이다. 매직 다증모 제품은 숏 다증모와 롱 다증모가 있는데, 이 중 롱 다증모는 긴 머리를 숱 보강하는 증모술 또는 앞머리를 연장할 때 주로 사용한다.

매직 다증모술의 특징

– 3올~4올로 낫팅된 모발로 매듭이 한 올 다증모보다는 크다.

– 모량 조절이 가능하여 한 번에 12가닥~180가닥의 모발을 증모할 수 있다.

– 다증모 1 매듭은 120가닥~180가닥으로 이루어져 있고, 평균 150가닥이다.

– 모발 뭉침이 없고, 분수 모양 퍼짐성과 360° 회전성, 볼륨감이 좋다.

– 모발 길이는 6"~10"으로 이루어진 숏 다증모와 14"~16"으로 이루어진 롱 다증모가 있다.

– 100% 천연 인모를 사용하여 컬러, 펌, 열펌 모두 가능하여 스타일이 자유롭다.

– 고객 모발과 일체식으로 시술 후 티가 나지 않는다

– 증모 후 유지 기간은 1개월~2개월, 1개 증모 시 소요 시간 1분 미만이며, 부담 없는 시술 가격으로 가성비가 좋다.

– M자, 이마와 탑 사이, 탑, 가르마, 뒤통수 볼륨, 확산성 탈모, 흉터 등에 증모할 때 주로 사용한다.

매직 다증모의 구조	 총 길이: 2.5cm 양쪽 매듭줄: 2cm 가운데 고정부: 0.5cm 총 매듭: 20개~24개 (한쪽 매듭줄 1cm에 10개~12개 매듭) 한 매듭당 올 수: 3올~4올 (6개~10개 모발) 모발 개수: 총 모발은 120가닥~180가닥으로 평균 150가닥
매듭줄의 특징	– 두께: 0.12mm, (강도 600g) ※ 인모의 두께가 연모 0.06mm, 보통모 0.09mm, 건강모 0.12mm이다. 다증모는 건강모와 동일한 두께로 제작해 증모를 하게 되면 고객 모발과 섞여 티가 나지 않고 자연스럽다. – 재질: 다증모의 줄은 모노사, 폴리아미드, 나일론 재질의 특수 낚싯 줄로 제작되어 있다. 줄 부분에 미지근한 물이 닿으면 오그라드는 성질이 있기 때문에 따뜻한 물에 적신 후 건조하면 줄이 오그라들어서 360° 퍼짐성과 볼륨감이 형성되어 모발이 더욱 풍성해 보인다.
모발 길이 비율	다증모의 모발은 볼륨감을 주기 위해 다양한 길이의 모발이 적절한 비율로 섞여 있다. 모발 길이가 다 다르므로 질감이 가볍고, 뭉친 현상이 없으며, 볼륨감 형성이 잘 되고 커트를 따로 하지 않아도 자연스럽다.
매듭줄의 색상	살구색 또는 검은색
다증모 고정기법	링, 실리콘, 글루, 트위스트 매듭 꼬기, 스킬을 사용한 매듭법 (스핀 2, 스핀 3, 파이브아웃, 피넛스팟 등) 등

■ 매직 한 올 다중모술

매직 한 올 다중모술은 한 올 증모술과 매직 다중모술의 장점을 모두 가진 증모술이다. 매직 한 올 다중모 제품에는 한 올 숏 다중모와 한 올 롱 다중모가 있는데, 이중 한 올 롱 다중모는 긴 머리를 숱 보강하는 증모술 또는 앞머리를 연장할 때 주로 사용한다.

한 올 숏 다중모

한 올 숏 다중모

한 올 롱 다중모

매직 한 올 다중모술의 특징

- 매직 다중모는 한 매듭에 3~4올로 이루어져 있지만 매직 한 올 다중모는 한 매듭이 1올로 낫팅되어 있어서 매직 다중모에 비해 매듭이 작고 티 나지 않는다.
- 한 올 숏 다중모는 모발 길이가 6"~10"이고, 한 올 롱 다중모의 모발 길이는 14"~16"이다.
- 무게감이 거의 없고 증모 후 커트를 따로 하지 않아도 스타일이 자연스럽다.
- 일반 모를 사용한 한 올 증모술은 매듭점이 작아 티가 나지 않는 장점이 있지만, 증모 시간이 오래 걸리고, 볼륨감이 없다는 단점이 있다. 이러한 단점을 보완하여 만들어진 매직 한 올 다중모는 같은 양을 증모할 경우, 한 올 증모술보다 소요 시간이 짧고, 볼륨감이 좋아서 더 풍성해 보이는 것이 장점이다.
- 4가닥~48가닥까지 자유롭게 모량 조절이 가능하므로 30%~80%까지 폭넓게 증모가 가능하다.
- 100% 인모 사용하여 펌, 컬러가 자유롭다.
- 얇고 힘없는 모발에 매직 다중모술을 하게 되면 무게감 때문에 견인성 탈모가 생길 수 있다. 이때 연모에 매직 한 올 다중모를 사용해 증모하게 되면 무게감이 없어서 견인성 탈모를 최소화할 수 있다.
- 매직 한 올 다중모는 주로 헤어라인, 이마와 탑 사이, 탑, 가르마에 많이 사용한다.

■ 매직 다증모를 활용한 증모 기법

증모술을 할 때는 자세가 굉장히 중요하다. 자세가 틀어지면 각도가 무너지기 때문에 올바르게 증모할 수 없고, 시술자의 몸에도 무리가 간다.

올바른 증모 자세는 손님의 두상 Top이 시술자의 배꼽 선상 5cm 이내(3cm~5cm 지점)에 위치하는 것이 가장 이상적이다.

미용 의자에서 증모를 하게 되면 의자가 높기 때문에 어깨와 팔이 자유롭지 못해서 각도가 무너지기 쉽다. 따라서 미용 의자보다는 증모용 배드를 사용하는 것을 추천한다.

매직 다증모술을 할 때는 아래 4가지 사항을 반드시 유념하도록 한다.

– 증모 시 두상으로부터 90°를 유지한다.

– 한 번에 모발 7가닥~8가닥 섹션을 뜬다.

– 증모술을 할 때 고객 두상의 위치는 시술자의 배꼽 선상에서 5cm 이내에 있도록 한다.

– 증모 매듭의 위치는 고객 두상의 0.3cm~ 0.5cm 지점에 있어야 한다.

  (두피에 너무 가까우면 모발이 뽑힐 우려가 있고 고객이 아픔을 느낄 수 있다. 또한 매듭이 0.3cm~0.5cm보다 멀어지면 볼륨감이 떨어지고 모발이 처짐 현상이 있다.)

 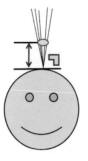

지금부터는 매직 다증모를 활용한 다양한 증모 기법에 대해 알아본다.

■ 트위스트 증모술

'트위스트 증모술'은 다증모를 이용한 모든 스킬의 시초이자 가장 확실한 매듭 기법이다. 여러 가지 증모 기법 중 가장 오래 유지되고 안전하다는 장점이 있으며, 스킬이 아니라 손가락을 이용해 증모한다는 특징이 있다.

탑 부위 모든 부위에 이 매듭법으로 증모가 가능하지만, 만약 증모가 올바르게 진행되지 못했을 때는 다증모가 빠지면서 고객의 모발까지 통째로 빠질 수 있으므로 자세와 방법에 주의해야 한다.

손가락을 이용하면 매듭의 위치나 각도 등을 정확하게 하기 어렵고, 이 때문에 증모 후 고객 모발이 뽑힐 우려가 있어 스킬을 이용해 더욱 정교하게 증모하는 방식으로 진화되었다.

〈트위스트 증모술 순서〉

① 다증모에 물을 뿌려 반으로 나눈 후 오른쪽 매듭 끝에 댄다.

② 한 바퀴 돌려 왼손 다증모는 내리고, 오른손 다증모를 시계 방향으로 미끄러지 듯 돌린다.

③ 반대로 왼손은 올리고 오른손을 내려서 오른손 다증모를 들고 돌린다.

④ 왼손 다증모를 내리고, 오른손 다증모를 돌려서 중앙에 와서 양손으로 두 바퀴 돌린다.

⑤ 왼손 검지와 중지 사이에 다증모를 넣고 중앙에서 매듭을 짓는다.

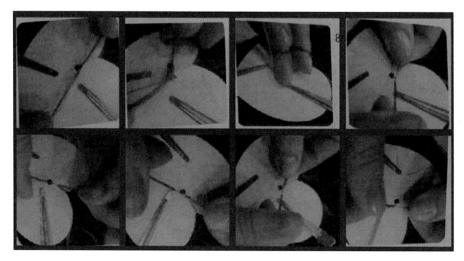

■ 스핀 3

스핀 3는 매직 다중모를 활용한 증모 기법 중 가장 기본이 되는 증모술이다.

〈스핀 3 증모술 순서〉

① 고객이 방문하면 상담한 후에 샴푸실에 가서 유분기를 없애는 딥클렌징 샴푸를 해준다.

② 고객 모 7가닥~8가닥을 잡은 후 하트 패널을 10시~11시 방향에 놓는다. 핀컬핀으로 잔머리가 들어오지 않게 하트 패널의 벌어진 부분을 닫아주고, ㄴ자가 되도록 핀컬핀을 꽂아준다. 혹시 잔머리가 딸려 왔을 경우 패널의 벌어진 부분을 살짝 열어 빼내어준다.

③ 고객 모발도 충분히 수분이 있는 상태로 만들고, 다중모도 충분히 수분을 준 후 스킬을 걸 고정부에 잔머리나 다중모 모발이 딸려 오지 않게 엄지와 검지를 이용해 양쪽을 깨끗하게 정리해준다.

④ 다중모를 엄지 검지와 중지 약지 사이에 두고 OK 모양이 되도록 잡아준다.

⑤ 스킬 바늘을 고정부 오른쪽 바깥쪽에 두고 오른손 검지로 누른 후 2바퀴를 감아준다. 고정부 중간에 올 수 있도록 조절한다.

⑥ 오른손 새끼손가락으로 고객 모를 잡아서 왼손 검지 첫째 마디에 놓고 각도가 두피로부터 90°가 되도록 한 다음 엄지로 잡아준다. 다중모는 중지에 따로 잡아준다.

⑦ 스킬 바늘로 고객 모를 거는데 이때 양손을 두상에 밀착시키고, 일직선이 되게 한다. 고객 모를 스킬 바늘에 걸어서 스킬 바늘을 두피에 밀착시켜 세운 후 왼손을 좌측으로 이동해서 고객의 모발은 텐션을 주고 다중모는 힘을 뺀 다음 다중모를 오른손 검지로 밀어낸다. 밀어내는 순간 고객의 모발과 다중모에 같이 힘을

준다.

⑧ 고객 모발을 0.3cm~0.5cm 빼준다. 그 후에 스킬 바늘을 시계 방향 위쪽으로 2바퀴를 감아준다.

⑨ 고객의 모발을 오른쪽 180°로 넘겨준 후에 다증모 양쪽을 조절해준다. 이때 조절을 해주지 않으면 매듭 위에 걸칠 수 있다.

⑩ 다증모를 깨끗하게 90° 방향으로 고정한 후 고객 모발을 원래대로 왼쪽으로 옮겨 주면 ㅗ자 모양이 된다.

⑪ 매듭을 짓기 전 홀이 생기지 않도록 첫 번째 텐션을 준다.

⑫ 고객의 모발을 스킬 바늘에 걸어주고, 오른쪽으로 뺀 후 스킬 바늘을 중심부로 이동해서 텐션을 준다. 이 과정에서 텐션-매듭-텐션-매듭 총 4번의 텐션과 3번의 매듭을 걸어주는 것이 스핀 3 방법이다.

⑬ 중심부를 누르고 고객 모발을 빼낸다. 그리고 고객 모를 반으로 나눠서 마지막 텐션을 준다.

⑭ 잔머리가 따라오지는 않았는지 동서남북 체크를 해주고 두피로부터 매듭이 0.5cm가 띄워졌는지도 확인한다. 다증모를 반을 갈라서 고정부에 정확히 스킬이 걸렸는지 확인한다.

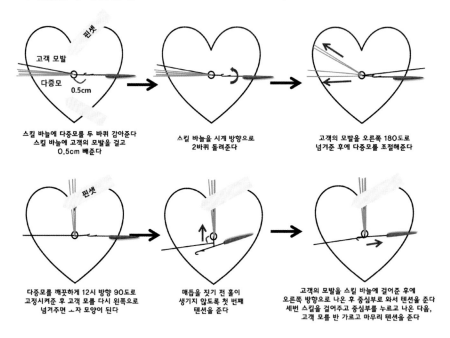

스킬 바늘에 다증모를 두 바퀴 감아준다
스킬 바늘에 고객의 모발을 걸고
0.5cm 빼준다

스킬 바늘을 시계 방향으로
2바퀴 돌려준다

고객의 모발을 오른쪽 180도로
넘겨준 후에 다증모를 조절해준다

다증모를 깨끗하게 12시 방향 90도로
고정시켜준 후 고객 모를 다시 왼쪽으로
넘겨주면 ㅗ자 모양이 된다

매듭을 짓기 전 홀이
생기지 않도록 첫 번째
텐션을 준다

고객의 모발을 스킬 바늘에 걸어준 후에
오른쪽 방향으로 나온 후 중심부로 와서 텐션을 준다
세번 스킬을 걸어주고 중심부를 누르고 나온 다음,
고객 모를 반 가르고 마무리 텐션을 준다

▣ 파이브아웃

스핀 3보다 두 번의 스킬을 더해 총 5번의 스킬을 걸고 끝낸다고 하여 이름 붙여진 파이브아웃은 다증모를 활용해 볼륨감이 많이 필요한 부분인 탑, 정수리, 뒤통수 볼륨, 가르마 등에 증모를 할 때 주로 사용하는 증모 기법이다. 5번 이상 스킬을 걸게 되면 고객 모발이 무게를 견디지 못하고 처지게 되므로 주의해야 한다.

〈파이브아웃 증모술 순서〉

① 고객이 방문하면 상담한 후에 샴푸실에 가서 유분기를 없애는 딥클렌징 샴푸를 해준다.

② 고객 모 7가닥~8가닥을 잡은 후 하트 패널을 10시~11시 방향에 놓는다. 핀컬핀으로 잔머리가 들어오지 않게 하트 패널의 벌어진 부분을 닫아주고, ㄴ자가 되도록 핀컬핀을 꽂아준다. 혹시 잔머리가 딸려 왔을 경우 패널의 벌어진 부분을 살짝열어 빼내어준다.

③ 고객 모발도 충분히 수분이 있는 상태로 만들고, 다증모도 충분히 수분을 준 후 스킬을 걸 고정부에 잔머리나 다증모 모발이 딸려 오지 않게 엄지와 검지를 이용해 양쪽을 깨끗하게 정리해준다.

④ 다증모를 엄지 검지와 중지 약지 사이에 두고 OK 모양이 되도록 잡아준다.

⑤ 스킬 바늘을 고정부 오른쪽 바깥쪽에 두고 오른손 검지로 누른 후 2바퀴를 감아준다. 고정부 중간에 올 수 있도록 조절한다.

⑥ 오른손 새끼손가락으로 고객 모를 잡아서 왼손 검지 첫째 마디에 놓고 각도가 두피로부터 90°가 되도록 한 다음 엄지로 잡아준다. 다증모는 중지에 따로 잡아준다.

⑦ 스킬 바늘로 고객 모를 거는데 이때 양손을 두상에 밀착시키고, 일직선이 되게 한다. 고객 모를 스킬 바늘에 걸어서 스킬 바늘을 두피에 밀착시켜 세운 후 왼손을 좌측으로 이동해서 고객의 모발은 텐션을 주고 다증모는 힘을 뺀 다음 다증

모를 오른손 검지로 밀어낸다. 밀어내는 순간 고객의 모발과 다증모에 같이 힘을 준다.

⑧ 고객 모발을 0.3cm~0.5cm 빼준다. 그 후에 스킬 바늘을 시계 방향 위쪽으로 2 바퀴 감아준다.

⑨ 고객의 모발을 오른쪽 180°로 넘겨준 후에 다증모 양쪽을 조절해준다. 이때 조절을 해주지 않으면 매듭 위에 걸칠 수 있다.

⑩ 다증모를 깨끗하게 90° 방향으로 고정한 후 고객 모발을 원래대로 왼쪽으로 옮겨주면 ㄱ자 모양이 된다.

⑪ 매듭을 짓기 전 홀이 생기지 않도록 첫 번째 텐션을 준다.

⑫ 고객의 모발을 스킬 바늘에 걸어주고, 오른쪽으로 뺀 후 스킬 바늘을 중심부로 이동해서 텐션을 준다. 이 과정에서 텐션-매듭-텐션-매듭 총 6번의 텐션과 5번의 매듭을 걸어준다.

⑬ 중심부를 누르고 고객 모발을 빼낸다. 그리고 고객 모를 반으로 나눠서 마지막 텐션을 준다.

⑭ 잔머리가 따라오지는 않았는지 동서남북 체크를 해주고 두피로부터 매듭이 0.5cm가 띄워졌는지도 확인한다.

⑮ 다증모를 반을 갈라서 고정부에 정확히 스킬이 걸렸는지 확인한다.

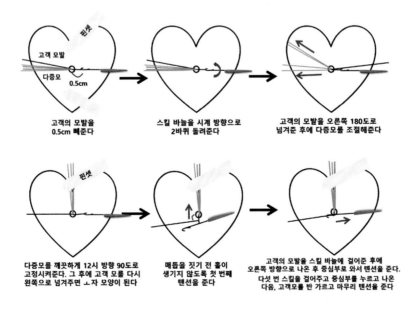

고객의 모발을
0.5cm 빼준다

스킬 바늘을 시계 방향으로
2바퀴 돌려준다

고객의 모발을 오른쪽 180도로
넘겨준 후에 다증모를 조절해준다

다증모를 깨끗하게 12시 방향 90도로
고정시켜준다. 그 후에 고객 모를 다시
왼쪽으로 넘겨주면 ㄱ자 모양이 된다

매듭을 짓기 전 홀이
생기지 않도록 첫 번째
텐션을 준다

고객의 모발을 스킬 바늘에 걸어준 후에
오른쪽 방향으로 나온 후 중심부로 와서 텐션을 준다.
다섯 번 스킬을 걸어주고 중심부를 누르고 나온
다음, 고객모를 반 가르고 마무리 텐션을 준다

▣ 피넛스팟

피넛스팟은 땅콩 모양으로 고리를 만들어서 증모하는 스킬 방법으로 다증모를 사용하고, 매듭이 잘 미끄러지지 않기 때문에 사이드, 네이프, 구레나룻, 뒤통수, 가마 등 떨어지는 라인에 주로 증모할 때 사용하는 증모 방법이다. 스킬 바늘을 총 4바퀴 돌려서 매듭을 만들며 일명 'ㄱ'자 돌려 빼기 방법이라고 한다.

〈피넛스팟 증모술 순서〉

① 고객이 방문하면 상담한 후에 샴푸실에 가서 유분기를 없애는 딥클렌징 샴푸를 해준다.

② 고객 모 7가닥~8가닥을 잡은 후에 하트 패널을 10시~11시 방향에 놓아둔다. 핀컬핀으로 잔머리가 들어오지 않게 하트 패널의 벌어진 부분을 닫아주고, ㄴ자가 되도록 핀컬핀을 꽂아준다. 혹시 잔머리가 딸려 왔을 경우 하트패널의 벌어진 부분을 살짝 열어 잔머리를 밑으로 빼내어준다.

③ 고객 모를 충분히 수분이 있는 상태로 만들고, 다증모도 충분히 수분을 준 후 스킬을 걸 고정부에 잔머리나 다증모 모발이 딸려 오지 않게 엄지와 검지를 이용해 양쪽을 깨끗하게 정리해준다.

④ 다증모를 엄지 검지와 중지 약지 사이에 두고 OK 모양이 되도록 잡아준다.

⑤ 스킬 바늘을 고정부 오른쪽 바깥쪽에 두고 오른손 검지로 누른 후 고정부 중간에 올 수 있도록 조절하면서 2바퀴를 감아준다.

⑥ 오른손 새끼손가락으로 고객 모를 잡아서 왼손 검지 첫째 마디에 놓고 엄지로 잡는다. 떨어지는 라인이어서 각도가 두피로부터 15°가 되도록 하고 다증모는 중지에 따로 잡는다.

⑦ 고객 모를 스킬 바늘에 걸고, 스킬 바늘을 두피에 밀착시킨 후에 세운 다음, 왼손이 좌측으로 이동 후, 고객의 모발은 텐션을, 다증모는 힘을 뺀 후 다증모를 오른손 검지로 밀어낸다. 밀어내는 순간 고객 모와 다증모에 같이 힘을 준다.

⑧ 고객 모가 나오자마자 12시 방향 일자로 만들어서 고객의 모발을 0.5cm 빼준다.

⑨ 12시 방향에서 스킬 바늘을 시계 방향으로 2바퀴 돌려준다.

⑩ 고객 모를 오른쪽 180°로 넘겨준 후에 매듭 위에 걸치지 않도록 양쪽 다증모를

조절한다. 그 후에 다증모를 깨끗하게 핀컬핀으로 고정한다.

⑪ 다증모와 고객 모발이 걸치지 않게끔 고객 모를 다시 왼쪽 180°로 넘겨준다. ㄱ자 모양에서 스킬 바늘을 시계 방향으로 한 바퀴 돌려준다.

⑫ 고객 모발이 내려오면서 트위스트가 되도록 스킬 바늘을 한 바퀴를 돌려준다.

⑬ 매듭을 짓기 전 홀이 생기지 않도록 첫 번째 텐션을 준다.

⑭ 중심부를 누르고 스킬 바늘을 왼쪽으로 넣어준다. 고객 모발을 스킬 바늘 밑에서 위로 한 번 걸고 나온 후 중심부로 와서 텐션을 크게 주어야지만 땅콩 모양이 된다.

⑮ 다시 한 번 왼쪽으로 스킬 바늘을 넣어 고객 모발을 위에서 밑으로 걸어서 나온 후 다시 중심부로 와서 텐션을 준다.

⑯ 중심부를 누르고 고객 모발을 빼낸다. 그리고 고객 모를 반으로 나눠서 마무리 텐션을 준다.

⑰ 잔머리가 따라오지는 않았는지 동서남북 체크를 해주고 두피로부터 0.5cm 띄워 졌는지도 확인해준다. 다증모를 반을 갈라서 고정부에 정확히 스킬이 걸렸는지 확인한다.

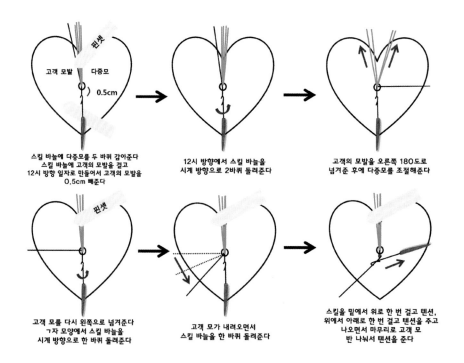

스킬 바늘에 다증모를 두 바퀴 감아준다
스킬 바늘에 고객의 모발을 걸고
12시 방향 일자로 만들어서 고객의 모발을
0.5cm 빼준다

12시 방향에서 스킬 바늘을
시계 방향으로 2바퀴 돌려준다

고객의 모발을 오른쪽 180도로
넘겨준 후에 다증모를 조절해준다

고객 모를 다시 왼쪽으로 넘겨준다
ㄱ자 모양에서 스킬 바늘을
시계 방향으로 한 바퀴 돌려준다

고객 모가 내려오면서
스킬 바늘을 한 바퀴 돌려준다

스킬을 밑에서 위로 한 번 걸고 텐션,
위에서 아래로 한 번 걸고 텐션을 주고
나오면서 마무리로 고객 모
반 나눠서 텐션을 준다

276

※ 스핀 3는 스킬 바늘을 두 바퀴 돌리지만 피넛스팟은 12시에서 두 바퀴, ㄱ자에서 한 바퀴, 내려오면서 1바퀴로 총 4바퀴를 돌려서 완성하기 때문에 매듭이 더 단단하다.

■ 매직 다증모 모량 조절

1) 매직 다증모의 모량을 조절하는 이유

건강한 모발에는 오리지널 매직 다증모를 사용해도 무게를 견딜 수 있어서 견인성 탈모가 일어나지 않지만, 탈모가 진행 중이거나 얇아진 모발은 오리지널 매직 다증모의 무게를 견디기에 한계가 있으므로 얇아진 모발이 견딜 수 있는 모량으로 다증모의 모발량을 조절하는 것이 필요하다.

2) 다증모 모량 조절 방법

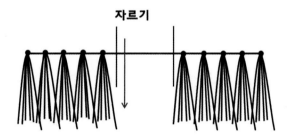

① 가장 짧은 모발부터 한 가닥씩 살살 잡아당겨 다증모 모발을 빼낸다.
② 증모를 다 빼낸 후 양쪽을 잡고 살짝 텐션을 주어 양쪽으로 당겨주면 툭 소리가
   나면서 고정부가 생긴다.

위와 같은 방법으로 오리지널 다증모를 1/2로 만든다. 처음에는 1/4, 1/8도 만들어서 사용했지만, 현재는 한 올 다증모를 많이 사용하게 되면서 오리지널 다증모를 잘라서 사용하는 수고로움을 덜게 되었다.

3) 다증모 모량 조절 후 숱 보강 부위

− ½ (약 60모) − 가르마, M자, 이마와 탑 사이, 탑, 가마, 확산성 탈모 등
− ¼ (약 30모) − 가르마, M자, 헤어라인, 이마와 탑 사이, 탑, 확산성 탈모 등

- ⅛ (약 12모) - 주로 연모에 사용, 가르마, 헤어라인, 탑 정수리 등

※ 오리지날 매직 다증모는 모든 부위에 증모 가능하지만, 탈모 상태와 모발 굵기 상태 등에 따라 탑, 정수리 부분이나 헤어라인 쪽에 증모 시 매듭이 보일 우려가 있다. 따라서 오리지날 매직 다증모를 필요에 따라 1/2, 1/4, 1/8로 모량을 조절하여 증모하면 더욱더 효과적이다.

4) 증모술 기법에 따른 증모부위

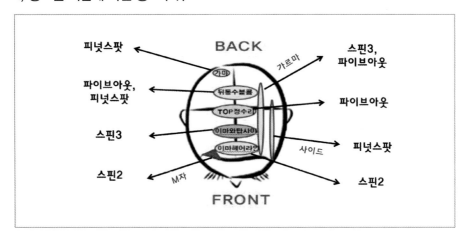

- M자와 이마 헤어라인 쪽은 다른 곳에 비해 상대적으로 모발이 가늘어서 증모 후 증모 매듭이 보일 수 있기 때문에 매듭이 작은 한 올 다증모나 모량 조절한 1/2, 1/4 다증모를 사용하고, 스킬을 2번 걸어서 매듭이 작은 스핀 2 기법으로 증모한다.
- 이마와 탑 사이, 탑, 가르마 부분에는 탈모 상태와 모발 굵기 상태에 따라 한 올 다증모, 1/2, 1/4 다증모 재료를 사용하여 스핀 3 기법으로 증모한다.
- 가르마, 탑 정수리, 뒤통수는 볼륨을 더 살려야 하는 부분이기 때문에 스핀 3보다 스킬을 두 번 더 걸어서 볼륨을 극대화해주는 파이브아웃으로 증모하고, 탈모 상태와 모발 굵기 상태에 따라 한 올 다증모, 1/2, 1/4 등 적당한 재료를 선택한다.
- 가마, 뒤통수, 사이드 부분은 떨어지는 라인이기 때문에 매듭이 미끄러지지 않

게 하려면 강한 스킬이 필요하다. 따라서 ㄱ자로 돌려 빼서 땅콩 모양을 만드는 스킬인 피넛스팟으로 증모하고, 재료는 1/2 또는 오리지널 매직 다중모를 선택한다.

– 스핀 2, 스핀 3, 파이브아웃은 증모 후 볼륨감의 차이가 있고, 피넛스팟은 땅콩 모양으로 꺾어져 있으므로 떨어지는 라인에 주로 사용한다.

다중모술 매듭 비교

| 스핀 2 | 스핀 3 | 파이브아웃 | 피넛스팟 |

– 두상 부위별로 조건이 다르기 때문에 고객의 탈모 상태, 모발 굵기, 뿌리 방향성 등을 고려하여 적합한 스킬과 재료로 증모하는 것을 권장한다.

■ 올바른 증모 매듭 위치와 진단

1) 매듭의 위치

증모술 후 두피를 내려다봤을 때, 매듭 부분이 정 가운데에 있다면 증모가 올바르게 되었다고 할 수 있다.

단, 너무 많은 양의 모발로 섹션을 뜨는 경우, 매듭 위치가 치우친 경우, 섹션을 깨끗하게 뜨지 않아서 증모술 중 다른 모발이 딸려 오는 경우 등 증모 시 각도나 섹션을 잘못하게 되면 증모술 후 모발이 빠지거나 고객이 불편함과 고통을 느낄 수 있기 때문에 각별히 주의해야 한다.

〈Top에서 두피 아래쪽을 바라본 올바른 매듭 위치〉

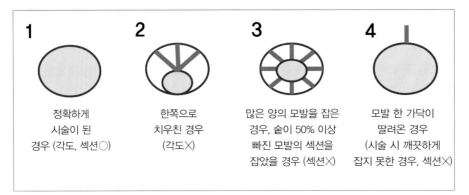

1 정확하게 시술이 된 경우 (각도, 섹션○)

2 한쪽으로 치우친 경우 (각도✕)

3 많은 양의 모발을 잡은 경우, 숱이 50% 이상 빠진 모발의 섹션을 잡았을 경우 (섹션✕)

4 모발 한 가닥이 딸려온 경우 (시술 시 깨끗하게 잡지 못한 경우, 섹션✕)

2) 다증모가 빠진 경우 진단 방법

증모술을 받은 후 증모 부위 모발이 빠진 경우 다증모의 상태를 확인해 책임 여부를 알 수 있다.

이때, 만약 증모 디자이너의 잘못으로 증모술을 받은 지 10일 이내에 모발이 빠진 경우라면 A/S를 해주는 것이 좋다.

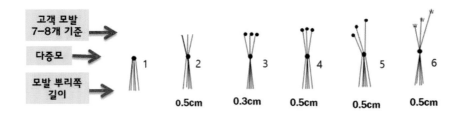

고객 모발 7-8개 기준

다증모

모발 뿌리쪽 길이

1 2 0.5cm 3 0.3cm 4 0.5cm 5 0.5cm 6 0.5cm

1. 다증모만 빠진 경우 – 시술자 잘못 (텐션을 주지 않음)

2. 모유두가 없이 뽑힌 경우 – 휴지기, 자연 탈모

3. 뿌리채 뽑힌 경우 – 시술자 잘못 (섹션을 많이 떠서 0.5cm 빼지 않고 매듭을 지을 때, 스킬 바늘을 2회 이상 꼬았거나 두피 뿌리쪽에 0.3cm 미만으로 매듭을 만든 경우 등)

4. 매듭 위치는 정확한데 뽑힌 경우 – 고객의 관리 소홀 (샴푸를 잘못했거나 브러쉬나 스타일링 할 때 무리하게 빗질을 한 경우 등)

5. 각도가 잘못된 경우 – 시술자 잘못

6. 모발이 강제로 끊긴 경우 – 시술자 잘못 (증모 각도가 잘못됨)

■ 다증모 매듭 풀기

다증모를 활용해 증모술을 하는 경우 섹션은 7가닥~8가닥을 잡게 된다.

증모술을 한 후 한 달이 지나면 스킬을 걸어놓은 고객 모발 7가닥~8가닥이 그대로 인 모발도 있고, 자연 탈모나 휴지기인 모발이 있으면 스킬을 걸어놓았던 고객의 모발 수가 줄어들어 있을 수도 있다. 이때 증모할 때 섹션을 떴던 고객의 모발 수가 줄어들었다면 증모 재료의 무게를 견뎌야 하는 고객 모발에 무리가 있는 상태일 수 있는데 그 상태로 고객 모발이 계속 길면 증모 재료의 무게를 견디기 더욱 힘들어서 고객의 모발이 뽑힐 수 있다. 그리고 증모를 한 지 한 달이 되면 고객의 모발이 1cm~1.5cm 정도 자라나기 때문에 샴푸 시에 자라난 모발 사이로 손가락이 들어가 매듭에 걸려서 견인성 탈모가 생길 수도 있다.

이러한 부분을 예방하기 위해서는 증모 매듭을 한 달 안에 풀고, 안전한 위치에 다시 증모하는 것이 좋다.

〈다증모 매듭 푸는 순서〉

① 하트 패널을 고정하고 매듭 중심부를 찾은 다음 다증모를 양쪽으로 나누어 고정한다.

② 맨 끝 매듭점을 찾아 물이나 오일을 살짝 바른 후 중심 부분을 꽉 누르고 매듭이 꺾여 있는 부분에 바늘을 넣어서 매듭을 풀어낸다.

　(모발이 부스스해서 엉키면 물보다 오일을 바르는 것이 효과적이다)

③ 매듭을 차례로 풀어서 깨끗하게 정리한다.

④ 다증모 매듭을 모두 풀어내 고객 모발만 남아 있는 상태가 되도록 한다.

   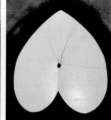

※ 다증모를 사용한 모든 증모 스킬은 이 방법으로 매듭을 풀 수 있다.

■ 원포인트 증모술 도해도

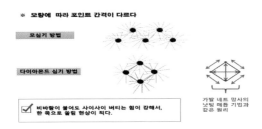

민두 마네킹에 구슬핀을 활용해서 포인트 점을 디자인한다.

블록별 매듭 포인트점

블록별 매듭 포인트점 모형도

포인트점을 찍을 때는 W M ▲ ▼ ◆ 모양이 형성되게 포인트점을 찍는다

블록별 매듭 포인트점 모형도 W M ▲ ▼ ◆

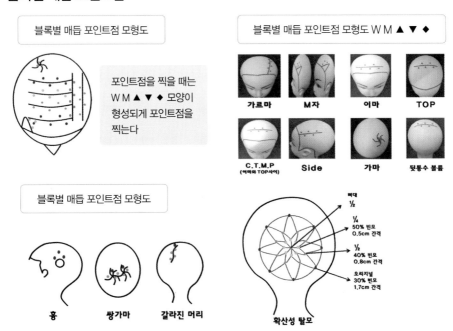

블록별 매듭 포인트점 모형도

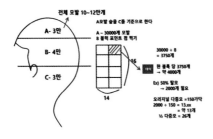

홈   쌍가마   갈라진 머리

확산성 탈모

8블록 다증모 포인트점 이론

전체 모발 10~12만개

A모발 술을 C를 기준으로 한다

A- 3만
B- 4만
C- 3만

A – 30000개 모발
8 블록 포인트 점 찍기

30000 ÷ 8
= 3750개

한 블록 당 3750개
→ 약 4000개

Ex) 50% 탈모
→ 2000개 필요

오리지널 다증모 =150가닥
2000 ÷ 150 = 13.xx
→ 약 13개
½ 다증모 = 26개

8블록 다증모 증모술 개수 활용 계산법

탈모범위	간격	갯수	포인트 시작점	반대쪽 포인트
50% 오리지널	1cm	13개	7	6
½	0.5cm	26개	13	13
40% 오리지널	1.4cm	10개	5	5
½	0.7cm	20개	10	10
30% 오리지널	1.7cm	8개	4	4
½	0.8cm	16개	8	8
20% 오리지널	2.8cm	5개	3	2
½	1.4cm	10개	5	5

사람의 평균 모발 수는 10만~12만 개다. 그중 A존(크라운)의 평균 모발량은 3만 개, B존의 평균 모발량은 4만 개, C존의 평균 모발량은 3만 개 정도이다.

Top 부분(A 존)을 M자, 이마 헤어라인, 이마와 탑 사이, 탑, 가르마, 뒤통수 볼륨, 사이드, 가마 등 부위별 8개의 블록으로 섹션을 나눴을 때, 1블록당 모발은 약 3,750개 정도(30,000 ÷ 8), 평균 4,000모라고 볼 수 있다. 만약 이 한 블록을 모두 오리지널 매직 다증모로 증모한다면, 오리지널 다증모 1개의 평균 모발량이 150개이므로 26개가 필요하다. (150 × 26 = 3,900)

이처럼 시술자는 탈모 부위를 확인해서 증모해야 할 모발 수를 미리 계산해야 원하는 양만큼 자연스럽게 증모가 가능하다.

ex

탈모 부위 한 블록에 50% 숱 보강이 필요한 경우 약 2,000모를 증모해야 한다. (4,000/2) 그렇다면 오리지널 다증모는 13개가 필요하고(150 × 13 = 1950), 만약 연모라서 1/2 다증모를 사용하면 26개가 필요하고, 1/4 다증모는 52개가 필요하다는 것을 계산할 수 있다.

■ 앞머리 연장술

앞머리 연장술에 사용하는 다증모는 한 올 롱 다증모와 3올 롱 다증모가 있다. 한 올 롱 다증모를 사용할 때는 고객 모 4가닥~5가닥을 섹션을 잡고, 3올 롱 다증모를 사용할 때는 고객 모 7가닥~8가닥을 섹션을 잡아서 증모해야 고객의 모발이 증모 무게를 견딜 수 있다.

앞머리 연장술을 할 때는 매듭이 작은 스핀 2 스킬 방법을 사용하는 것이 좋다.

〈스핀 2 증모술 순서〉

① 고객이 방문하면 상담한 후에 샴푸실에 가서 유분기를 없애는 딥클렌징 샴푸를 해준다.

② 사용하는 다증모 제품에 따라 고객 모발 섹션을 잡은 후 하트 패널을 10시~11시 방향에 놓는다. 핀컬핀으로 잔머리가 들어오지 않게 하트 패널의 벌어진 부분을 닫아주고, ㄴ자가 되도록 핀컬핀을 꽂아준다. 혹시 잔머리가 딸려 왔을 경우 패널의 벌어진 부분을 살짝 열어 빼내어준다.

③ 고객 모발도 충분한 수분이 있는 상태로 만들고, 다증모도 충분히 수분을 준 후

스킬을 걸 고정부에 잔머리나 다증모 모발이 딸려 오지 않게 엄지와 검지를 이용해 양쪽을 깨끗하게 정리해준다.

④ 다증모를 엄지 검지와 중지 약지 사이에 두고 OK 모양이 되도록 잡아준다.

⑤ 스킬 바늘을 고정부 오른쪽 바깥쪽에 두고 오른손 검지로 누른 후 2바퀴를 감아준다. 고정부 중간에 올 수 있도록 조절한다.

⑥ 오른손 새끼손가락으로 고객 모를 잡아서 왼손 검지 첫째 마디에 놓고 각도가 두피로부터 90°가 되도록 한 다음 엄지로 잡아준다. 다증모는 중지에 따로 잡아준다.

⑦ 스킬 바늘로 고객 모를 거는데 이때 양손을 두상에 밀착시키고, 일직선이 되게 한다. 고객 모를 스킬 바늘에 걸어서 스킬 바늘을 두피에 밀착시켜 세운 후 왼손을 좌측으로 이동해서 고객의 모발은 텐션을 주고 다증모는 힘을 뺀 다음 다증모를 오른손 검지로 밀어낸다. 밀어내는 순간 고객의 모발과 다증모에 같이 힘을 준다.

⑧ 고객 모발을 0.3cm~0.5cm 빼준다. 그 후에 스킬 바늘을 시계 방향 위쪽으로 2바퀴 감아준다.

⑨ 고객의 모발을 오른쪽 180°로 넘겨준 후에 다증모 양쪽을 조절해준다. 이때 조절을 해주지 않으면 매듭 위에 걸칠 수 있다.

⑩ 다증모를 깨끗하게 90° 방향으로 고정한 후 고객 모발을 원래대로 왼쪽으로 옮겨주면 ㄴ자 모양이 된다.

⑪ 매듭을 짓기 전 홀이 생기지 않도록 첫 번째 텐션을 준다.

⑫ 고객의 모발을 스킬 바늘에 걸어주고, 오른쪽으로 뺀 후 스킬 바늘을 중심부로 이동해서 텐션을 준다. 이 과정에서 텐션-매듭-텐션-매듭 총 2번의 텐션과 2번의 매듭을 걸어주는 것이 스핀 2 방법이다.

⑬ 중심부를 누르고 고객 모발을 빼낸다. 그리고 고객 모를 반으로 나눠서 마지막 텐션을 준다.

⑭ 잔머리가 따라오지는 않았는지 동서남북 체크를 해주고 두피로부터 매듭이 0.5cm가 띄워졌는지도 확인한다.

⑮ 다증모를 반을 갈라서 고정부에 정확히 스킬이 걸렸는지 확인한다.

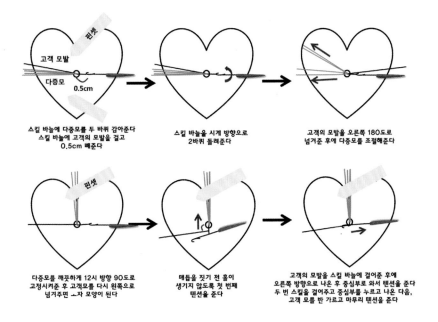

스킬 바늘에 다중모를 두 바퀴 감아준다
스킬 바늘에 고객의 모발을 걸고
0.5cm 빼준다

스킬 바늘을 시계 방향으로
2바퀴 돌려준다

고객의 모발을 오른쪽 180도로
넘겨준 후에 다중모를 조절해준다

다중모를 깨끗하게 12시 방향 90도로
고정시켜준 후 고객모를 다시 왼쪽으로
넘겨주면 ㅗ자 모양이 된다

매듭을 짓기 전 홀이
생기지 않도록 첫 번째
텐션을 준다

고객의 모발을 스킬 바늘에 걸어준 후에
오른쪽 방향으로 나온 후 중심부로 와서 텐션을 준다
두 번 스킬을 걸어주고 중심부를 누르고 나온 다음,
고객 모를 반 가르고 마무리 텐션을 준다

■ 헤어증모술 후 관리

▣ 샴푸

증모 후 샤워할 때는 물의 방향을 위에서 아래로 향하게 한다. 먼저 손바닥 양손에 샴푸를 골고루 묻힌 다음 위에서 아래 방향으로 손가락 지문을 사용해 두피 뿌리 부분을 마사지하듯 살살 문지르고, 머리카락은 손가락으로 위에서 아래로 빗질하듯이 씻어준다. 이때 증모한 머리카락을 마구 비비면 모발이 엉킬 수 있어서 절대 비비듯 돌리지 않는다. 만약을 위해 약간의 린스를 사용해주는 것이 좋다.

골고루 샴푸를 칠한 다음 헹굴 때도 물의 방향을 위에서 아래로 향하게 하고, 미지근한 물을 사용한다. 미지근한 물로 샴푸가 남지 않도록 깨끗하게 헹구어내는데 이때에도 손가락으로 위에서 아래로 빗질하듯이 씻어낸다.

앉아서 샴푸하거나 서서 샴푸하거나, 숙여서 머리를 감을 때도 이런 식으로 손가락으로 빗질하듯이 헹구어줘야 한다.

▣ 타월 드라이

샴푸가 끝나고 타월 드라이를 할 때는 수건으로 머리를 감싼 다음 가볍게 두드려서 머리카락을 말려준다. 이때 수건으로 모발을 비비면 꼬임 현상이 일어나서 다증모가 빠져버릴 수 있으므로 절대 비비지 않도록 주의한다.

▣ 드라이기

드라이기를 사용할 때는 찬 바람으로 말리고 이때 손가락으로 모발을 빗질하듯이 말리는 것이 좋다. 다증모는 죽어 있는 머리카락이기 때문에 큐티클 방향이 일정하지 않아서 뜨거운 드라이 바람으로 말리면 모발이 부스스해진다. 드라이기나 아이론기를 잡을 때 텐션을 줄 때 정말 조심해야 한다.

▣ 아이론, 드라이할 때

모발의 끝을 모아서 드라이기나 아이론기로 롤링해준다. 이때 모발 끝은 한두 번 훑어준 다음에 컬을 만들면 모발이 부스스하지 않고 컬의 탄력이 생겨서 더욱 좋다.

증모한 모발은 큐티클 방향이 역방향이기 때문에 일반 모발처럼 드라이나 아이론하듯이 해버리면 모발이 부스스해지고 컬이 잘 나오지 않는다.

또한 빗질 또는 롤브러시를 사용해 드라이할 때는 뿌리 쪽 매듭을 건드리지 않도록 조심해야 한다.

▣ 헤어스타일링 제품 사용 시

젤, 왁스, 스프레이 등 헤어스타일링 제품을 사용할 때에는 가능하면 모발 뿌리에는 사용하지 않는 게 좋다. 단, 어쩔 수 없이 뿌리까지 제품을 바르게 된 경우에는 다증모가 빠질 수 있으니 샴푸할 때 특별히 조심해야 한다.

사람의 머리카락은 기본적인 유분이 있고, 멜라닌 색소 형성이 변하면서 피지를 밀어내기 때문에 헤어스타일링 제품을 사용하여도 헹구기가 좋은 데 반해, 증모한 모발은 제품이 모발 내에 깊이 침투되면 밀어내는 성질이 없어서 잘 씻기지 않기 때문에 주의해야 한다.

다증모 모발의 머릿결 보호를 위해 가능한 단백질 제품(유연제, 에센스 등)을 사용할 것을 권한다.

헤어스타일링 제품이 증모한 모발 부분에 침투되어 모발이 손상된 경우 젤, 스프레이, 왁스, 포마드 등은 기름 성분과 알코올 성분이 있으므로 이를 제거하기 위해서는 우선 물을 묻히지 말아야 한다. 물을 묻힌 모발에 스타일링 제품을 씻어내려고 하면 세정제가 물에 희석되어 효과가 떨어지기 때문이다.

스타일링 제품을 세정하는 제품은 다음과 같다.
- 트리트먼트: 트리트먼트는 일종의 산성 계열이지만 보습 크림 종류일 뿐이기에 잘 안 빠진다. 모발에 이미 인위적으로 깊이 들어가 있는 스타일링 제품을 인위적인 알코올 성분을 이용해 포마드나 기름 성분 등 고정적인 것을 분해해 도움을 준다.
- 헤어스프레이: 스프레이로 뿌려서 모발을 살살 비벼서 풀어준다.
- 물파스: 모발에 잘 스며들고 휘발성 제품이기 때문에 왁스, 헤어스프레이 등을 분해하는 힘이 있다.
- 페브리즈: 스타일링 제품이 스며든 부위에 페브리즈를 뿌려놓고 5분 정도 있다가 풀어주는 것도 좋다.

스타일링 제품이 스며들어 굳어 있는 모발에는 위 제품들을 도포해 굳어 있는 부분을 먼저 풀어준 다음 샴푸를 발라 손가락으로 살살 빗질하듯이 풀어줘야 한다.

▣ 엉킨 모발 풀기
만약 증모 후 모발이 엉켰으면 컨디셔너나 린스 또는 헤어오일을 머리카락이 엉킨 부분에 도포한 후 한 손으로 다증모 매듭점 뿌리를 잡고 다른 한 손으로는 꼬리빗 뒷부분으로 엉킨 모발 끝부터 하나씩 조심스럽게 풀어준다. 만약 엉킨 부분을 끝부터 풀지 않고 전체적으로 빗질하면 모발의 큐티클이 손상될 수 있다.

■ 고객 상담 카드
고객이 방문하면 방문 후 상담 내용, 증모 내용, 재증모 일정 등 고객 정보를 기재한 고객 상담 카드를 작성하여 고정 고객을 관리할 수 있도록 한다.

고객상담 카드 예시

고객 정보 관리 시술 후 지속적인 관리							
시술 날짜	이름	연락처	시술 내용 (블록, 증모량, 가격)	재시술 날짜	전화 상담	크레딧 순번	기 타

3. 붙임머리

붙임머리는 두피와 가까운 머리카락에 길이가 긴 다른 가발 피스를 붙이거나 땋기를 하여 머리카락의 길이가 연장된 것처럼 보이게 해주고 숱을 풍성하게 만들어주는 기법이다.

■ 붙임머리의 목적

① 짧은 머리를 길게 하고자 할 때

② 커트를 잘못해서 긴 머리를 복구하고자 할 때

③ 풍성하게 숱 보강을 하기 위해

④ 염색, 탈색 시술로 내 머리 손상 일으키지 않고 멋을 내고 싶을 때

⑤ 잦은 염색이나 탈색으로 모발이 끊어져서 머리 스타일이 나지 않을 때

⑥ 항암 치료 끝난 후 머리카락이 조금 자란 상태에서 스타일을 내고 싶을 때

⑦ 긴 머리를 하고 싶지만 머리를 기르는 시간이 너무 오래 걸려서 힘들 때

⑧ 헤어스타일 변화를 주고 싶을 때

■ 붙임머리 도해도

붙임머리는 디자인에 따라 다양한 도해도를 만들 수 있다. 이번 전문가 부문에서는 붙임머리 도해도 중 가장 일반적으로 사용하는 일자 섹션 도해도를 알아본다.

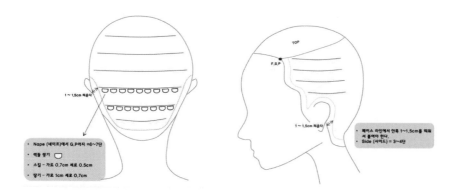

■ 고무줄 고정법

〈고무줄 묶기 순서〉

모든 붙임머리 작업은 붙임머리 후 고정 부위를 더욱 단단하게 하려면 매듭을 고무
줄로 묶어주는 것이 좋다.

고무줄 묶는 순서는 다음과 같다.

① 왼손 엄지와 검지로 매듭 밑을 잡아 꾹 누르고, 중지, 약지, 새끼손가락을 사용
해 고객 모와 붙임머리를 감싼다.

② 왼손 약지와 새끼손가락을 펴서 고무줄을 잡고, 고무줄을 위로 당겨 왼손 엄지,
검지로 고무줄을 잡는다.

③ 왼손 엄지와 검지 위로 나온 고무줄을 오른손 엄지와 검지로 잡아 왼쪽으로 넘
겨준다.

④ 왼쪽으로 넘긴 고무줄을 왼손 중지로 눌러 잡고 왼손을 오른쪽으로(시계 반대 방
향으로) 돌리면 고무줄이 따라온다.

⑤ ③과 ④동작을 4회~5회 정도 반복하여 고무줄을 단단하게 감아준다. 동작을
3번~5번 반복하여 고무줄을 단단하게 감아준다.

⑥ 감아진 위쪽 고무줄은 오른손 엄지와 검지로 잡아당기고, 밑에 고무줄은 중지
로 감아 텐션을 주어 당겨준다.

⑦ 오른손을 내 몸쪽으로(시계 반대 방향으로) 엎은 다음 고무줄 사이로 왼손 엄지
와 검지를 넣어 오른손을 원위치로 돌려준다.

⑧ 오른손 엄지와 검지로 잡은 고무줄을 왼손 엄지와 검지로 잡아당겨 묶어준다.

⑨ ⑥~⑧ 동작을 3번 반복해서 고무줄을 단단히 묶어준다.

⑩ 남은 고무줄을 0.5cm 정도 남기고 자른다. 이때 너무 짧게 자르면 고무줄이 풀어질 수 있으니 주의한다.

■ 붙임머리 기법

붙임머리는 손 땋기부터 스킬 방법까지 고정 방법이 매우 다양하다. 전문가 부문에서는 여러 가지 붙임머리 기법 중 스킬을 이용한 원스핀 매듭법과 더블스핀 매듭법에 대해 배워본다.

1) 원스핀

원스핀 스킬 바늘을 활용해 붙임머리 팁에 고리를 만든 후 고객 모발에 붙임머리 제품을 걸어 한 번만 돌려서 매듭을 만들어주는 방법이다.

붙임머리 팁에 고리를 만드는 방법은 다음과 같다.

먼저 왼손 엄지, 검지, 중지, 약지로 팁을 잡고 스킬 바늘 뚜껑을 위로 향하게 한 다음 스킬 바늘 위에 있는 팁을 오른손 검지로 누른 후 한 바퀴 같이 돌려서 뚜껑 열고 엄지와 검지에 있는 팁을 스킬 바늘에 넣고 그대로 빼주면 고리가 완성된다.

〈원스핀 순서〉

① 가로 0.7cm, 세로 0.5cm를 U자로 섹션을 떠서 하트 패널로 고정한다.

② 왼손 엄지와 검지로 고객 모를 잡고, 나머지 손가락으로 고객 모와 익스텐션 모발을 함께 잡고 스킬 바늘에 고객 모를 건다.

③ 스킬 바늘 뚜껑을 닫고 일자가 된 상태에서 스킬 바늘을 0.5cm 정도 빼준다.

④ 시계 방향으로 한 바퀴 돌린 후, 고객 모는 잡고 익스텐션은 놓은 상태에서 왼손 검지로 중심부를 누른 다음 스킬 바늘을 전진한다.

⑤ 고객 모만 위에서 아래로 그대로 올려 스킬 바늘에 걸고 빼낸다.

⑥ 빼낸 고객 모와 팁 모두 텐션을 준다.

⑦ 매듭 바로 밑에 고무 밴딩을 거는데 이때 손목 텐션을 이용해서 3회~4회 정도 돌린 후 매듭 묶음 처리한다.

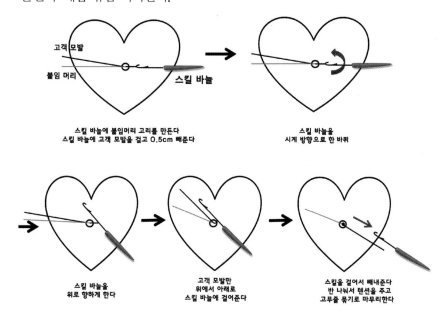

2) 더블스핀

더블스핀은 스킬 바늘을 활용해 붙임머리 팁에 고리를 만든 후 고객 모발에 붙임머리 제품을 걸어 두 번 돌려서 매듭을 만들어주는 방법이다.

먼저 붙임머리 팁에 더블스핀용 매듭 고리를 만드는 방법은 다음과 같다.

① 팁을 왼손 엄지와 검지, 중지와 약지로 나눠 잡고, 붙임머리 고정부를 스킬 바늘 대에 올린 다음 고정부를 스킬 바늘대에 얹는다.

② 팁 두 개를 함께 잡고, 뒤에서 앞으로 한 번, 앞에서 뒤로 한 번, 총 두 번의 매듭 을 만들어 준다. (넥타이 모양 매듭)

〈더블스핀 순서〉

① 가로 0.7cm 세로 0.5cm U자 섹션을 떠서 하트 패널로 고정한다.

② 고객 모는 왼손 검지에 놓고 엄지로 잡고, 약지와 새끼손가락으로 잡는다.

③ 익스텐션 모는 중지에 따로 잡는다.

④ 고객 모를 스킬 바늘에 걸고 스킬 바늘 뚜껑을 닫고, 고객 모와 스킬 바늘이 일
   자가 되도록 한 후 고객 모를 살짝 빼낸다.

⑤ 바로 스킬 바늘 전진 후 왼손 엄지와 검지로 잡고 있던 고객 모를 위에서 아래로
   스킬 바늘에 걸고 빼낸다.

⑥ 고객 모와 익스텐션 모를 각각 텐션을 주어 조여주고, 매듭 아래에 밴딩으로 마
   무리한다.

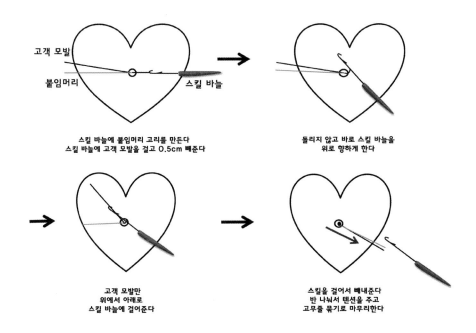

고객 모발 / 붙임머리 / 스킬 바늘

스킬 바늘에 붙임머리 고리를 만든다
스킬 바늘에 고객 모발을 걸고 0.5cm 빼준다

돌리지 않고 바로 스킬 바늘을
위로 향하게 한다

고객 모발만
위에서 아래로
스킬 바늘에 걸어준다

스킬을 걸어서 빼내준다
반 나눠서 텐션을 주고
고무줄 묶기로 마무리한다

■ 붙임머리 스타일링

1) 커트

붙임머리 전 고객 모발을 1차 커트한 다음 붙임머리 후 고객의 모발과 붙임머리 모
발을 자연스럽게 연결하는 커트를 해야 한다.

〈붙임머리 커트 순서〉

① 고객 모발이 층이 없는 경우 붙임 머리를 하면 자연스럽게 연결이 되지 않기 때문에 고객 모 끝부분을 틴닝가위로 질감 처리를 해준다.

② 고객 모와 붙임머리가 자연스럽게 연결되게끔 맨 윗단의 머리를 커트한다.

③ 붙임머리 피스가 뭉쳐서 나오기 때문에 브론트 가위로 커트하면 일자 느낌이 나서 뭉툭해진다. 따라서 붙임머리 팁의 모발을 버티컬로 잡아 레저날을 이용하여 조금씩 잘라준다.

④ 앞 사이드 부분도 숱 정리를 해주면 자연스럽게 표현할 수 있다.

2) 펌

펌 스타일을 원하는 붙임머리 고객의 경우, 고객 모발과 붙임머리 모발의 펌 작업 시간이 다르기 때문에 고객이 원하는 컬에 맞춰 고객 모발과 붙임머리 제품을 따로 펌해서 준비한 다음 붙임머리를 해야 한다.

〈인모 붙임머리 일반펌 순서〉

① 가모에 전처리제를 바르고 치오 펌제나 멀티 펌제를 도포한다.

② 롯드 선정 후 트위스트 기법으로 와인딩한다. (가모는 펌을 하면 늘어져서 붙임머리 시 트위스트 기법으로 하는 것이 좋다)

③ 와인딩 후 고객이 원하는 스타일에 따라 15분~최대 30분 자연 방치한다.

④ 중간 린스 후 타월 드라이하고 말린 다음 과수 중화 5분 2회 해준다.

⑤ 약산성 샴푸 후 트리트먼트로 마무리한다.

3) 웨이브 스타일

붙임머리 후 자연스러운 웨이브를 만들기 위해 아이론기를 사용해서 컬을 만들 수 있다.

〈웨이브 스타일 순서〉

① 25mm~30mm 컬링 아이론기 사용하여 붙임머리가 당기지 않게 감아준다.

② 살짝 뜸을 들인 후에 붙임머리를 아이론기에서 빼낸다.

③ 위 방법으로 웨이브를 전체적으로 만든 후 손이나 브러시를 이용하여 자연스럽게 풀어준다.

4. 블록증모술

블록증모술은 머신줄을 이용하여 숱이 없는 부위에 모발이 필요한 양만큼 디자인하여 숱을 보강하는 증모술이다. 블록증모술의 기본 디자인은 트라이앵글식이며, 두상의 숱을 보강할 위치에 따라 벽돌식, 다이아몬드식, 지그재그식, 라운드식, 모래시계 형태, S 라인식 등으로 디자인할 수 있다. 이때 가장 중요한 것은 시작점과 끝점을 같은 지점에서 끝나게 해야 한다는 점이다.

한 번에 10,000가닥 이상의 숱을 보강할 수 있고, 머신줄을 사용하기 때문에 다양한 모양의 라인을 만들어 블록 형태를 형성하는 것이 특징이며, 고객이 숱 보강을 원하는 부위에 원하는 만큼 증모를 할 수 있어서 고객 만족도가 매우 높다.

포인트 증모술은 두피, 모발, 탈모 유형 등 다양한 진단이 필요하고, 자세가 정확해야 하며, 모량의 범위에 따라 섬세하게 cm를 계산해야 한다. 또한 작업 시간이 비교적 길고, 비용 부담이 크고, 증모한 모발이 빠지면 고객이 직접 확인할 수 있다는 단점이 있다.

블록증모술은 이러한 포인트 증모술의 단점을 보완하기 위해 고안되었으며, 머신줄을 사용하기 때문에 고객의 비용 부담이 적고, 안정감과 중독성을 느낄 수 있다. 또한 머신줄의 간격을 필요에 따라 조절할 수 있어서 숱이 많이 보강되어야 하는 곳과 적게 보강되어야 하는 곳을 조절해서 디자인할 수 있다는 장점이 있다.

증모 디자이너는 블록증모술을 상담할 때 특징, 장단점, 그리고 포인트 증모술과의 차별성까지 확실하게 파악하고 있어야 고객의 신뢰를 받을 수 있고, 고객이 블록증모술을 선택할 수 있게끔 리드할 수 있다.

두상의 M자, 이마와 탑 사이, 가르마 볼륨, 정수리 볼륨, 뒤통수 볼륨, 옆 사이드 볼륨, 길이 연장 등을 할 때 블록증모술을 활용할 수 있다.

멀티 블록 증모술
Block Hair Increasing

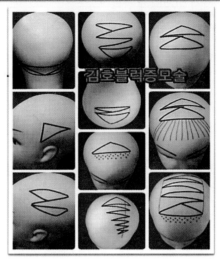

〈블록증모술 기본 도해도〉

1) 블록증모술 고정방법

블록증모술의 작업 순서는 다음과 같다.

① 숱 보강 또는 볼륨을 원하는 부위의 크기를 확인한다.

② 머신줄을 증모할 부위의 사이즈만큼 자른 후 끝부분 올이 풀리지 않게 하려면 끝부분의 모발을 제거하고 라이터로 지져준다.

③ 핀셋으로 양쪽을 고정한 후 중간에 가고정한다.

④ 핀셋을 뺀 자리에 가고정한다. 만약 사이드, 뒤통수, 정수리 부위에 증모할 때에는 줄이 보이지 않도록 1cm~1.5cm 띄워서 증모해야 한다.

⑤ 가고정 사이 사이에 링 고정한다. (＊ 링 사이즈만큼 간격을 띄워서 고정한다)

⑥ 가고정은 빼고 다시 링 고정한다.

⑦ 디자인하고자 하는 모양을 잡으면서 코너 부분이나 방향 전환하는 부분에 가고정 후 링 고정한다.

2) 블록증모술 리터치

블록증모술 후에 한 달~한 달 반 정도가 지나면 고객의 모발이 자라나서 관리가 불편해지기 때문에 제거 후 다시 고정해야 한다.

블록증모술을 제거할 때는 다시 고정할 때 제품이 헷갈리지 않도록 사용한 블록증모술의 제품을 순서대로 정리하는 것이 좋다.

① 트레이에 수건을 깔고, 고객 머리에 있는 블록증모술을 맨 앞줄부터 제거하면서 순서대로 정리해둔다.

② 고객 모를 커트하고 두피를 스케일링해준다.

③ 정리해둔 머신줄을 순서대로 세척해준다.

④ 처음 순서대로 맨 앞줄부터 재고정해준다.

5. 보톡스증모술

보톡스증모술은 원포인트 증모술로 커버가 어려운 비교적 넓은 정수리 쪽 탈모 부위를 쉽고 빠르게 증모할 수 있도록 다양한 형태로 디자인이 되어 있는 고정식 숱 보강 증모피스이다.

보톡스라는 명칭은 일반적으로 피부과에서 피부 주름에 볼륨을 넣어 탄력을 채우는 시술 용어인데, 보톡스증모술도 두상의 탈모가 있는 부분에 모발을 채워 볼륨을 살려서 동안으로 만들어준다는 뜻에서 착안했다.

보톡스증모술은 내피 없이 특수줄로 제작해서 고객의 모발과 두피는 건강하게 관리하면서 탈모 부위만 완벽하게 숱을 보강할 수 있는 '두피 성장 탈모 케어'용 제품으로서 무게감이 거의 없고, 통기력이 뛰어나기 때문에 착용감이 매우 편안하다는 등의 장점이 있다.

네이프 라인을 기준으로 하여 탑과 정수리 부위의 모량을 확인해 고객의 탈모 진행 정도(%)를 알 수 있는데, 보톡스증모술은 탈모 부위 숱 빠짐이 30~50% 진행되어 모발이 듬성듬성 있는 경우에 많이 사용한다.

보톡스증모술은 숱 보강뿐만 아니라 정수리 쪽 볼륨감을 살리고자 할 때도 활용할 수 있다.

1) 보톡스증모술 종류

보톡스증모술은 탈모 진행 정도에 따라 형태별, 부분별 7가지 디자인으로 구성되어 있으며, '동안으로 보석처럼 귀하고 아름답게 빛나라'는 의미에서 제품명 역시 보석 이름으로 짓게 되었다.

보톡스증모술을 고정할 때는 약한 모발이 아닌 건강한 모발에 고정해야 견인성 탈모가 생기지 않고, 안전하게 고정할 수 있다. 따라서 제품 사이즈가 탈모 범위 보다 1cm 정도 큰 사이즈의 보톡스 종류를 선택해야 한다.

보톡스증모술의 7가지 제품은 모두 디자인 특허를 획득하였으며, 제품별 특징은 다음과 같다.

보톡스증모술 제품 안내

제품명	디자인 특허 등록번호
에메랄드	제 30-0905416호
다이아	제 30-0894304호
가넷	제 30-0905417호
터키	제 30-0894300호
사파이어	제 30-0894302호
루비	제 30-0894301 호
아쿠아	제 30-0894303 호

에메랄드 (6x6) 다이아 (7x7) 가넷 (5x9)

터키 (9x10) 사파이어 (12x4) 루비 (10x5) 아쿠아 (9x9)

- 터키: 9cm × 10cm 사이즈이며, 정수리, 탑, M자 탈모 부위 탑 전체 커버에 사용할 수 있다.
- 루비: 10cm × 5cm 사이즈이며, 앞머리 뱅, 정수리 등에 숱을 보강할 때 주로 사용한다.

- 에메랄드: 6cm × 6cm 사이즈이며, 정수리, 탑 등의 숱이 부족한 부분에 숱을 보강할 때 주로 사용한다.
- 사파이어: 12cm × 4cm 사이즈이며, 앞머리, M자 탈모, 가르마에 사용하고, 탈모 커버뿐만 아니라 볼륨이 필요할 때도 활용할 수 있다.
- 아쿠아: 9cm × 9cm 사이즈이며, 확산성 탈모(원형 탈모), 정수리에 숱을 보강할 때 주로 사용한다.
- 가넷: 5cm × 9cm 사이즈이며, 정수리 가르마, 이마뱅 부위에 숱을 보강할 때 주로 사용한다.
- 다이아: 7cm × 7cm 사이즈이며, 정수리, 탑 부위에 숱을 보강할 때 주로 사용한다.

2) 보톡스증모술 고정 방법

① 고객의 탈모 부위와 탈모 범위를 확인한 후 적절한 보톡스 제품을 선택한다. 이때 탈모를 커버할 사이즈보다 1cm 정도 더 큰 보톡스 제품을 선택한다.

② 선택한 제품은 처음 사용 시 모발에 물을 충분히 적셔서 타월 드라이해 준비한다.

③ 제품의 물기를 30% 정도 남기고, 사방으로 빗질하여 모발의 볼륨과 모류 방향을 잡아준다.

④ 보톡스 제품을 고정하기 전에 고객 두상에 살짝 얹어 스타일과 모류 방향 고려하여 고정할 위치를 잡는다. (제품의 앞뒤 구분 없음)

⑤ 보톡스 제품의 가장자리 코너 부분에 모양 틀이 잡기 편하고, 움직이지 않게 망클립 또는 핀셋으로 가고정한다.

⑥ 줄 사이사이 위빙으로 고객 모발을 조금씩 빼낸 후 잘 섞이게 빗질한다.

⑦ 피스 가장자리 줄 모발을 반으로 갈라서 한 줄은 아래로, 나머지는 위쪽으로 모아 텐션을 주지 말고 악어핀으로 흘러내리지 않게 고정한다.

⑧ 섬세하게 모류 방향 따라 빗질한다.

⑨ 섹션모(가모+고객 모)를 링 사이즈만큼 줄 라인선 모양에 따라 일직선이 되게끔 뜬다.

⑩ 링을 밀어 넣고, 섹션모를 두상 각 90°를 유지하여 링 사이로 통과시킨다.

⑪ 펜치로 링을 잡고, 섹션 모를 잡은 왼손은 두상 가까이 각도를 내린다.

⑫ 펜치를 든 오른손의 각도를 내려서 링을 두피에 밀착시켜 1차 100% 집어준다.

⑬ 링의 2/3 지점에서 한 번 더 집어주어 고정력을 높여준다.

⑭ 작업 순서는 제품을 1번~10번까지 구역을 나누고 구역마다 텐션을 다르게 하여 링(3개~5개) 작업을 한다

⑮ 링으로 작업할 수 없는 부분은 스킬로 대신해 고정한다. 이때 더블스킬 기법으로 고정한다.

Tip

링 작업 시 가장 중요한 것은 수시로 모류 방향 따라 빗질을 잘하는 것이다.

Tip

본 고정 전에 가고정하는 이유는 보톡스 제품의 모양 틀을 잡기 편하고, 초보자들이 쉽게 고정할 수 있기 때문이다. 보톡스증모술에 익숙하다면 가고정 과정을 생략할 수 있다.

■ **다이아 고정**

보톡스증모술 중 다이아는 두상의 탑, 정수리 부분에 숱을 보강할 때 많이 사용하는 제품으로 사이즈는 8cm × 8cm이다. 다이아를 고정하는 방법은 다음과 같다.

① 보톡스의 가장 중요한 것은 모류 방향대로의 빗질이다. 사방으로 빗질하여 모발의 볼륨감과 모류 방향을 잡아준다.

② 먼저 보톡스 제품의 가장자리 부분을 모양틀이 잡기 편하고 움직이지 않게 망클립 또는 핀셋으로 가고정한다.

③ 줄 사이사이 위빙으로 고객 모발을 조금씩 빼낸 후 가모와 고객 모가 잘 섞이게 빗질한다.

④ 고정할 때 1번부터 차례로 가고정한 망클립을 제거하고 그 자리에 본고정한다.

⑤ 1번은 무텐션으로 3개~5개 정도 고정한다.

⑥ 2번은 20%의 텐션을 주어 3개~5개 정도 고정한다.

⑦ 3번~4번은 30%~40%의 텐션을 주어 3개~5개 정도 고정한다.

⑧ 5번~6번은 50%~60%의 텐션을 주어 3개~5개 정도 고정한다.

⑨ 7번~8번은 70%~80%의 텐션을 주어 3개~5개 정도 고정한다.

⑩ 9번은 90%의 텐션을 주어 고정한다.

⑪ 10번은 100%의 텐션을 주어 고정한다.

※ 고객의 두상에 보톡스증모술을 고정할 때는 줄이 당기지 않도록 줄 라인선 모양에 따라
   일자 형태로 섹션을 떠서 고정한다.

다이아(디자인특허30-0905417)

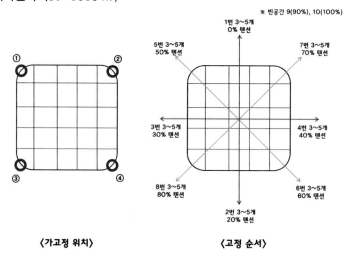

〈가고정 위치〉   〈고정 순서〉

6. 누드증모술

누드증모술은 '아무것도 입지 않은 알몸'을 뜻하는 누드(Nude)에서 착안해 신체의
머리카락 또는 털이 있어야 하는 부위에 모발 또는 체모가 전혀 없는 경우, 필요한
모량을 완벽하게 복원시켜 콤플렉스 부분을 커버하는 증모술을 의미한다.

누드증모술은 M자 탈모, 원형 탈모, 눈썹, 구레나룻, 수염 등에 흉터로 증모가 필
요한 경우 활용할 수 있다.

누드증모술은 고정 방법에 따라 탈부착식과 고정식으로 구분할 수 있는데, 탈부착
식은 주로 데일리용 가발 테이프를 사용해 1일~2일 정도 고정할 수 있고, 고정식은
노 테이프 글루를 사용해 약 2주간 고정할 수 있다.

1) 누드증모술 재료

누드증모술을 할 때는 나노스킨, 올스킨, 수염망을 사용한다. 각 재료의 특징은 다음과 같다.

▣ 나노스킨

나노스킨은 일반적으로 우레탄 PU를 0.03mm~0.12mm 두께로 아주 얇게 제작한 스킨에 싱글낫팅 기법으로 모발을 심어서 마치 두피에서 모발이 올라온 것처럼 자연스럽게 제작한 재료이다. 사이즈는 5cm × 5cm, 5cm × 18cm 두 가지 종류가 있다.
나노스킨은 매우 얇고 섬세해서 티가 나지 않는 장점이 있다. 반면 연약한 제품의 특성상 고정식을 했을 경우 땀, 피지, 열이 많은 고객이 사용하거나 강한 글루를 반복해서 뗐다 붙였다 하면 제품의 수명이 짧아질 수 있다.

▣ 올스킨

올스킨은 샤스킨에 모발을 심은 제품으로, 나노스킨에 비해 두께는 두껍지만 튼튼하고, 내구성이 좋아서 나노스킨보다 수명이 길다. 따라서 가격 부담이 큰 분이나 땀과 열이 많은 고객에게 만족도가 높다.

▣ 수염망

수염망은 P30 망에 싱글낫팅 기법으로 모발을 심은 제품으로 두피가 시원하고 답답하지 않다는 장점이 있다. 고객의 모발과 가모를 섹션을 뜬 다음 링으로 고정하는 방법을 사용한다.

나노증모술을 위한 재료의 사이즈는 다음과 같이 분류할 수 있다.
① 나노스킨 小 (5cm × 5cm)
② 나노스킨 大 (5cm × 15cm), (5cm × 18cm)
③ 스위스 수염망 (5cm × 15cm)
④ 무모증용 음모패드: 大, 中, 小
⑤ 누드증모(맞춤): 고객형 스타일 (나노스킨 & 망)

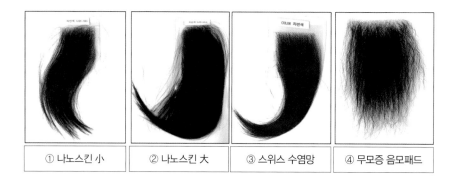

| ① 나노스킨 小 | ② 나노스킨 大 | ③ 스위스 수염망 | ④ 무모증 음모패드 |

2) 누드증모술 고정 방법

◉ M자 탈모 커버

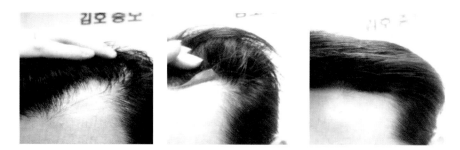

이마라인은 노출이 되는 민감한 부위이기 때문에 누드증모술을 활용해서 M자 탈모를 커버할 때는 마치 내 두피에서 모발이 난 듯한 느낌을 주기 위해서 두피에 제품을 밀착시키는 방법인 본딩식으로 고정하는 것이 가장 이상적이다.

누드증모술로 탈모를 커버하기 위해서는 먼저 탈모 커버가 필요한 부위의 패턴(본)을 만들어서 제품을 그 패턴과 같은 형태로 준비한 다음 고객의 탈모 부위에 고정해야 맞춤 커버가 가능하다.

〈누드증모술 패턴 제작 순서〉

① 눈썹 면도기로 탈모 부위를 깨끗하게 밀어서 모양을 만들어준 후 커버 부위 주변 모발에 물이나 젤을 바르고 벨크로를 이용해 주변머리를 깨끗하게 붙여 탈모할 부분의 피부가 완전히 노출되도록 한다.

② 비닐랩을 이용해 이마 쪽 탈모 부위에 랩이 밀착되도록 한 뒤 뒤통수에 남은 랩을 묶어 고정한다. 이때 비닐랩이 울지 않게 깔끔하게 펴서 래핑하는 것이 중요하다.

③ 수성 펜으로 랩 위에 탈모를 커버할 부분인 M자 부위 패턴을 그린다. 이때 성별에 따라 이마라인을 적절하게 디자인한다.
- 남자: 남성스러움을 표현하기 위해 약간 스퀘어 느낌으로 디자인
- 여자: 여성스러움을 표현하기 위해 둥근 곡선 느낌으로 디자인

④ 패턴에 좌우를 표시하고 수성펜이 번지지 않게 위에 테이프를 한 번 더 붙여 준다.

⑤ 디자인한 패턴을 떼어낸 후 민두 마네킹에 디자인한 패턴을 올려 고정한다.

⑥ 디자인한 패턴 위에 양면테이프를 붙이고 누드증모할 재료(패드)를 준비한다.

⑦ 누드증모 패드에 물을 분무하여 머리카락 낫팅한 모류 방향을 잡은 후 디자인한 랩 위에 얹어서 디자인 모양대로 컷팅한다. 이때 쵸크 가위나 커터날을 이용하여 패드를 깔끔하게 잘라주어야 한다.

고객의 탈모 부위에 맞는 패턴이 준비되면 본격적으로 누드증모술 고정 작업을 진행한다.

〈누드증모술 순서〉

① 거즈에 스켈프 프로텍터를 뿌려 탈모를 커버할 부분을 깨끗하게 닦아준다.
(스켈프 프로텍터는 고객 피부의 유분기를 없애주면서 동시에 접착력을 강화하는 역할을 한다)

② 준비한 누드증모 패드 바닥 쪽에 양면테이프를 깐 다음 바늘을 이용해서 노 테이프 글루를 골고루 얇게 펴 바른다. 글루를 최대한 얇게 발라야 접착력을 높일 수 있으므로 세심하게 발라준다.

③ 글루가 마를 수 있도록 3분~5분 정도 냉풍 드라이해서 손으로 만졌을 때 글루가 달라붙지 않을 정도가 되면 M자 탈모 부위에 패드를 부착한다.

④ 패드를 부착할 때는 공기가 들어가지 않도록 먼저 길고 단단한 바늘로 누드증모 패드의 중간을 눌러 고정한 후 안쪽에서 바깥쪽으로 밀어내어 패드 안에 공기를 빼면서 단단하게 부착시킨다. 패드 내에 공기가 없어야 유지력이 오래간다.

⑤ 어느 정도 시간이 지난 후 접착이 잘되었는지 확인하고 빗질하면서 스타일링한다.

Ⅱ. KIMHO 가발술

가발은 인모와 인조모로 여러 가지 모양을 만들어 머리에 쓰는 헤어 아이템이다. 현대 사회에 들어선 후 가발은 개인의 콤플렉스를 커버하고, 외모를 돋보이게 하려고 사용하는 경우가 대부분이다. 지금부터는 가장 대중적인 탈모 커버 제품인 가발에 대해 자세하게 알아본다.

1. 가발술의 이해

가발의 종류는 다음과 같이 분류할 수 있다.

◙ 기성 가발

기성 가발은 두상의 사이즈를 표준화하여 만든 제품으로 두상 크기나 탈모 범위가 기성 가발 제품과 어느 정도 맞아야 착용 가능한 것이 특징이다. 맞춤 가발은 주문 후 제작 기간이 오래 걸리지만 기성 가발은 미리 제작한 가발을 구매하기 때문에 시간적 여유가 없어 당일에 착용을 원하시는 고객들이 선호한다. 기성 가발의 종류로는 탑피스와 남성 투페이 등이 있다.

◙ 맞춤 가발

맞춤 가발은 고객의 두상을 본떠서 두상의 크기, 탈모 범위에 따라 고객 맞춤형 제품을 제작하는 것을 의미하며, 기성 제품 사이즈가 잘 맞지 않거나 나에게 꼭 맞는 가발을 원하는 고객들이 선호한다. 숱 보강할 모량, 새치 비율 등 섬세한 부분까지 고객이 원하는 대로 제작할 수 있어서 고객 만족도가 높다. 하지만 제작 기간이 한 달~한 달 반 정도 걸리기 때문에 시간적 여유가 필요하다. 맞춤 가발은 공법에 따라 고정식, 반고정식, 탈부착식으로 구분할 수 있는데 고정식에는 테이프식, 샌드위치식, 본딩식, 퓨전식이 있고, 반고정식에는 단추식과 벨크로식, 탈부착식에는 테이프식, 클립식, 벨크로식이 있다.

▣ 패션 가발

패션 가발은 주로 기계로 제작한 가발이다. 나일론으로 만든 가발이어도 수제 패션 가발은 고가품에 속한다. 패션 가발은 미리 제작한 제품이기 때문에 당일 착용이 가능하다. 패션 가발의 모발 재료는 주로 인모, 인조모, 나일론(저가 원사, 아크릴, 고가 원사) 등을 사용하고, 염색을 한 것이 아닌 여러 가지 색깔의 머리카락을 섞어 만든다. 종류가 다양하고 부분 가발(탑피스) 종류가 주로 많다.

■ 가발의 명칭

가발을 크기별로 분류하면 다음과 같다.

▣ 탑 가발

탑 가발은 정수리 중 C.P.(Center Point)에서 20cm까지 부분을 커버하는 사이즈를 의미한다.

▣ 반전두 가발

반전두 가발은 모자를 쓸 때 두상을 덮는 부분인 C.P.(Center Point)에서 24cm(B.P Back Point) 사이즈를 의미한다.

▣ 전두 가발

전두 가발은 두상을 모두 덮는 통가발을 의미하며 C.P(Center Point)에서 32cm(N.P Nape Point) 사이즈를 의미한다.

■ 모발의 종류

가발을 제작할 때 사용하는 모발의 종류는 크게 인모와 인조모로 나눌 수 있다. 지금부터 인모와 인조모의 차이, 인모와 인조모를 구별하는 방법에 대해 알아본다.

▣ 인모

인모는 100% 사람의 머리카락이므로 멜라닌 색소나 큐티클, 시스테인 등이 보존된 자연 그대로의 모발이다. 불에 태웠을 때 서서히 타면서 유황 냄새 또는 단백질 타는 냄새가 나면서 완전히 연소하며, 재를 만져보면 부드럽고 덩어리가 남지 않는다. 인모는 케라틴 성분으로 되어 있고 끝이 타서 부서지는 특징이 있다.

〈장점〉
– 열에 강해서 펌, 염색, 탈색이 가능하여 스타일이 자유롭다.
– 결이 자연스럽고 내 머리와 잘 연결된다.

〈단점〉
– 100% 인모로 가발을 만들면 무겁고 비용이 많이 든다.
– 단백질 성분이라 탈색 등 변형이 일어날 수 있다.
– 떨어져 나온 머리카락이어서 영양 공급을 받을 수 없으므로 일정 기간이 지나면 클리닉을 해야 한다.
– 손질이나 관리가 까다롭다.

▣ 인조모
인조모는 재질에 따라 합성모, 혼합모, 고열사모로 분류할 수 있다. 인조모를 불에 태우면 플라스틱 고무 타는 냄새가 나고 끝이 몽우리지며 꼬실꼬실거린다. 타고 난 잔재를 확인하면 조그맣고 딱딱한 덩어리가 남는다.
인조모의 종류는 다음과 같다.

– 합성모: 아크릴섬유나 화학섬유로 만들며, 사람 머리카락과 흡사하게 만든 모발이다.
– 혼합모: 가발 제조 시 동물의 털과 인간의 털을 혼합한 것이다.
– 고열사: 높은 온도에서도 버틸 수 있는 모발로, 드라이, 아이론기 등 열기구 사용이 가능하고 열펌이 가능하다. (일반펌, 염색 불가)

〈장점〉

- 무한정 생산이 가능하다.
- 멜라닌이 없어 햇빛에 변색이 안 된다.
- 모발 빠짐 현상이 덜하다.
- 형상기억모로 샴푸 후에도 모양이 잘 유지되고 스타일 변형도 거의 없어 손질과 관리가 편하다.
- 인모보다 비용이 저렴하다.

〈단점〉

- 염색, 탈색, 펌을 할 수 없다.
- 햇빛에 광채가 나서 반짝거린다.
- 두껍고 힘이 좋아서 모발이 잘 드는 현상이 있고 부자연스럽다.
- 시간이 지나면서 스프링처럼 꼬여 내 모발과 일체감이 없어진다.

▣ 인모와 인조모 구별 방법

- 인모를 불에 태우면 케라틴, 살 타는 냄새가 나고 모발 끝이 타서 부서진다.
- 인조모를 불에 태우면 플라스틱이나 고무 타는 냄새가 나고 끝이 몽우리지며 꼬실꼬실해진다.
- 어떤 인조모는 유황 냄새가 나는 경우가 있어 구별하기 매우 힘들다.
- 인모와 인조모를 확실하게 구별하기 위해서는 펌이나 탈색을 해봐야 한다.
- 펌을 할 때 하나는 열처리해보고, 하나는 자연 방치해본다.
- 와인딩 후 열처리했을 때 컬이 제대로 나오고, 자연 방치했을 때 컬이 안 나오면 인조모이다.
- 인모는 열처리해도 펌이 나오고, 자연 방치해도 펌이 나온다.
- 탈색했을 때 100% 인모는 노랗게 탈색이 되고, 인조모는 탈색이 되지 않는다.
- 나일론은 탈색약에 녹지 않는다.

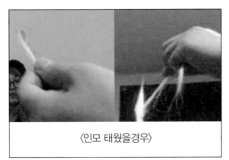

〈인모 태웠을경우〉

〈인조모 태웠을경우〉

■ 가발의 구성과 재료

1) 가발의 구성

가발은 프런트 스킨, 가르마, 내피, 패치 테두리로 구성되어 있으며, 각 부위의 특징은 다음과 같다.

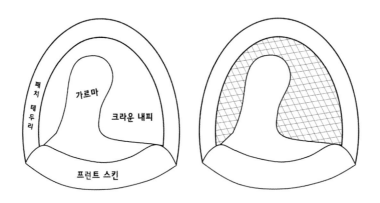

패치 테두리　가르마　크라운 내피　프런트 스킨

▣ 프런트 스킨

앞쪽 이마에 붙여 내 두피처럼 보이게 하는 부분이다. 프런트 스킨은 주로 나노스킨 1단, 2단, 3단, 샤스킨(얇게, 보통, 두껍게), USA 스킨 등을 사용한다.

▣ 가르마

노출되는 부위의 가르마 부분은 자연스러운 느낌을 주기 위해 주로 망 소재를 사용한다. 가르마를 제작할 때 사용하는 망의 종류는 P30, P31(스위스망으로 부드러움), P202(독일망), 폴리육각망(시원함을 주고자 할 때), 화인모노망, 불파트(내 두피 같은 느낌) 등이 있다.

▣ 내피

크라운 내피라고도 불리며 노출되는 부위를 제외한 나머지 부분이다. 내피에는 어망, 다중모줄(벽돌식, 다이아몬드식), 모노 F 사각망, SY/BL 망 등을 사용한다.

▣ 패치 테두리

가발과 두상을 연결하는 둘레 부위로, 고정 재료를 부착하는 부분이다. 패치 테두리에는 나노스킨, 샤스킨, USA 스킨 등을 사용한다.

2) 가발의 재료

가발 내피를 제작할 때 사용하는 재료를 종류별로 구분하면 다음과 같다.

▣ 스킨

제목	특징	제품사진
나노스킨	– 두께가 얇아 피부에 밀착감이 좋다. – 프런트 스킨, M사 가발 전체나 패치 테두리, 가발 수선, 수제 가발에 사용한다. – 두께에 따라 0.03mm, 0.04mm, 0.06mm, 0.09mm, 0.12mm, 0.16mm로 이루어져 있다.	
샤스킨	– 모노샤망 + PU 우레탄으로 단계별로 얇게, 보통, 두껍게 나누어진다. – 프런트 스킨, 패치 테두리, 가발 수선용으로 사용한다. – 색상은 스킨색과 검정색이 있다.	
USA 스킨 (우레탄)	– 두껍고 질겨서 패치 테두리에 주로 많이 사용한다. – 내구성을 더 강하게 하기 위해서 프런트에 사용하기도 한다.	

| 올스킨 | – 전체가 나노스킨이고, 모발이 낫팅되어 있다.
– M자, 흉터, 이식증모술, 수제 가발, 각종 가발 수선 등에 잘라서 사용한다. | |

▣ 가르마에 주로 사용하는 촘촘한 망

제목	특징	제품사진
불파트망	– 내 두피처럼 보여 두피에서 모발이 나온 듯 자연스럽고, 매듭점이 보이지 않아서 전혀 티가 나지 않는다. – 주로 H사 스타일로 2중망 또는 3중망으로 사용한다.	
화인모노망	– 내피 안쪽과 가르마 섬세한 부위에 두피처럼 보이고자 할 때 사용한다. – 매듭점이 작아 불파트 대용으로 사용한다. – 땀 배출이 아주 느린 것이 특징이다.	
벌집 화인모노망	– 내피 안쪽과 가르마 섬세한 부위에 두피처럼 보이고자 할 때 사용한다. – 매듭점이 작아 불파트 대용으로 사용한다. – 땀 배출이 아주 느린 것이 특징이다.	
포리사망	– 가르마 불파트와 화인모노 대용으로 사용한다. – 매우 촘촘하며 아주 부드러운 실크 소재와 같다.	

■ 가르마, 크라운 내피에 사용하는 망 (1중망/2중망)

제목	특징	제품사진
P202 (독일망)	– 주로 남성 가발 내피에 사용된다. 색상은 살색, 검정이 있다. – 튼튼하고 딱딱한 특징이 있다.	
P30 (스위스망)	– 가르마에 주로 2중으로 사용하며, 이마라인에도 사용한다. 수염망 소재랑 같다. 색상은 살색, 검정이 있다. – 신축성이 있으며, 구멍이 약간 크다. (P31보다 구멍이 크다) – 독일망보다 섬세하고 부드럽다.	
P31 (스위스망)	– 가르마 2중으로 사용한다. 색상은 살색, 검정이 있다. – 신축성이 있으며, 구멍이 약간 작다. (P30보다 구멍이 작다) – 독일망보다 섬세하고 부드럽다.	
폴리육각망	– 가르마 2중으로 사용하며, 항암 가발 사이드, 탑 베이스, 반전두, 전두, 여성 가발, 수제 가발에 대중적으로 많이 사용한다. – 색상은 살색, 검정이 있다. – 부드러운 소재로 두피가 예민한 분 또는 딱딱한 것을 싫어하는 분이 선호한다.	
AB 모노항균망	– 가르마 2중 또는 크라운 내피 1중으로 주로 사용한다. – 땀에 의해 세균 발생하는 것을 최소화한 항균망이다. 색상은 살색, 검정이 있다.	

■ 크라운 내피에 사용하는 망

제목	특징	제품사진
210D망	– 패치 테두리, 몰딩, 수제 가발 뼈대로 주로 사용한다. – 가장 두껍고 빳빳하며 튼튼하다. – 딱딱하지만 공기가 잘 통한다.	
140D망	– 수제 가발 내피 틀을 만들 때, 내피 안 망이 튼튼하기를 원할 때 가장 많이 사용한다. – 폴리육각망보다 힘이 있고 두껍다.	
장미망	– 장미 모양 수가 있다. – 여성 패션 가발 내피에 사용한다.	
올망	– 전체가 망이고, 모발이 낫팅되어 있다. – M자, 흉터, 이식증모술, 수제가발, 각종 가발 수선 등에 잘라서 사용한다.	

▣ 크라운 내피에 사용하는 통기성이 좋은 소재

제목	특징	제품사진
어망	– 전체적으로 탈모이지만 모량이 약간 있는 분들이 시원함을 원하고, 볼륨감을 원할 때 내피 없는 성형가발 탑에 사용한다. – 0.5cm, 0.7cm 두 가지로, 0.5cm x 0.5cm, 0.7cm x 0.7cm 수지(풀)를 먹인다. → 우레탄으로 먹인다.	
SY/BL망	– 찬*가발, 여성 가발, 탑피스, 항암 가발 사이드에 공기가 잘 통하기를 원할 때 주로 사용한다. – 약간의 탄성이 있는 것이 특징이다.	
모노F사각망	– 일반적으로 사용하는 조직이 촘촘한 망에 답답함을 느껴 시원함을 원할 때 내피 안쪽에 주로 쓰인다. – 0.4cm X 0.5cm로 이루어져 있고, 어망보다 줄의 두께가 얇고, 부드럽다.	
내피 없는 머신줄 (벽돌식)	– 내피 없는 성형가발의 베이스로 벽돌식 모형이다. – 보톡스, 리바이탈, 내피 없는 맞춤, 기성 가발에 주로 사용한다. – 적당한 볼륨감이 있다.	
내피 없는 머신줄 (다이아몬드식)	– 내피 없는 성형가발의 베이스로 다이아몬드형이다. – 내피 없는 성형가발 맞춤, 기성 가발에 주로 사용한다. – 볼륨감이 뛰어나다.	

■ 테두리

제목	특징	제품사진
언더낫팅	– 샤스킨 또는 일반 PU 스킨 안쪽에 낫팅이 되어 있으며, 프런트, 테두리 스킨에 사용한다. – 두피에 밀착되어 자연스러운 연출이 가능하다.	
FM	– 샤스킨 또는 일반 PU 스킨 가장자리에 망을 덧댄 것으로, 프런트나 테두리 스킨에 사용한다. – 톱니바퀴형, 일자형 두 가지가 있다. – 내 머리에 심은 듯한 느낌과 자연스러움을 주고 올백 스타일을 할 때 좋다.	 FM (톱니) FM (일자)
MP	– 테이프를 접는 방법과 스킨에 테이프를 덧대는 방법이 있다. – 고정식을 하기도 하고 클립을 달기도 한다. – 땀을 많이 흘리는 사람에게 적합하다.	
망접음	– 테두리에 망을 접어서 사용한다. 0.5cm, 1cm, 1.5cm, 2cm 망접음이 있다. – 스킨이 없고, 고정식 또는 클립을 달아 사용한다. – 땀을 많이 흘려 시원함을 원하는 사람에게 적합하다.	

▣ 가발 부착 재료

고객의 두상에 가발을 부착할 때는 클립, 벨크로, 단추, 자석, 테이프, 글루, 링 등
을 사용한다.

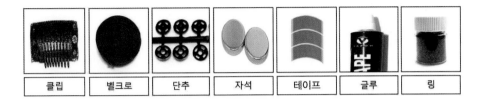

클립	벨크로	단추	자석	테이프	글루	링

■ 일반 가발 vs KIMHO 내피 없는 성형가발

일반적으로 가발은 내피가 망 또는 스킨으로 되어 있는 형태로 내피가 두피와 잔모
를 덮고 있기 때문에 답답하고, 통풍이 되지 않아서 노폐물이 쌓여 가렵거나 냄새
가 많이 날 수 있다. 또한 망가발의 특성상 모발의 방향성이 정해져 있으므로 모류
방향이 자유롭지 못해서 스타일에 한계가 있다. 예를 들어 이마를 드러내고 머리카
락을 이마 뒤로 넘기는 헤어스타일로 제작한 가발은 앞머리를 내리는 스타일을 할
수가 없고, 왼쪽에서 넘어가는 머리 스타일로 모발을 심게 되면 오른쪽에서 넘기는
스타일을 할 수 없는 등 제약이 많다.

망 내피에 100% 인모를 심으면(낫팅) 전체적으로 무게가 무거워서 모발이 가라앉게
되어 가발 티가 나고 스타일이 잘 살지 않는다. 이 때문에 일반적으로 가발 공장에
서는 가발을 제작할 때 20%~30% 정도의 고열사 또는 합성모를 섞어 가벼운 느낌
을 내게끔 한다.

또한 탈모 고객 대부분이 열이 많고 땀이 많이 나는 것이 특징이기 때문에 가능한
시원한 가발을 원하지만, 일반적인 가발은 망 또는 스킨 등의 내피가 있다 보니 무
겁고 답답해서 땀을 많이 흘리고 노폐물이 쌓여 고약한 냄새가 날 수 있다.

KIMHO 내피 없는 성형가발은 기존 가발의 문제점인 답답함을 해결하기 위해 숱 보강용 증모피스의 연장선상에서 내피 없는 성형가발을 고안했다. 전 세계 최초 KIMHO 내피 없는 성형가발은 무게가 가벼울 뿐만 아니라 통풍이 잘된다는 것이 가장 큰 장점이다. 또한 스타일 면에서 자유로워 손질에 따라 원하는 스타일을 낼 수 있다는 장점이 있다.

KIMHO 내피 없는 성형가발의 특징을 살펴보면 다음과 같다.
첫째, KIMHO 내피 없는 성형가발은 두피 성장 탈모 케어를 목적으로 한다.
일반 가발이 답답한 내피로 두피를 덮어서 탈모를 가속하는 반면, KIMHO 내피 없는 성형가발은 통기성이 우수하여 열과 땀을 배출할 수 있기에 착용 내내 쾌적하다. 또한 가발을 착용하면서 탈모 관리를 받을 수 있는 장점이 있다.
둘째, 내피가 없는 부분에 머리를 심는 방법은 줄 낫팅 공법으로 수제 제작하기 때문에 모발의 방향성이 정해져 있지 않고, 360° 퍼짐성과 볼륨감이 뛰어나 원하는 대로 다양한 스타일을 연출할 수 있는 특징이 있다.
셋째, 100% 인모를 사용해서 펌, 염색 등 미용시술이 자유롭다.

2. 가발 제작

가발 디자이너라면 고객의 생활 방식, 탈모 상태, 원하는 스타일 등을 고려해 고객 맞춤형 가발을 제작할 수 있어야 한다. 사람마다 머리 모양과 굴곡, 탈모 부위가 달라서 맞춤 가발을 제작할 때는 현재 고객 모발의 굵기와 탈모 커버에 필요한 머리숱의 총량, 사이즈 등을 정확하게 확인하고 가발을 제작해야 한다. 이때 고객의 컨디션에 맞지 않은 가발을 제작한다면 맞춤형 가발로서의 의미가 없어지고 고객에게 신뢰를 잃을 수 있다. 만약 부자연스러운 가발을 착용한 고객이 주변에서 '가발 같다'라는 말을 들으면 정신적으로 큰 충격을 받고 가발을 기피하게 될 수 있기 때문에 고객의 맞춤 가발을 작업할 때는 신중히 확인해야 한다.

1) 가발 패턴 제작

맞춤 가발을 제작하기 위해서는 고객의 두상에 딱 맞는 패턴(본)을 만들 수 있어야 한다. 지금부터는 가발 패턴을 정확하게 작업하기 위해 두상의 부위별 포인트 점의 명칭, 패턴 작업 방식, 패턴 작업 순서에 대해 알아본다.

■ 두상 부위별 포인트점 명칭

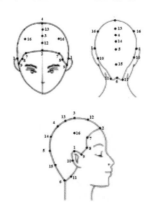

번호	기호	명칭
1	E.P	이어 포인트(EAR POINT)
2	C.P	센타 포인트(CENTER POINT)
3	T.P	톱 포인트 (TOP POINT)
4	G.P	골덴 포인트(GOLDEN POINT)
5	B.P	백 포인트(BACK POINT)
6	N.P	네이프 포인트(NAPE POINT)
7	F.S.P	프론트 사이드 포인트 (FRONT SIDE POINT)
8	S.P	사이드 포인트(SIDE POINT)
9	S.C.P	사이드 코너 포인트 (SIDE CORNER POINT)
10	E.B.P	이어 백 포인트 (EAR BACK POINT)
11	N.S.P	네이프 사이드 포인트 (NAPE SIDE POINT)
12	C.T.M.P	센타 톱 미디엄 포인트 (CENTER TOP MEDIUM POINT)
13	T.G.M.P	톱 골덴 미디엄 포인트(TOP GOLDEN MEDIUM POINT)
14	G.B.M.P	골덴 백 미디엄 포인트 (GOLDEN BACK MEDIUM POINT)
15	B.N.M.P	백 네이프 미디엄 포인트 (BACK NAPE MEDIUM POINT)
16	E.T.M.P	이어 톱 미디엄 포인트 (EAR TOP MEDIUM POINT)

■ 패턴 제작 방식

	랩 테이핑	석고	시트 프레임	3D 두상 스캐너
장점	초보자가 하기 가장 안전하고 쉬운 방식이다. 눈으로 직접 탈모 부위를 볼 수 있어 정확성이 높다. 재료비가 저렴하다.	석고로 제작한 본(패턴)은 튼튼한 것이 특징	고객에게 보이는 일종의 쇼맨십이 크다. 랩 테이핑보다 빠르게 두상 본(패턴)뜨기가 가능하다.	고객에게는 최신식 방법으로 보이고, 기계로 작업하므로 시술자가 하는 직접적인 수고를 덜어준다.

| 단점 | 시간이 오래 걸린다. 고객이 랩을 헐겁게 잡고 있으면 두상에 비해 본이 커질 가능성이 있다. | 석고가 하얗기 때문에 탈모 부위가 보이지 않는다. 석고가 깨지거나 부서질 수 있다. | 열이 식게 되면 금방 굳어서 시트가 불투명해지기 때문에 탈모 부위를 그리기가 어려워서 초보가 작업하려면 많은 연습이 필요하다. | 고객이 조금만 움직여도 두상 모양이 달라져서 정확성이 떨어진다. 위에서만 스캐너가 작동하기 때문에 뒤통수 밑부분까지 빠진 탈모를 잘 잡아내지 못한다. |

■ 패턴 제작 순서

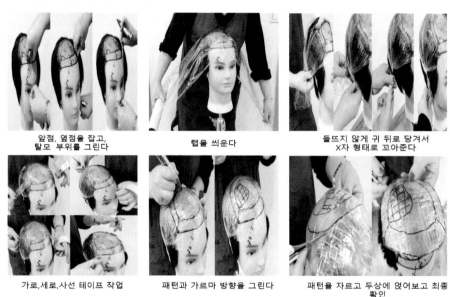

앞점, 옆점을 잡고, 탈모 부위를 그린다

랩을 씌운다

들뜨지 않게 귀 뒤로 당겨서 X자 형태로 꼬아준다

가로,세로,사선 테이프 작업

패턴과 가르마 방향을 그린다

패턴을 자르고 두상에 얹어보고 최종 확인

〈탑 본뜨기〉

① 고객의 얼굴형을 보고 앞점(C.P.)의 위치를 먼저 잡아준다.

② 옆점을 잡아주고 탈모 부위를 그린다.

③ 랩이 들뜨지 않게 앞쪽 랩을 귀 뒤로 당기고, 뒤쪽 랩을 앞으로 보내 X자 형태로 꼬아서 사탕 묶는 형태를 만든다.

④ 가로, 세로, 사선에 테이프 작업을 한다. 이때 어느 정도 두께감이 있게 테이핑한다.

⑤ 앞점, 옆점 탈모 부위를 빠르게 체크하고, 탈모 부위 기준선을 잡는다. 그 후 어떤 공법을 할 것인가에 따라 스킨용 본을 그려야 하는지 모발용 본을 그리는지, 탈모 기준선 안쪽으로 테두리를 잡을지 바깥쪽으로 테두리를 잡을지를 결정할 수 있다. 가르마 위치를 정해준다.

⑥ C.P와 B.P는 반을 접어 대칭이 맞는지 확인해준 후 1cm 정도 크게 패턴을 자른다.

⑦ 고객 두상에 본을 얹어보고 좀 더 크게 변경해야 할지 작게 해야 할지 사이즈를 최종적으로 확인한 후 테두리 선을 잘라주면 본을 완성할 수 있다.

■ 패턴 제작시 기준점

▣ 앞점과 옆점

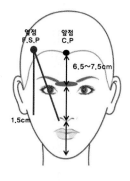

- 앞점: C.P / 미간으로부터 6.5cm~7.5cm (남자 손가락 3개, 여자 손가락 4개)
- 옆점: F.S.P, 15° 귓불 1.5cm 떨어진 곳에서 직선으로 올라간 지점과 콧방울에서 눈썹 산을 지나가는 대각선 지점이 만나는 곳. 이마가 좁으면 답답한 인상을 주고, 이마가 넓으면 시원해 보이는 인상을 준다.

ex

폭이 좁고 얇은 얼굴형 → 앞점을 6.5cm 정도로 잡는다. 7cm를 잡으면 얼굴형이 길어 보인다.

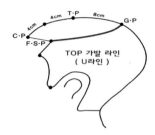

▣ 탑 가발 (U라인)

C.P로부터 16cm~20cm (G.P)

▣ 가마

일반적인 가마의 위치는 C.P로부터 약 13cm 위치한 점이다. 하지만 가마의 위치는 고객의 두상에 따라 언제든지 변할 수 있다. 가마의 둘레는 ±3cm 정도이다.

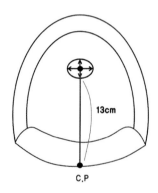

▣ 가르마 기준

가르마 폭은 3cm 정도로 기준을 잡을 수 있다. 남녀로 봤을 때, 여성의 경우 땀이 많은 사람은 1.5cm × 2cm = 3cm, 남성의 경우 2cm × 2cm = 3cm ~ 4cm 폭 정도가 적당하다. 가르마 위치에 따라 다음과 같이 정리할 수 있다.

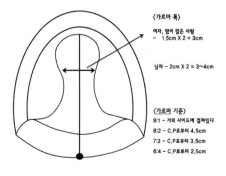

9 : 1 – 거의 사이드에 걸쳐 있다.

8 : 2 – C.P로부터 4.5cm

7 : 3 – C.P로부터 3.5cm

6 : 4 – C.P로부터 2.5cm

▣ 패치 테두리

패치 테두리는 본딩식인지, 모발식인지에 따라서 잡는 방법이 달라진다.

본딩식: 고객의 탈모라인 중심으로 기준선을 잡고 안쪽으로 2cm 라인을 잡아준다.

모발식: 고객의 탈모라인 중심으로 기준선을 잡고 바깥쪽으로 2cm 라인을 잡아준다.

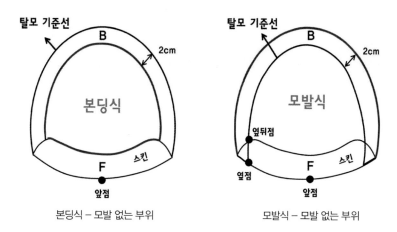

본딩식 – 모발 없는 부위   모발식 – 모발 없는 부위

2) 작업지시서의 이해

고객의 맞춤 가발을 주문할 때 작업지시서를 작성하게 되는데 각 항목의 내용은 다음과 같다.

반전두	전두
전체 둘레 cm	

aAte 김호 증모·가발 KIMHO

작 업 의 뢰 서

제품 No.
본사기재

제 품	□줄투페이 □일반투페이 □전두 □반전두 □피스 수선		작성일	당사도착일
No.	고객성명	남( )여( ) 나 이	담 당	지급( )보통( )

| 공 법 | □테입 □본딩 □클립(개) □단추(개) □벨크로 yes / 실리콘 no | □벨크로 + / +- | □퓨전 □MP □줄 □망 □Air | □스킨+줄 / □망+줄 |

☞ HAIR STYLE / TOP

□가르마(左) □가르마(右) □가르마(中央) □불확실(左) □불확실(右) □불확실(中央) □올 백 □프리스타일

머리	□중국모( )% □인도모( )% □고열사( )% □미얀마( )%	
모장	완성 □5"(13cm) □6"(15cm) □8"(20cm) □(cm)	
	정모 □8"(20cm) □10"(25cm) □12"(30cm) □(cm)	
칼라	□1 □1.5 □1+1B □1B □1A □2 □3 □No염색/자연모 □전체염색모 □	

	이마(F)	가르마(P)	중앙(T)	크라운(C)	뒤(B)	옆(S)	테두리(PT)
식모방법							
컬			mm				
흰모	인모(%)		고열사(%)				

모량 %

Top 가발 Size (cm) × (cm) 가로 × 세로

프론트이마 소재	□USA스킨 □사망+스킨 □FM(일자·돋니) □줄 □MP □망 □기타
스킨색상 나노 샤스킨 USA	□투명색 □A색 □B색 □C색 □Black
프론트 스킨모양 나노 샤스킨 USA	□일자 □라운드 0.5cm 1cm 2cm

□프론트 이마 나노스킨 두께	□알다 0.12mm	나노 스킨	프론트 3단	2 0.06mm / 3 0.12mm / 4 0.16mm	Sha 스킨 두께 중량	□알다	0.12mm 8g	□코팅함
	□보통 0.16mm		프론트 2단	3 0.12mm / 4 0.16mm		□보통	0.16mm 12g	프론트 테두리 전체
□USA 스킨 두께	□두껍다 0.18mm		프론트 1단	4 0.16mm		□두껍다	0.18mm 16g	□코팅안함

앞이마낫팅	□촘촘히 □보통촘촘히 □보통 □보통성글게 □성글게
언더낫팅(내면수제)	□이마(줄) □둘레(줄) 베이비헤어 이마(줄)
FM 테두리	□일자 ▨▨▨▨ •이마(줄) •둘레(줄) 프론트내피망 코팅
	□돋니 ◇◇◇◇ •이마(줄) •둘레(줄) □Yes □No
알파인 탈색모	□칼라(# 번) □몇줄 프론트망 브리치 □Yes □No 펌웨이브 (호)

가르마망	불파트 2중/3중 망색깔 살색/검정 망종류	망 1중/2중 망색깔 망종류	나노 USA 샤스킨 줄 스킨청공 Yes/No
크라운 내피망	불파트 2중/3중 망색깔 살색/검정 망종류	망 1중/2중 망색깔 망종류	나노 USA 샤스킨 줄 스킨청공 Yes/No

패치 테두리 둘레	□나노 □USA □샤스킨 스킨두께(얇게·보통·두껍게) 스킨 넓이(cm)
	□망+나노 □망+USA □망+사스킨 스킨두께(얇게·보통·두껍게) 스킨 넓이(cm)
	□망접음(없다) (있다) (0.5cm) (1cm) (1.5cm) (2cm)
	□MP식 테잎폭(cm) □테잎덧댐 □테잎접음 □테잎색( )
	□고정식줄(줄)
	□둘레폭 넓이( ) □조인 포함 □조인 미포함
	□클립일 경우 (일반클립) (망클립)
	□클립자리스킨 (있음) (없음)
	□퓨전식 스킨 테두리구멍 □1.5mm □2mm
	□테두리 구멍간격 □0.5cm □1cm

CAP 지시사항
□ Toupee
□ Top piece

F 이마
T 중앙
S 옆 / S 옆
C 크라운
B 뒤통수
PT 테두리

가발제품 (내피조인선, 가르마, 테두리)

우레탄+망	□조인선내피라인 □테두리라인
우레탄+망+테이프	□조인선내피라인 □테두리라인
망+테이프	□조인선내피라인 □테두리라인
조인선 초음파 망덧댐	□조인선내피라인 □테두리라인
가르마/망과 망덧댐	□2중 □3중

줄제품 (내피조인선, 가르마, 테두리)

줄라인선 줄덧댐	□조인선내피라인 □테두리라인
줄라인선 망덧댐	□조인선내피라인 □테두리라인
줄라인선 pu 덧댐	□조인선내피라인 □테두리라인

전두 Wigs Size

둘레 (cm)
앞뒤 (cm)
높이 (cm)
머리둘레 (cm)

★ 주문자의 주문서 & 패턴 잘못으로 인한 제품 불량은 책임지지 않습니다.
★ 100% 수작업 특성상 선적일이 변경될 수 있습니다.

제품

줄투페이 / 일반투페이 / 전두 / 반전두 / 피스

- 줄투페이: 내피 없는 다중모줄(벽돌식, 다이아몬드식), 어망, 모노F사각망, SY/BL
  망 사용 시 체크
- 일반투페이: 줄이 들어가지 않는 모든 망 가발 체크
- 전두: 전두 가발 시 체크
- 반전두: 반전두 가발 시 체크
- 피스: 투페이 사이즈보다 작은 사이즈를 제작 시 체크

수선

A/S할 내용을 정확하게 기재

지급 / 보통

- 지급: 30일 이내에 도착. 지급료 별도
- 보통: 30일~45일 이내에 도착

공법 – 고객 모발에 가발을 고정할 수 있는 고정 방법

테이프, 본딩, 클립, 단추, 벨크로(+, –), 퓨전, MP, 줄(고정식 줄), 망(망접음), Air,
스킨+줄, 망+줄

헤어스타일

고객이 원하는 가르마 스타일과 헤어스타일에 체크

머리

- 중국모: 굵고 두꺼운 수직으로 떨어지는 모발
- 인도모: 중국모보다 얇고 가는 모발이며 중국모보다 질긴 특성이 있고 건조 자
  연스러운 웨이브 / 주로 유럽 쪽에서 많이 사용
- 미얀마 & 베트남모: 중국모와 모질이 큰 차이가 없지만, 모발 굵기의 큐티클 두

께가 얇은 편이다.

- 고열사(인조모): 염색과 일반펌이 안 된다.

- 기타: 일반적으로 중국모와 인도모를 혼합하여 7:3 또는 8:2 비율로 많이 한다.

모장

정모 (낫팅 전 전체 모발 길이) / 완성 (외피의 가장 긴 모발 기준)

ex

정모 8"= 완성(바깥쪽) 5" (안쪽) 3"

컬러

- 1.5: 검정 / 염색하는 분

- 1+1B: 다크 브라운 / 가장 일반적으로 많이 하는 컬러

- 1B: 미디움 브라운 / brown

- 1A: 에이쉬 브라운 / Dark brown

- 2: 2~3번 톤 / Light brown

- 3: 3~4번 톤

식모 방법

싱글낫팅		전체 한 번 빼기	떨어지는 부분 사용. 각도 전혀 없다
핫싱글낫팅		한쪽만 빼기	고정력이 없어서 낫팅한 매듭에 코팅 처리 해야 한다
더블낫팅		두 번 전체 빼기	두 번 묶기 때문에 볼륨이 많이 산다 단단하다
핫더블낫팅		양쪽을 한 번씩 빼기	탑, 가르마 등 볼륨이 가장 많이 사는 곳에 사용. 퍼짐성이 강하고, 김호가발에 주로 사용
뉴핫더블낫팅		밑으로 들어가 바깥쪽부터 빼고난 뒤 앞쪽 빼기	한쪽에 퍼짐성을 가지고 있다
V 낫팅		매듭 짓지 않고 코팅 처리	매듭 표시가 나지 않는 것이 특징이나 매 매듭을 짓지 않아 약하다 스킨에만 사용

- 싱글낫팅: 머리카락 2가닥을 똑같이 낫팅(가라앉게 볼륨 없앨 때). 가장자리에 주로 사용
- 핫싱글낫팅: 한 올 낫팅, 자연스럽고 볼륨이 적다. 한쪽 살리고 한쪽 죽일 때, 주로 이마라인에 많이 한다.
- 더블낫팅: 볼륨감 있게 작업하고자 할 때 낫팅 / 2번 낫팅 매듭이 견고하고 큰 게 단점이다.
- 핫더블낫팅: 망에 직접 낫팅하는 방식으로 한 가닥을 2회 감아서 낫팅한다. 매듭이 견고해서 주로 사용하는 낫팅기법이다.
- 무매듭 낫팅: 이마라인과 가르마 쪽에 자연스럽게 표시가 안 나게.
  뿌리에 묶은 매듭식은 유지력이 오래 간다.
- V 낫팅: 스킨에 매듭 없이 낫팅(낫팅 베이스에 우레탄 코팅 처리 / 빨리 빠진다)(얇은 스킨을 덧대서 작업 / 주로 가르마 부위에 많이 사용)

모량

- 50%: 모발 숱이 약간 적은 분 / 연세가 있는 분
- 60%~70% : 20대~30대 (활동량이 많은 사람)
- 50%: 파마를 하고자 할 때는 주문 모량보다 10% 뺀다. 주문 40%
- 30%~35%: 아이롱펌 / 유화 세팅펌
- 가르마 & 탑: 일반적으로 다른 곳보다 5%~10% 정도 더 숱 추가 낫팅한다.
- 이마라인: 일반적으로 5%~10% 숱 적게 & 모발 가늘게, 가늘고 곱슬 (인도모 & 미얀마모) 베이비 헤어 일반적으로 애교머리, 이마라인에 많이 한다.
- 연예인 모량 비교 (이덕화 40%~50% / 설운도 50% / 백영규 60%)

컬

- 19mm / 25mm / 30mm / 직모
- C컬인 30mm를 일반적으로 많이 한다.
- 약간 볼륨감이 있는 25mm 역시 많이 한다.

흰 모

- 인모: 염색 가능 (인모로 할 때 가공 비용 거의 2배 추가 발생)
- 인조모(고열사 모): 염색이 안 됨 (주로 사용)

언더낫팅 (내면수제)

이마 테두리에 스킨이나 망이 들뜨지 않게 만들거나 보이지 않게 하기 위해서 또는 약간의 곱슬머리로 자연스럽게 연출하고자 할 때 작성한다.

앞이마 낫팅

- 촘촘히: 바늘 자국 없이 (무매듭식이 표시가 안 난다) 숱이 50~60% 정도
- 보통 촘촘히: 바늘 자국 없이 보통 숱이 많게 숱이 40~50% 정도
- 보통(성글게): 드문드문 공간이 약간씩 있게 숱이 30~40% 정도
- 보통 성글게: 숱이 20~30% 정도
- 성글게: 거의 숱이 10%~20% 정도

프런트 스킨 모양

- 일자형 = 일반 스킨 (콘택트)
- 라운드형 = 약간 물결 모양 5mm. 1cm. 2cm. 3cm

프런트 이마 소재

- 일자 = FM톱니형 - (우레탄 위에 지그재그식으로 망과 더블 겹처리된 것) 프런트에 본인 모발이 약간 있는 분에 많이 사용한다.
- 일자 = FM - 얇은 망과 스킨 겹처리 (우레탄 앞에 망이 약간 겹쳐 튀어나오게 하여 만들어짐) 프런트에 본인 머리가 약간 있는 분 사용
- 얇은 샤망+스킨 - 얇은 샤망과 우레탄 스킨이 겹쳐 튼튼하고 잘 찢어지지 않는다.

프런트 이마 나노스킨 두께

- 0.03mm: 아주 얇게 코팅 / 우레탄을 사용 코팅 2회 - 주로 프런트 스킨에 사용 /

스킨이 약해 3개월 이내에 A/S

‒ 0.06mm: 기본적으로 많이 사용한다. ‒ 일반적으로 6개월 후 A/S

‒ 0.09mm: 코팅이 두께감이 있다.

‒ 2 3 4 / 3단 두께 스킨 (코팅 얇게 3번)

‒ 3 4 / 2단 두께 스킨 (코팅 얇게 2번) 약간 얇다.

‒ 4 / 전체 1단 스킨

스킨 색상

‒ 투명색 = 아주 투명한 사람

‒ A 색 = 살결 하얀 사람

‒ B 색 = 약간 어둡다

‒ C 색 = 가장 어둡다 (운동선수들)

가르마망 / 크라운 내피망

‒ 불파트 (2중망/3중망)

‒ 망 (1중망/2중망)

‒ 나노

‒ USA

‒ 샤스킨

‒ 줄

‒ 스킨청공

패치 테두리 둘레

‒ 나노스킨: 보통 / 두껍게

‒ USA (일반 우레탄 스킨): 보통 / 두껍게

‒ 샤스킨: 둘레 테두리 라인 (일반+망)

‒ 망접음 MP (M사): (둘레 라인 3mm) 전체 테두리는 망을 접어서 안쪽에 얇은 망
  이나 우레탄 재질을 한 겹 덧댄다. 테두리가 튼튼하고 모발이 덜 빠진다.

– FM (H사): 전체 테두리 둘레는 망 접으면 3mm

– 클립일 경우: 클립 자리 스킨 있음 / 없음

CAP 지시 사항

– 작업지시서도 빠짐없이 채워야 하고, 그림도 자세히 그린 후 중요한 요청사항까지 적어야 원하는 맞춤 가발 제작이 가능하다.

– 프런트: 스킨 소재, 폭 cm

– 가르마: 가르마 소재, 2중 / 3중, 살색 / 검정색 등을 체크한 다음 모량을 어떻게 심을지 기재한다.

– 크라운: 내피 소재, 1중 / 2중, 살색, 검정색 체크한 후 크라운이 사이드와 백이 다른 소재를 원하면 나눠 작성한다.

– 테두리: 둘레 소재, 두께, 색상, 폭 cm, FM이나 언더낫팅 처리를 하는지 기재한다.

– 중요한 요청 사항은 별표 처리로 강조하여 표시한다.

3) 상담 차트 활용

상담 차트는 여러 가지 망, 스킨 종류에 대한 설명을 직접 만져볼 수 있게끔 정리한 유용하고 신뢰를 줄 수 있는 차트이다. 고객이 직접 망, 스킨 종류에 따라서 구조와 구멍 크기, 두께, 재질, 색상 등을 확인할 수 있으므로 상담 시 고객의 눈높이에서 맞춤 가발에 대해 설명하기 위해서는 상담 차트를 갖추는 것이 좋다.

상담 차트는 망 차트, 스킨 차트, 모량 차트, 컬러 차트 등이 있다.

상담 차트는 고객 상담 시 생활 방식, 직업, 두피 상태에 따라 적합한 망, 스킨 소재를 선택할 수 있게끔 도와주는 용도이며, 일반적으로 가발샵에서는 진열된 제품의 스타일만 보고 가발을 구매했다면, 상담 차트를 보여주면서 상담할 때에는 고객이 직접 원하는 내피를 선정할 수 있고, 상담하면서 고객에게 적합한 소재를 추천하여 고객에게 신뢰를 쌓을 수 있고, 전문가로서의 믿음을 줄 수 있다.

상담 차트

| 망 차트 | 스킨 차트 | 모량 차트 | 컬러 차트 |

4) 맞춤 가발 제작 공정

가발 공정은 '공장 입고→작업지시서 작성→에폭시→스킨→캡→재봉→정모→모노→코팅→포장 및 출고'까지 총 10단계로 진행된다. 이 중 품질검사(Q.C 작업)는 재봉 작업 후 1회, 모노 작업 후 1회를 포함해서 총 2회이다.

각 제작 과정을 상세하게 알아보면 다음과 같다.

① 제품 공장 입고: 가발 디자이너가 보낸 고객의 가발 본(패턴)과 작업지시서가 공장으로 도착하는 단계

② 작업지시서 작성: 공장에서 제품을 받으면 검수 후 공장용 작업지시서를 작성 (평균 1일~2일 소요)

③ 에폭시 제작: 공장용 작업지시서와 본을 에폭시반으로 투입해 철영과 기존 에폭시를 맞춰보고 사용할 수 있는 에폭시가 있으면 수정해서 사용하고, 없으면 제작할 본 사이즈에 맞게 새로 에폭시를 제작한다.

④ 스킨 제작: 에폭시가 완성되면 스킨반으로 투입한다. 이때 미리 제작해둔 스킨을 사용하고 적절한 스킨이 없으면 새로 제작한다.

⑤ 캡 제작: 스킨 제작 후 사무실에서 망을 준비하여 캡반으로 투입해 주문받은 제품을 디자인하고 캡을 제작한다.

⑥ 재봉 제작: 캡이 완성되면 재봉반으로 투입해 테두리, 조인선 부분 등 재봉이 필요한 부분의 작업을 진행한다.

⑦ 정모 작업: 재봉까지 완성되면 중간 QC를 한 후 통과되면 정모반에 투입해 작업

지시서를 바탕으로 모발을 준비한다.

⑧ 모노 작업: 모발이 준비되면 모노반으로 투입해서 모노 작업을 한다. 모노는 평균 4일~5일 소요되며, 전두는 7일 소요된다.

⑨ 코팅 작업: 모노가 끝나면 QC를 한 후 통과되면 코팅반에 투입해서 모발이 빠지지 않도록 방지하고, 가발의 형태를 유지하기 위해 둘레 두께를 조절하면서 코팅 작업을 한다. 코팅 작업은 재봉 작업 후 1회, 모노 작업 후 1회, 총 2회 진행한다.

⑩ 포장 작업 및 출고: 코팅이 끝나면 포장반에 투입해서 완성된 제품에 샴푸, 유연제 처리를 하고, 최종 포장 작업 후 출고한다.

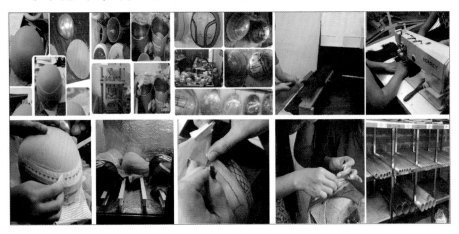

5) 가발 고정

■ 가발 고정의 종류

고객의 생활 방식과 성향에 따라 가발 고정 방법은 24시간 착용하는 고정식과 필요할 때만 착용하는 탈부착식으로 구분할 수 있다.

▣ 고정식

고정식 가발은 본딩식, 샌드위치식, 테이프식, 퓨전식 등이 있다.

고정식 가발은 착용한 상태에서 샤워, 샴푸, 운동, 취침 등 일상생활을 자유롭게 할 수 있고 가발이 벗겨질 우려가 적으며, 출장, 여행, 합숙, 단체생활 등을 할 때도 가발을 벗을 걱정이 없다.

고정식 가발은 주로 젊은 연령대 또는 사회 활동이 왕성한 고객들이 선호하고, 매

번 착용해야 하는 번거로움이나 가발 위치가 바뀌는 일이 없어서 부담 없이 사용할 수 있다.

단, 본인 스스로 탈부착이 어렵고, 한 달에 1~2회 정도 샵에 방문해 지속적인 관리가 필요하다. 또한 두피에서 발생하는 땀이나 열로 인해 불편감을 느낄 수 있고, 땀과 노폐물을 제거하기 위해 매일 샴푸를 해야 하므로 모발이 빨리 손상되어 가발의 수명이 짧은 편이다.

▣ 탈부착식

탈부착식 가발은 클립식, 벨크로식, 테이프식, 클립+벨크로식 등이 있다.

탈부착식 가발은 고객이 원할 때마다 탈착할 수 있고 실내 활동이 많거나 외출 시에만 잠깐씩 가발을 사용하고자 하는 고객들에게 적합하다. 특히 움직임이 많지 않은 직업에 종사하거나 연령대가 높으신 분들이 많이 선호하는 고정 방법이다. 자주 샴푸하지 않아도 되기 때문에 고정식 가발에 비해 가발 수명이 길고, 잠을 잘 때 가발을 벗고 편하게 잘 수 있으며 가발을 벗고 내 머리를 시원하게 감을 수 있는 장점이 있다.

단, 고정식처럼 두상에 단단하게 고정된 것이 아니기 때문에 수영, 축구 등 활동이 큰 운동을 할 때는 가발이 벗겨질 위험이 있어서 조심하는 것이 좋다. 또한 가발이 떨어질 수 있다는 불안감에 두피에 강하게 부착해서 견인성 탈모를 유발하기도 한다.

■ 다양한 가발 공법

가발을 고객 머리에 부착할 때 사용하는 재료에 따라 여러 가지 가발 공법이 있다.

▣ 클립식

클립은 가발 고정 방법 중 가장 대중적인 자재이다. 고객 머리카락을 유지한 채로 고정할 수 있고, 고객이 쉽게 착용할 수 있다는 점이 특징이다. 단, 가발이 떨어질까 하는 불안감에 너무 강하게 클립을 고정하거나, 한 자리에 오랫동안 클립을 고정하면 견인성 탈모를 유발할 수 있으므로 주의해야 한다. 또한, 클립식은 테이프식에 비해 밀착감이 떨어지고, 모발이 얇고 힘이 약한 경우 고정력이 떨어진다.

클립을 사용해 가발을 고정할 때 F.S.P로부터 1.5cm를 띄워서 위치를 잡아야 한다. 앞쪽에 착용하게 되면 툭 튀어나와 부자연스럽다.

〈클립식 가발 고정 순서〉

① 가발 프런트에 일회용 양면테이프를 붙인다.

② 양손으로 가발을 잡고 C.P에 맞추어 붙인다.

③ 클립을 열고 두피에 밀착시킨 후 사이드부터 클립을 꽂고 나머지 부위도 클립을 열고 모발에 꽂아준다.

▣ 샌드위치식

샌드위치 기법은 두피에 직접적으로 글루를 발라 착용하는 본딩식 고정법을 보완해 양면테이프에 모발을 붙여 글루를 바른 후 접합하므로 본드가 두피에 직접 닿지 않아서 두피 손상이 없으며 고정력이 더욱 단단하고 오래가는 장점이 있다.

〈샌드위치식 가발 고정 순서〉

① 고객의 두상을 깨끗하게 정리한다. 커트 후에 유분기를 없애는 딥클렌징 샴푸를 해준다.

② 가발에 하루용 양면테이프를 붙인다. 이때, 스켈프 프로텍터로 가발을 먼저 닦은 후 가발 프런트부터 전체 패치 테두리까지 테이프를 붙여준다.

③ 고객의 두상에도 하루용 양면테이프를 붙인다.

④ 고객의 모발을 걷어 테이프 위에 붙인다. 이때 너무 많은 양의 모발을 올리면 접착력이 떨어지기 때문에 모발을 얇게 붙여준다. 프런트 사이드 포인트에서 첫 단은 1cm 붙이고 나머지는 0.5cm 간격으로 머리카락을 올려준다. 간격을 두고 모발을 걷어 올리기 때문에 다음에 고정할 때는 안 쓴 모발을 써서 번갈아 가면서 테이프에 붙여준다.

⑤ 테이프에 접착한 모발 위에 글루를 발라준다. 이때 얇게 펴 발라야 접착력이 좋다. 아래 방향으로 발라주게 되면 모발에 글루가 묻을 수 있으므로 먼저 중앙에 글루를 바른 후 위쪽 두피 쪽으로 펴 발라준다.

⑥ 드라이기 찬 바람을 사용해 3~5분 정도 글루가 꾸덕꾸덕해질 때까지 건조시킨다.

⑦ 가발 테두리를 두피에 붙여준 후에 프런트 쪽 양면테이프를 떼어 이마에 붙여주면 완성된다.

▣ 퓨전식 (링고정식)

퓨전식 고정 기법은 고객 머리를 밀지 않고, 가발 테두리에 구멍이 뚫려 있어 구멍 사이로 고객 머리를 빼낸 다음 가모와 고객 머리를 묶어서 고정하는 방법이다. 글루, 클립을 사용하지 않는 고정 방법으로 고정식 중에 가장 단단하다. 특히 수영이나 축구 등 격한 운동을 해서 땀이 많이 발생해도 무관하여서 운동을 즐기시는 분께 추천하는 고정 방법이다. 하지만 고객이 연모일 때는 권하지 않는 것이 좋다.

〈퓨전식 가발 고정 순서〉

① 고객의 두상을 깨끗이 정리해서 커트 후에 유분기를 없애는 딥클렌징 샴푸를 한다.

② 프런트 스킨 부분에 일회용 양면테이프를 붙인다.

③ 거즈에 스켈프 프로텍터를 뿌려 고객의 두피를 닦아준다.

④ 양면테이프를 제거 후 C.P를 맞춰서 붙이고, 고객 모를 모류 방향으로 베이스 빗질을 해준다.

⑤ 뒤 백 부분 천공에서 고객 모를 90°로 빼낸다.

⑥ 테두리 라인을 따라 익스텐션용 스킬 바늘을 이용해 고객 모를 링 사이즈만큼 섹션을 뜬다.

⑦ 왼손 엄지 검지로 섹션모를 잡고, 스킬 바늘에 링을 넣고, 섹션모에 스킬을 걸고 링을 밀어 넣는다.

⑧ 펜치로 링을 잡고 왼손은 고객의 두상으로 다운시킨 후 1차 100% 압력으로 링을 눌러주고, 2차 1/3 지점에서 한 번 더 누른다.

⑨ 이 방법으로 5개 해주고, 양쪽 사이드로 이동해 5개씩 고정하면서 나머지를 차례대로 고정해준다.

■ 패션 가발 착용 방법

패션 가발을 착용하는 방법은 다음과 같다.

① 가발망을 헤어밴드 하듯이 쓰고 망 안의 모발을 잘 정리한다.

② 뒤쪽 모발을 쓸어 담아 망 안으로 넣어준다. 고객 모발이 롱 헤어인 경우 전체 두상이 커 보이지 않도록 G.P에 모발을 납작하게 모아준다.

③ 망을 골고루 잘 펴주어 망의 끝부분을 핀으로 고정한다.

④ 가발 앞부분을 이마에 고정시켜 착용해주어 헤어라인을 자연스럽게 잡아준다.

⑤ 좌우의 대칭이 잘 맞는지 확인한 후 가발 뒤쪽을 목 뒤쪽 부분에 착용한다.

⑥ 가발 브러시로 머리를 빗으면서 가발을 잘 정리해준다.

3. 가발 스타일링

가발은 착용감도 중요하지만 누가 봤을 때 가발 티가 나지 않는 것이 가장 중요하다. 가발 티가 나지 않게 스타일링을 하기 위한 올바른 가발 커트, 가발 펌, 가발 염색 등을 알아본다. 먼저 모든 스타일링을 하기 전, 새 가발은 모발에 유연제 처리가 되어 있어서 코팅을 벗겨내기 위해서 가볍게 알칼리 샴푸로 딥클렌징을 먼저 한 후 스타일링을 해야 한다.

◪ 가발 커트

가발을 커트할 때는 반드시 무홈 틴닝가위를 사용해야 한다. 무홈 틴닝가위를 사용하면 모발 끝 날림 현상이 없고, 단면이 깨끗하게 잘려서 모발의 손상이 없다. 만약 일반 틴닝가위를 사용하면 모발 손상이 심하고, 모발이 부스스하며 거칠어질 수

있다. 또한 레저날을 사용해 커트하면 모발 끝이 갈라지는 현상이 발생하기 때문에
주의가 필요하다.

가발은 가발 착용 전 가봉 커트와 고객이 제품을 착용한 후 고객의 모발에 맞춰 가
발을 자연스럽게 연결하는 마무리 커트까지 총 2번의 커트를 진행한다.

▣ 가봉 커트

가봉 커트를 할 때에는 '전체 질감 처리 → 잔머리(베이비 헤어) 만들기 → 삼각존 커
트 → 사이드 커트 → 가르마 커트'의 총 5가지 단계에 따라 순서대로 작업한다.

1) 전체 질감 처리

① 탑 부분의 전체 숱 질감 처리는 90° 각도로 뿌리에서 3cm 띄우고 질감 커트한
   다. 이때 무겁게 커트를 하게 되면 가발 표시가 나기 때문에 자연스럽게 질감 처
   리를 해야 한다.
② 사이드 1.5cm 띄우고 질감 처리한다.

2) 잔머리 만들기

① 스킨에 있는 모발을 0.5cm 간격으로 지그재그 섹션을 뜬다.
② 레저날을 검지와 엄지 사이에 끼고, 손가락만 이용해서 밑에서 위로 날을 수직
   으로 세워서 약간 15° 각도로 불규칙적으로 긁어낸다.

③ 뾰족한 핀셋 등을 이용하여 엄지에 대고 강한 텐션으로 훑어준다. 이는 모발의 탄성을 이용한 것으로 인위적인 웨이브가 형성되어 자연스러운 잔머리를 만들 수 있다.

3) 삼각존 커트
① 앞머리 가르마 쪽 삼각존 부위 모발을 잡아서 1cm~1.5cm 띄우고 커트한다.
② 가르마 쪽을 중심으로 사이드로 이동하면서 가르마 쪽으로 당겨서 커트한다.

4) 사이드 라인 커트
페이스라인을 가볍고 자연스럽게 만들어주기 위해 사이드 떨어지는 라인을 커트한다.
머리카락을 잡고 얼굴 쪽으로 당겨서 15°, 45°, 75°, 90° 순으로 가위 방향이 1.5cm

떨어진 위에서 아래로 향하게 라인을 커트한다.

5) 가르마 커트

모류 방향을 잡아주기 위해 가르마 쪽을 커트해준다.

① 탑 부분은 8cm 정도로 커트한다.

② 가르마 부분은 90°로 커트한다.

③ 가르마 쪽으로 당겨서 120°, 180°로 커트한다.

④ 프런트 머리가 길어지게 할 경우는 중심을 뒤쪽으로 잡아준다.

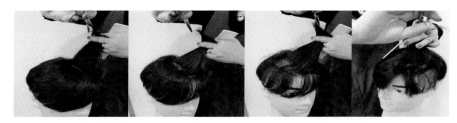

▣ 마무리 커트

마무리 커트는 펌 등 스타일링을 완성한 가발을 고객에게 씌운 후 마무리로 고객
모발과 연결하는 커트를 의미하며, '2% 커트'라고도 한다.

고객의 머리카락과 자연스러운 연결감을 위해 질감 처리가 중요하다.

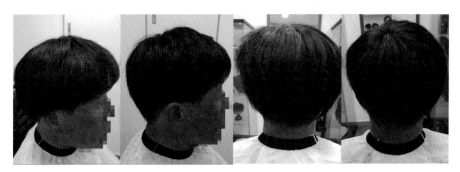

◼ 올백 스타일 커트

① 탑 쪽에서 프런트 쪽으로 무홈 틴닝가위를 3cm 지점부터 원을 그리듯이 회전하면서 커팅한다.

② 뿌리 쪽이 짧아진 모발의 볼륨으로 받쳐주면서 끝 쪽으로 질감 처리가 되어 커트만으로도 올백으로 넘어간다.

◼ 패션 가발 커트

패션 가발 커트도 똑같이 숱이 많은 부위는 질감 처리를 하여 자연스럽게 만드는 것이 좋다.

– 미싱 패션 가발은 너무 위쪽까지 질감 처리를 하면 뜰 수 있으니 윗부분은 무게감 있게 눌러줄 수 있는 커트가 들어가면 좋다. 앞쪽 옆머리의 숱이 많이 몰려 있어 불룩하게 튀어나온 부분을 질감 처리해주면 자연스럽게 페이스라인과 연결할 수 있다.

– 수제 가발의 경우 스판망 부분에 질감 처리를 잘못하면 들뜰 수 있으므로 잘 확인하고 커트를 해주는 것이 좋다.

■ 펌

가발 펌할 때 가장 많이 하는 일반펌 방법은 다음과 같다.

① 가발 모발에 전 처리제를 도포한다. (일반 펌 – LPP 사용한다)

② 멀티펌제(1제)를 도포한다.

③ 원하는 롯드를 선정하여 와인딩한다. (테두리는 핀컬도 가능하고 매직약으로 뿌리에 도포해 볼륨을 다운시켜 고객 모발과 잘 섞이게 만들어준다) 와인딩 후 비닐캡을 씌운다.

④ 자연 방치 15분~20분

(가발의 모발은 산 처리된 모발이기 때문에 작업 시간이 길어지면 안 된다.)

⑤ 중간 린스 후 타월 드라이한다.

⑥ 과수 중화 5분(2회)

⑦ 약산성 샴푸로 헹구고, 린스나 트리트먼트로 마무리한다.

■ 염색

일반적으로 가발의 모발은 3레벨이다.

◼ 산화제의 이해

산화제 농도별 사용 방법

1.5%	손상이 심하고 탈색된 모발에 착색. 손상이 적고 착색력이 뛰어나며 명도가 어두워질 수 있고 톤 업이 안 된다.
3%	0.5~1 level 리프트 업 가능. 톤 인 톤(Tone in Tone), 톤 온 톤(Tone on Tone), 모발 색상이 #4 level 시 #4~5 level 색상 연출
6%	1~2 level 리프트 업 가능하고 모발 색상이 #4 level 시 #5~7 level 색상 연출
9%	3~4 level 리프트 업 가능하고 밝은 명도 표현에 사용한다. 모발 색상이 #4 level 시 #7~8 level 색상 연출
탈색	5~6 level 리프트 업 가능하고 선명한 명도 표현에 사용한다.

산화제 비율별 사용 방법(염모제 1제 : 산화제 2제 비율)

1:1 염모제에 맞춰 농도별 레벨을 원할 시 사용

1:2 염모제로 1~2 level 리프트 업, 건강한 모발 탈색 시 사용

1:3 안정적 탈색 또는 모발의 기염 부분 잔류색소 제거 시 사용

1:4 탈염제를 이용하여 검정 염색 입자 제거 시 사용

◼ 투페이 가발 염색

KIMHO 가발은 100% 인모를 사용하기 때문에 햇빛에 많이 노출되면 모발에 탈

색이 될 수 있다. 만약 가발 모발의 색상이 밝아졌을 때는 톤다운 염색한다.

투페이 가발을 염색하는 방법은 다음과 같다.

가발을 염색할 때는 모발 외의 자재에 염색이 되지 않도록 주의해야 한다. 이때 염색붓 대신 헤어 매니큐어 바르듯이 꼬리빗을 사용하면 스킨에 묻지 않으면서 뿌리까지 염색을 깔끔하게 할 수 있다.

① 가발 스킨에 양면테이프를 꼼꼼히 붙이고 바셀린을 면봉에 묻혀서 발라준다.

② 테두리부터 탑으로 올라가면서 염색을 하게 되면 무게 때문에 눌려서 가발 내피에 염색 얼룩이 질 수 있으므로 탑부터 시작해서 테두리로 염색약을 바르는데, 탑 쪽으로 모아주면서 바르는 것이 좋다.

■ 하이라이트

모발 손상을 최소화하면서 하이라이트를 뺄 때는 두 가지 방법 중 하나를 선택할 수 있다.

① 블루(1) + 화이트 파우더(2) = 1 : 2 자연 방치(15~20분)

　(큐티클이 열림, 멜라닌 색소 희석, 최대한의 하이라이트 작업)

② 블루(1) + 화이트 파우더(3) + 과수 20v(6%) 1 : 3 = 30㎖ : 90

　(과수를 3배 넣는 이유: 최대한 모발에 상처 주지 않고, 손상 최소화하면서 레벨 up)

※ 손상과 얼룩 없이 밝은 색상 빼기 – 화이트 파우더만 사용하는데 이때 산화제 9%를 사용하고, 1:3 비율로 해서 20분간 자연 방치한다.

▣ 원색 멋내기 컬러링

– 중성 컬러 매니큐어(원색의 원하는 컬러)를 사용한다. 왁싱 매니큐어 산성 컬러
  25분~30분

– 첫 번째, 두 번째 사진의 컬러는 하이라이트로 색상을 밝게 뺀 후에 매니큐어 처리

– 세 번째 사진의 컬러는 천연 자연모 색상에 와인색 매니큐어 처리

■ 얼굴형에 맞는 헤어스타일

– 계란형: 여러 가지 스타일이 다 잘 어울리는 얼굴형이다.

– 긴 얼굴형: 긴 얼굴형은 앞머리를 내려 이마 부분을 가림으로써 얼굴이 좀 더 작
  아 보이게 만들어주는 것이 좋고, 뿌리 볼륨을 살리면 오히려 더 길어 보일 수 있
  으니 피하는 것이 좋다. 위쪽보다는 옆쪽 모양이 둥글게 되면 긴 얼굴형이 커버
  될 수 있다.

– 사각 얼굴형: 각진 얼굴형이기 때문에 생머리보다는 웨이브 있는 스타일을 하여 인
  상을 부드럽게 만들어주면 자연스럽게 커버가 되고, 어두운 컬러보다는 브라운 계
  열의 컬러로 스타일을 하여 부드러운 인상을 만들어주는 것을 추천한다.

– 둥근 얼굴형: 모발 뿌리 쪽에 볼륨을 살려 시선을 분산시킴으로써 둥근 얼굴형

을 커버하면 좋다. 앞머리를 내리는 스타일보다는 앞머리 없는 스타일로 이마가 보이면 얼굴이 길어 보이는 효과가 있어 훨씬 세련되고 답답해 보이지 않는 스타일이 완성된다.

4. 홈케어

사람의 머리에 난 모발은 큐티클이 일정한 방향으로 되어 있지만, 모든 종류의 가발은 반으로 접어서 만든 것이기 때문에 큐티클 방향이 일정하지 않다. 역방향이기 때문에 비비게 되면 모발이 서로 엉켜 딱딱하게 굳어질 수 있다는 점을 고객에게 꼭 인식시켜야 한다.

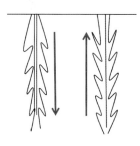

큐티클 방향→역방향
(한가닥으로 반 접음)

모발 엉킴을 방지하려면 샴푸 시에도 위에서 아래로 한쪽으로 씻어주는 것이 중요하다. 만약 모발이 엉기게 되면 모발에 오일이나 클리닉 제품, 린스를 발라서 브러시 끝으로 모발 끝부분부터 살살 풀어내준다.

100% 인모로 제작한 가발은 햇빛(자외선)에 많이 노출되는 경우 모발이 탈색될 수 있다. 햇빛으로 인해 모발 색상이 밝아졌을 때는 톤다운 염색과 코팅 처리 관리를 해주는 것이 좋다.

▣ 샴푸하는 법

가발을 샴푸하는 방법은 다음과 같다.

① 착용한 제품에 붙은 양면테이프를 깨끗이 제거해준다.

② 샴푸 전 먼저 트리트먼트나 린스를 소량 발라 빗질하여 헹구면 헤어 제품의 잔여물이나 먼지가 부드럽게 떨어져 나간다.

③ 물이 위에서 아래 방향으로 흐르게 하고, 한 방향으로만 씻어준 후 약산성 샴푸를 발라준다.

④ 비비지 않고 위에서 아래 한 방향으로만 결 정리를 하면서 샴푸를 한다.

⑤ 잔여물이 남지 않도록 깨끗하게 헹군 후 트리트먼트나 린스를 다시 한 번 발라 헹궈준다.

⑥ 타월로 비비지 않고 꾹꾹 눌러 닦아준다.

⑦ 젖은 상태에서 가발 유연제를 뿌리고 오일에센스를 발라준다. 이때 모발이 마른 상태에서 유연제를 뿌리면 머리가 끈적거릴 수 있으니 주의한다.

⑧ 가발 내피와 모발을 적당히 찬 바람으로 말려준다. 필요시 따듯한 바람으로 스타일링한다.

▣ 고열사 가발 샴푸 방법

① 물에 샴푸를 풀어준 후 가발을 샴푸물에 담가 위에서 아래로 결대로 손 빗질을 한다.

② 헹굴 때도 비비지 않고 한 방향으로만 헹궈준다.

③ 물에 린스를 풀어 담가 손 빗질 후 헹군다.

④ 타월로 두드려 물기 제거한 다음 가발 전용 쿠션 철 브러시로 모발 끝에서부터 위로 올라가면서 엉키지 않게 빗질해준다.

▣ 홈케어 시 주의 사항

– 급하다고 뜨거운 바람을 직접적으로 쐬면 가발 내피가 뭉쳐서 제품이 오그라들 수 있다.

– 웨이브가 많은 롱 스타일은 완전히 젖은 상태에서 빗질하여 가볍게 흔들어 웨이브를 살린 후 그대로 가발 걸이에 걸어 건조시킨다.

– 만약 스프레이를 뿌려서 가발이 심하게 엉켜 있으면 물파스를 충분히 발라 꼬리빗으로 눌러 스프레이 잔여물을 빼낸 후 어느 정도 스프레이기가 빠졌으면 물로 헹구는 것이 아니라 물파스 위에 산성 샴푸를 발라 꼬리빗으로 눌러 한 번 더 잔여물을 제거해준다.

- 가발 유연제가 바닥에 묻으면 미끄러워서 넘어질 수 있으므로 가발 유연제를 분사할 때에는 가발 가까이에서 뿌리는 것을 권장한다.
- 가발은 모발이 생명이며, 모발 관리가 가장 중요하다. 샴푸를 자주 하게 되면 모발의 마모가 빨라져서 단백질이 빠진 모발처럼 푸석푸석해지고 엉킬 가능성이 있기 때문에 샴푸를 한 다음 드라이를 하기 전에 가발 유연제를 뿌려 관리하는 것이 좋다.

5. 가발 수선 – 낫팅

가발의 가르마나 망 부분 등의 모발이 빠져 숱을 보강하고자 할 때 모발 심는 방법을 낫팅이라고 한다. 숱 보강뿐만 아니라 흰머리를 자연스럽게 믹스할 때도 낫팅을 하며, 주로 투페이 가발에 많이 한다. 낫팅을 할 때는 일자로 낫팅을 하지 말고 다이아몬드식으로 지그재그 형태로 낫팅을 해주어야 모발이 서로 받쳐주기 때문에 볼륨감이 잘 살고 갈라지지 않는다. 하나의 가발을 제작할 때는 한 가지 낫팅 방법으로만 가발을 만드는 것이 아니라 두상 부위에 맞춰 여러 기법을 섞어 완성한다.

1) 낫팅 방법 종류

▣ 싱글낫팅

전체 한 번 빼내는 기법. 가발에서 전체적으로 떨어지는 부분에 사용하고, 각도가 전혀 없다. 가장 많이 사용한다.

▣ 핫싱글낫팅

한쪽만 빼내는 기법. 한쪽만 빼내서 고정력이 없으므로 낫팅한 매듭에 접착제를 발라주어야 한다. 잘 풀리는 것이 단점이다.

▣ 더블낫팅

두 번 전체 빼내는 기법. 두 번 묶기 때문에 볼륨이 많이 산다. 단단하고 낫팅이 잘 빠지지 않는다.

▣ 핫더블낫팅

양쪽을 한 번씩 빼내는 기법. 탑, 가르마 등 볼륨이 가장 많이 사는 곳에 사용한다. 퍼짐성이 강하고 김호 가발에 주로 사용한다.

▣ 뉴핫더블낫팅

밑으로 들어가 바깥쪽부터 빼고 난 뒤 앞쪽 빼기. 한쪽에 퍼짐성을 가지고 있다.

▣ V 낫팅

매듭을 짓지 않고 코팅으로 처리하는 기법. 매듭 표시가 나지 않는 것이 특징이나 매듭을 짓지 않았기 때문에 약하다. 스킨에만 가능하다.

Ⅲ. KIMHO 피스술

삶의 질이 향상되고 여성의 사회 진출이 증가하면서 외적인 아름다움이 중요시되자 헤어 피스에 대한 관심이 점점 높아지고 있다. 특히 최근에는 단순한 단점 보완이 아닌 모발의 색상, 스타일 등의 변화를 주기 위해 헤어 액세서리로서 헤어피스를 활용하는 사례도 늘어나고 있다. 더욱이 출산, 다이어트 등으로 인해 탈모로 고민하는 여성이 급증하였으며, 대부분의 여성 탈모는 두정부 탈모를 호소하므로 부분 가발과 탑피스 등을 구매하는 경우가 많다.

또한 젊은 층의 탈모 인구 대다수가 탈모로 인한 좌절감, 수치심으로 인해 적극적인 사회 활동 참여에 어려움을 호소하면서 두피 관리와 탈모 관리에 대한 관심도가 높아지면서 젊은 층도 탈모 부위를 쉽게 커버할 수 있는 부분 헤어피스에 대한 선호도 역시 높아지고 있다.

이제는 스스로를 위하여 패션의 마지막 2%를 채우고, 젊음을 찾기 위해서 헤어피스를 활용하는 시대가 왔다. 정수리 볼륨, 사이드 볼륨, 앞머리 뱅 스타일, 어느 곳에나 자연스러움을 연출할 수 있는 헤어피스가 대중화되면서 기성 제품보다 나에게 맞는 맞춤 헤어피스를 찾는 고객들이 늘어나고 있다.

이에 따라 우리 미용인들은 고객의 요구에 맞춰 숱 보강과 탈모 커버를 동시에 할 수 있는 다양한 증모피스를 매뉴얼화하여 샵의 매출을 효율적으로 증대할 수 있도록 준비해야 한다. 뿐만 아니라 증모피스를 직접 제작할 수 있는 기술을 보유하여 고객이 맞춤형 피스를 원하는 경우 필요한 서비스를 제공할 수 있어야 한다.

KIMHO 피스술은 정수리 TOP 블록의 숱 보강이 필요한 부위에 헤어증모술로 증모할 수 없는 경우 입체식인 일체형 증모피스를 부착하여 탈모 부위를 커버할 수 있는 증모술이다.

KIMHO 피스술에서는 증모피스를 활용한 숱 보강 완전 정복을 목표로 한다. 지금부터는 숱 보강 증모피스의 종류와 특징, 스타일링에 대해 배우고, 나아가 고객 맞춤형 피스를 직접 제작할 수 있는 기술까지 알아본다.

1. KIMHO 증모피스 vs 일반 헤어피스

◼ KIMHO 증모피스

KIMHO 증모피스는 숱 보강용, 부분 커버, 멋내기용 컬러 디자인용으로 미용실 샵 매뉴얼에 접목하기 쉽고, 많은 고객을 확보할 수 있다. 또한 영양, 코팅, 펌, 또는 염색 등 미용 서비스, 보수/수선 서비스 등 각종 서비스를 제공하여 고객이 정기적으로 방문할 수 있도록 유도할 수 있다.

증모피스는 피스줄 사이사이로 고객 모발을 빼내어 가모와 고객 모발을 섞어주기 때문에 일체감이 뛰어나고 착용 후 전혀 표시가 나지 않아서 고객 만족도가 매우 높다. 또한 모발의 방향성이 고정되어 있지 않고, 360° 회전성과 볼륨감이 뛰어나기 때문에 손질 방법에 따라 여러 가지 스타일을 연출할 수 있다.

증모피스는 부착 부위에 한계가 없이 두상의 어떤 부위에도 착용할 수 있어 다양하게 활용할 수 있다. 앞이마 부분에 증모피스를 가로로 부착하여 숱 보강을 하거나 이마를 가릴 수도 있고, 2:8 가르마 파트를 나눌 수도 있다.

가로나 세로로 'X자'로 겹쳐서 Top 쪽에 볼륨을 줄 수도 있고, 정수리 가마에 맞춰 가로 또는 세로로도 착용할 수 있다. 한 번에 2개를 동시에 착용해서 Top 쪽이나 뒷머리 볼륨을 줄 수도 있고. 클립의 한쪽은 이마, 한쪽은 정수리 쪽에 부착해 두상의 중간 부위에 길게 사용할 수도 있다.

다만 섬세하며, 줄이 약하다는 단점이 있어서 증모피스를 사용할 때는 조심해서 다뤄야 한다.

◼ 일반 헤어피스

기존의 가발식 피스의 장점은 튼튼하여서 사용 시 덜 조심해도 된다는 점이다. 단, 구매 후 추가 서비스로 이어지지 않기 때문에 일회성 샵 매출만 가능하다. 그리고 모류 방향이 정해져 있어서 스타일이 단순하고, 고객의 만족도가 떨어지는 편이다. 또한 착용이 쉽지만 일체감이 떨어진다.

일반적인 헤어피스와 KIMHO 증모피스를 비교하면 다음과 같다.

비고	일반 헤어피스	KIMHO 숱 보강 증모피스
디자인	가발처럼 덩어리 형태로 되어 있어서 착용 시 이질감이 있고, 바람이 불면 고객 모와 차이가 있어서 쉽게 티가 난다. 또한 비를 맞거나 젖으면 잘 마르지 않아서 사용이 불편하다.	내피 없이 줄로 제작해 줄 사이사이로 고객 모발을 빼내 가모와 섞어주기 때문에 일체감이 뛰어나고 매우 자연스럽다. 볼륨감이 좋고, 100% 인모로 고객 모발과 거의 흡사하다. 수제 제작하기 때문에 360° 방향성이 좋아서 강한 바람에도 티가 나지 않는다. 또한 비를 맞거나 젖어도 금방 마르기 때문에 사용이 용이하다.
착용감	뚜껑식 고정 방식으로 두피와 남은 잔모를 덮어버리기 때문에 무겁고 답답함을 느낄 수 있다. 통풍이 잘 안 되고 시간이 지나면 노폐물이 쌓이면서 냄새와 불편함이 느껴질 수 있다. 또한 장기 사용 시 모발이 약해진다. (탈모 진행 가속화)	통기성이 좋아서 장기간 사용해도 두피가 편안하고, 뭉침 현상이나 냄새, 가려움 등이 전혀 느껴지지 않는다. 또한 내피가 없어서 새털처럼 가볍다. 장기간 착용해도 두피와 잔모를 건강하게 관리할 수 있다.
사용 부위	모류 방향이 정해져 있기 때문에 사용 부위가 제한적이다.	모류 방향이 정해져 있지 않고, 360° 방향성이 좋아서 손질에 따라 두상의 어느 부위에든 활용할 수 있다.
고정	주로 쇠클립을 사용하기 때문에 장기간 사용 시 견인성 탈모나 두피 염증이 발생할 수 있다. 또한 쇠는 마찰력이 떨어져 고정력이 약하다.	특허 받은 망클립을 사용하기 때문에 두피 밀착감이 뛰어나고 고정력이 강하다. 장기간 사용해도 두피 염증을 유발하지 않고 안전하다.
스타일링	주로 인모와 합성모를 혼합해서 제작하기 때문에 스타일이 제한적이다.	100% 인모로 제작해 펌, 염색 등 다양한 미용 시술이 가능하고, 스타일이 자유롭다.

A/S 기간	A/S 접수 후 20일 이상 소요	하루~일주일 이내
사용 성별	남성용과 여성용을 별도로 제작한다.	남녀 공용으로 사용 가능하다.
제작 방법	기계와 손을 사용하여 제작	100% 수제 제작
차이점	내피가 있는 스킨 또는 망 사용	내피가 없다.
소비자층 확보	특수한 소비자만 사용 가능, 한 번 판매로 재방문이 어렵다.	일반적이며 대중적이고 누구나 부담 없이 구입하여 사용할 수 있다. A/S 등으로 정기적인 샵 매출에 도움이 된다.

2. KIMHO 증모피스의 종류

KIMHO 증모피스는 미니피스, 멀티피스, 빈모용 피스로 구분할 수 있다.

▣ 커버 디자인용 미니피스

– 360° 퍼짐성과 높은 볼륨감으로 스타일이 자유롭다.

– 앞뒤가 특별히 정해진 곳이 없고 한 곳에만 착용하는 것이 아니라 두상 어느 부위든 착용할 수 있다.

– 동서남북으로 어느 방향이든 자유롭고 바람이 불어도 전혀 티가 나지 않는다.

– 여러 가지 스타일을 연출할 수 있고 쉽고 간편하게 사용할 수 있다.

커버 디자인 미니피스는 사이즈에 따라 다양하게 활용할 수 있다.

– 미니피스 Small: 남자 숱 없고 짧은 분 M자, 원형 탈모 등

– 미니피스 Medium: 남, 여 M자 숱 많고 모발이 길고 두껍고, 정수리 숱 없는 분, 가마 하이라이트 포인트 디자인용으로 여러 연출이 가능하다

– 미니피스 Large: 가마, TOP의 숱 없는 남, 여 짧은 머리나 레이어 없는 롱 헤어의 탑, 숱 없는 곳, 롱 헤어 사이드 볼륨, 뒤통수 볼륨, 이마 뱅, 업 스타일용

| 미니피스S | 미니피스M | 미니피스L | 미니피스롱M | 미니피스롱L |

▣ 숱 보강 멀티피스

– 숱 보강 멀티피스는 두피 성장 케어의 목적을 가진 증모피스이다.

– 볼륨감이 뛰어나고, 360° 회전성이 있어서 두상 어느 부위에도 착용이 가능하고, 스타일이 자유롭다.

– 모발의 방향성이 고정되어 있지 않아서 바람이 불어도 전혀 티가 나지 않는다.

– 내피가 없기 때문에 매우 가볍고, 비를 맞아도 통풍이 잘 되어 고객의 모발보다 빨리 마르며 헤어스타일 유지에 한층 자연스러움을 준다.

숱 보강 멀티피스는 사이즈에 따라 아래와 같이 활용할 수 있다.

– 스퀘어피스 6cm × 6단: 양쪽에 낫팅이 되어 있지 않아 주로 사이드 헤어 탑, 이마 뱅 사용

– 멀티매직피스 6cm × 8단: 6cm 정도 공간의 숱이 없는 곳, 가르마, 이마라인, 이마와 탑 중간, 탑과 뒤통수 볼륨

– 멀티매직피스 8cm × 8단: 8cm 정도 공간의 숱이 없는 곳, 가르마 이마라인, 이마와 탑 중간 탑과 뒤통수 볼륨

– 멀티매직피스 8cm × 10단: 피스가 넓고 숱이 많아서 가르마와 탑에 숱이 없는 분 동시에 이마라인과 M자, 이마와 탑 중간, 탑과 뒤통수 볼륨, 중간 가르마 등

| 6cm 6단 | 6cm 8단 | 8cm 8단 | 8cm 10단 |

▣ 탑 빈모용 멀티피스

– 빈모용 피스는 숱 보강 피스와 구조나 특징은 같다.

– 숱 보강 피스의 가장 큰 장점인 고객의 모발을 빼내어 일체감을 주는 것이 특징
 이지만, 빈모용은 모발을 빼낼 모발이 없으므로 그대로 얹는 형태이다.

– 사각형 피스로 만들어져 있어서 앞머리가 있는 모발에 씌우는 것을 원칙으로
 한다.

– 탑 빈모용 멀티피스는 단이 많아질수록 모량이 늘어나기 때문에 탑 부위 탈모 정
 도에 따라 숱 보강이 필요한 모량에 맞춰 활용할 수 있다.

탑 빈모용 멀티피스의 종류는 다음과 같다.
– 멀티매직 13단: 정수리 탈모가 30%~40% 정도 진행된 고객을 위한 피스이다.
 (14cm × 4cm)
– 멀티매직 16단: 정수리 탈모가 50%~60% 정도 진행된 고객을 위한 피스이다.
 (12cm × 6cm)
– 멀티매직 26단: 정수리 탈모가 70%~90% 정도 진행된 고객을 위한 피스이다.
 (14cm × 8cm)

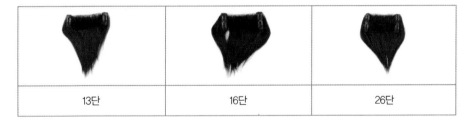

| 13단 | 16단 | 26단 |

3. KIMHO 증모피스의 특징

▣ 망클립

– 쇠클립의 단점을 보완해 클립과 망사가 하나의 일체형으로 제작된 클립이다.

– 착용 시 두피에 밀착되어서 고정 부위가 전혀 티가 나지 않는 것이 특징이다.

– 사용 중 클립이 부러진 경우, 망에서 부러진 클립을 빼내고 새로운 클립으로 교

체할 수 있어서 당일 A/S가 가능하다.

▣ 모발 비율 특징
- 모발 길이가 6"로 혼합 비율을 골고루 하여 뿌리 쪽에서 숱이 많고 모발 끝으로 갈수록 숱이 적어 뿌리 쪽에서 받쳐주는 힘이 많고 끝으로 갈수록 가벼우면서 볼륨감이 뛰어나다.
- 헤어스타일이 360° 자유로워진다.
- 모발 길이 비율로 인해 고객 모발과 뭉치지 않고 자연스럽게 일체감을 준다는 것이 특징이다.

▣ 내피 없는 머신줄
- 머신줄의 단이 많고 적음에 따라 머리카락 양이 정해진다. (머신줄 단이 많음 = 제품의 모발 숱 많음)
- 줄과 줄(단과 단) 사이로 고객의 모발을 밖으로 빼내어 가모와 고객 모가 혼합하여 바람이 불어도 함께 움직임으로써 일체형으로 보이기 때문에 전혀 헤어피스 티가 나지 않는 장점이 있다.
- 줄이 끊어지면 줄 끊어짐 A/S가 가능하고, 숱 추가를 원할 시에는 머신줄을 추가하는 수선이 가능하다.

4. KIMHO 증모피스 사용 방법
피스를 처음 받았을 때는 뿌리 부분이 눌려 있는 상태이다. 그대로 착용하는 것보다 샴푸를 해서 누워 있는 뿌리 부분을 살려서 착용하는 것이 중요하다.
지금부터는 증모피스의 올바른 사용 방법에 대해 알아본다.

▣ 증모피스 샴푸 방법
① 한쪽 클립을 열고 중지와 검지를 벌어진 클립 사이에 끼고 엄지를 대고 잡는다.
② 흐르는 물에 뿌리까지 골고루 물을 적신다.

③ 샴푸를 손바닥에 묻혀서 적당히 골고루 바른다.

④ 한쪽 결대로 손가락으로 빗질하듯이 샴푸를 한다.

⑤ 헹굴 때도 한쪽 결 방향대로 흐르는 물에 헹군다.

⑥ 샴푸한 증모피스는 수건으로 감싸 가볍게 두드리듯 눌러 어느 정도 물기를 제거해준 다음 ①번의 클립을 닫은 후 한쪽의 클립을 잡고서 반대 손등에 대고 너무 무리하지 않게 털면서 건조시킨다.

※ 증모피스를 착용하다 보면 두피에서 나오는 피지와 땀에 의해 클립이 삭을 수 있으므로 샴푸할 때는 클립 부분을 잘 세척해준다.

▣ 증모피스 착용 방법

① 고객의 핸드폰으로 탈모 부위를 근접 촬용해 Before 사진을 확보한 후 피스를 착용할 부위에 물을 뿌려 빗질해준다.

② 피스를 착용할 부위에 섹션을 뜨고 착용하는 방향으로 빗질을 깨끗이 한다.

③ 클립 한쪽을 부착할 부위 섹션 위로 0.5cm 지나서 걸고 반대쪽 섹션에도 0.5cm 밑 모발까지 같이 걸어 채운다.

④ 다른 한쪽 클립 끝 쪽에 붙어 있는 모발을 잡고 두피에 최대한 밀착하게 하여 살짝 당겨준다. 이때 클립을 잡지 않는 이유는 잡고 있는 검지로 인해 중간이 뜨는 현상이 생기기 때문이다.

⑤ 피스줄 사이로 꼬리빗 끝 쪽을 90°로 집어넣어서 15°로 눕혀 최대한 천천히 깨끗이 한 번에 줄 사이에 있는 고객의 모발만 빼낸다. 이 때 절대 클립 양쪽을 채운 채로 모발을 빼내면 안 된다. 만약 정확한 줄 사이에 있는 모발을 제자리에서 빼주지 않으면 눌림 현상이 생기고 줄이 뜨면서 모발이 볼륨감이 없으며 바람이 불거나 방향이 틀어지면 잘못 빼낸 곳이 갈라지고 새집처럼 보이게 된다.

⑥ 고객 모를 정확하게 빼냈으면 모발 정리를 위해 꼬리빗 살을 세워서 피스줄 방향성에 맞춰서 한쪽 끝부터 빗질을 조금씩 하며 정리하면서 전진한다. 끝까지 왔으면 반대 방향으로 다시 한 번 빗질해준다. 이때 빗질을 너무 세게 해서 줄이 끊어지지 않도록 주의한다.

⑦ 반대편 클립을 양 집게손가락으로 끝을 잡고 약간 텐션을 준 뒤 삽으로 푸듯이

두피 가까이 대고서 클립 윗부분의 코너를 살짝 눌러 모발에 고정한다.

⑧ 찬 바람으로 건조 후 스타일링한다.

▣ 증모피스 관리 방법

1) 제거

한쪽 클립을 열고 모발을 정리한 후 클립을 닫고 살짝 피스를 두피에 누르는 듯하면서 모발을 아주 조금씩 조심스럽게 빼낸다.

2) 빗질

한쪽 클립을 잡고서 모발이 밖으로 삐쳐 나온 것을 세로로 꼬리빗을 활용하여 빼낸다. 이때 주의점은 절대 피스줄을 잡거나 피스줄의 방향성이 다른 반대 방향으로 빗질해서는 안 된다는 것이다.

3) 보관

증모피스 줄은 특수 낚싯줄 재질이라서 잘못 보관 시 줄이 늘어날 수 있기 때문에 반드시 세로로 걸어 고정해 놓는 것이 가장 이상적이다.

펌 웨이브 스타일 증모피스를 보관할 때에는 증모피스 클립 양쪽을 안쪽 중간으로 접어 잡고, 세팅 에센스나 컬 크림제 종류를 손바닥에 골고루 묻힌 후 피스 모발 끝을 주무르듯이 컬을 만들어서 보관해두면 다음 착용 시 부스스하지 않고 깨끗한 컬의 증모피스를 사용할 수 있다.

4) 보관한 증모피스 착용

증모피스를 사용하기 전에 모발 결의 방향성 때문에 5% 정도 물을 분무한 후 자연스럽게 털어내듯 빗질하면서 스타일링하여 사용한다.

5) 증모피스 스타일링

컬링 에센스로 밑에서 위로 꾹꾹 눌러 잡아주면 세팅 느낌도 나면서 컬도 탄력 있게 잡힌다.

▣ 증모피스 모발 엉켰을때 해결 방법

보통 머리에 있는 모발은 큐티클이 일정한 방향으로 되어 있지만, 증모피스는 산 처리한 모발을 사용하기 때문에 큐티클 방향이 일정하지 않아서 비비게 되면 모발이 서로 엉킨다. 이때 무리하게 엉킨 부분을 풀려고 빗질하면 서로 뭉쳐서 걸려있는 큐티클이 찢어지게 되므로 모발이 부스스해지는 현상이 발생한다.

따라서 엉킨 모발을 풀 때는 오일을 발라서 모발 뿌리 부위를 잡고서 꼬리빗 끝으로 모발 끝부분부터 살살 풀어내야 한다.

5.KIMHO 증모피스 스타일링

▣ 증모피스 커트

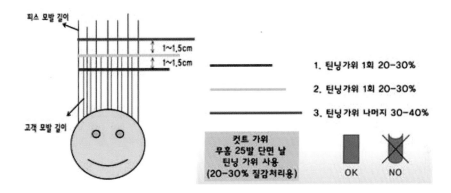

증모피스를 커트할 때 가위는 무홈 틴닝가위를 사용한다. 피스를 커트하는 순서는 다음과 같다.

① 고객의 모발과 피스를 90° 각도로 들어서 고객의 모발보다 1cm~1.5cm 아래에서 한 번 커트해준다.

② 그 다음 고객의 모발과 같은 길이에서 한 번 커트해준다.

③ 그 후 고객의 모발보다 1cm~1.5cm 길게 마지막 커트해준다.

  (고객의 모발보다 피스를 1cm~1.5cm 더 길게 자르는 이유는 고객의 모발이 계속 자라기 때문에 조금 자랐을 때도 모발의 단차가 생기지 않게 하기 위해서이다)

▣ 증모피스 펌

증모피스를 펌할 때는 피스의 모발이 산 처리 모발이기 때문에 펌했을 때 늘어지는 경향이 있다는 것을 염두에 둬서 고객 모 펌 와인딩 롯드보다 2단계 작은 크기의 롯드를 선택한다

고객이 펌 스타일을 원하는 경우, 고객 모 펌 타임과 피스 펌 타임이 다르므로 고객 모와 제품은 따로 펌해야 한다.

증모피스를 펌하는 방법은 다음과 같다.
① 피스 모발에 전처리제를 도포한다. (열 펌 −PPT / 일반 펌 − LPP 사용한다)
② 뿌리에서 3cm 띄우고 멀티 펌제(1제)를 도포한다.
③ 원하는 롯드를 선정하여 와인딩한다. 와인딩 후 비닐캡을 씌운다.
④ 자연 방치 15분~20분, 피스의 모발은 산 처리된 모발이기 때문에 작업 시간이 길어지지 않도록 유의한다.
⑤ 중간 린스 후 타월 드라이한다.
⑥ 과수 중화 5분(2회)
⑦ 약산성 샴푸로 헹구고, 린스나 트리트먼트로 마무리한다.

1) 커버 디자인용 미니피스 펌

미니피스를 펌하는 이유는 고객 모발과 피스 모발이 자연스럽게 이어지면서 모류 방향을 살리기 위해서이다.
펌 웨이브 와인딩 시에는 피스의 모발 큐티클 역방향성의 거칠어짐을 없애고, 부스스함을 최소화하면서 동시에 컬의 탄력성을 강화하기 위해 모발 끝을 모아서 와인딩해야 한다.

뿌리의 방향성과 떨어지는 모발이 고객 모발과 일체형을 원할 때 또는 살짝 볼륨만 원할 때
① 모발 뿌리 결의 방향성을 유지하기 위해서 뿌리에서 3cm 떨어진 지점부터 약을 도포하고 뿌리는 사선으로 섹션 후 와인딩한다.

② 고객 모발과 일체형으로 만들기 위해 끝부분 0.3cm 정도 빼고 와인딩을 해준다.
이때 와인딩 각도는 15°를 유지한다.

고객의 모발이 웨이브 많을 때
고객의 컬사이즈로 롯드 선정하여 모발 끝을 0.3cm 정도 빼놓고 와인딩한다.

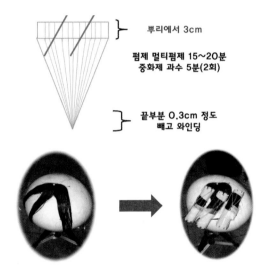

2) 숱 보강 멀티피스 펌

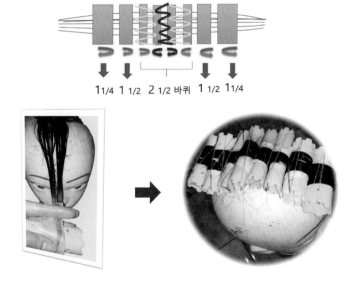

① 양쪽 클립은 지그재그를 떠서 바깥쪽은 롯드는 1¼ 각도는 15°로 끝은 모아서 와인딩해준다.

② 그 위에 클립 안쪽은 1½로 45°~75°로 와인딩한다.

③ 안쪽 4개 롯드는 2½ 각도는 90°로 끝은 모아서 와인딩한다. 이때 가운데 두 개 롯드는 마주 보고 와인딩을 해주어야 한다.

3) 증모피스 열펌

① 매직약을 도포해 20분 정도 빗질한 다음 연화 테스트한다.

② 산성 샴푸로 샴푸한 다음 타월 드라이한다.

③ 말릴 때는 10% 수분 유지한다. 끝을 모아서 펌 와인딩을 한다.

④ 드라이 세팅을 15분~30분 해서 완전히 말린다.

⑤ 중화제 과수 2회 / 5분

▣ 증모피스 염색

산화제 농도별 사용하는 방법은 다음과 같다.

〈산화제 이해〉

1. 산화제 농도별 사용 방법

1.5%	손상이 심하고 탈색된 모발에 착색. 손상이 적고 착색력이 뛰어나며 명도가 어두워질 수 있고 톤 업이 안 된다.
3%	0.5~1 level 리프트 업 가능. 톤 인 톤(Tone in Tone), 톤 온 톤(Tone on Tone), 모발 색상이 #4 level 시 #4~5 level 색상 연출
6%	1~2 level 리프트 업 가능하고 모발 색상이 #4 level 시 #5~7 level 색상 연출
9%	3~4 level 리프트 업 가능하고 밝은 명도 표현에 사용한다. 모발 색상이 #4 level 시 #7~8 level 색상 연출
탈색	5~6 level 리프트 업 가능하고 선명한 명도 표현에 사용한다.

1) 산화제 비율별 사용 방법 (염모제 1제 : 산화제 2제)

- 1:1 염모제에 맞춰 농도별 레벨을 원할 시 사용

- 1:2 염모제로 1~2 level 리프트 업, 건강한 모발 탈색 시 사용

- 1:3 안정적 탈색 또는 모발의 기염 부분 잔류색소 제거 시 사용

- 1:4 탈염제를 이용하여 검정 염색 입자 제거 시 사용

2) 하이라이트

모발 손상 없이 하이라이트를 빼는 방법은 2가지가 있다.

블루(1) + 화이트 파우더(2) = 1 : 2 자연 방치(15분~20분)

(큐티클이 열림, 멜라닌 색소 희석, 최대한의 하이라이트 작업)

블루(1) + 화이트 파우더(3) + 과수 20v(6%) 1 : 3 = 30㎖ : 90

(과수를 3배 넣는 이유: 최대한 모발에 상처 주지 않고, 손상 최소화하면서 레벨 up)

3) 원색 멋내기 컬러링

- 중성 컬러 매니큐어(원색의 원하는 컬러)

  왁싱 매니큐어 산성 컬러 25분~30분

6. 증모피스 제작

맞춤형 피스를 서비스하기 위해서는 증모피스를 제작하는 방법에 대해 알고 있어야 한다. 지금부터는 증모피스 중 6cm 6단 제작, 줄이 늘어났을 때 수선(단과 단 매듭), 단 늘리기, 긴 머리 피스 제작, 피스와 피스를 연결해 사이즈 키우기, 단피스에 망 덧대는 방법, 피스에 스킨을 덧대는 방법, 줄 낫팅 방법 등에 대해 알아본다.

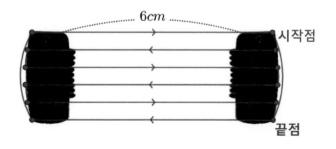

▣ 6cm 6단 증모피스 제작

① 민두 마네킹에 망클립 간격을 6cm를 두고, 구슬핀으로 고정한다.

② 머신줄을 ㄹ자 모양으로 6줄 고정한다.

③ 한 줄씩 클립 부분을 퀼트실로 박음질해준다. (클립 안에서 바깥쪽으로)

④ 클립 안쪽에서 시작점 퀼트실을 바늘에 통과하여 걸어주고, 머신줄 밑으로 바늘을 넣어 두 번 잡고 빼준다.

⑤ 바늘을 망 밑으로 한 땀 가서 다시 머신줄 밑으로 바늘을 넣어서 한 번 감고 빼준다. 이 방법으로 끝까지 박음질해준다.

▣ 단과 단 매듭짓기(사슬뜨기 방식)

증모피스 보관 또는 관리를 소홀히 하는 경우 줄이 늘어질 수 있다. 이때에는 단과 단 사이에 퀼트실로 매듭을 지어 보완해준다.

① 먼저 늘어진 멀티피스를 민두 마네킹에 고정한다.

② 퀼트실을 한쪽은 짧게 하고, 한쪽은 길게 잡는다.

③ 피스줄 첫째 단에 스킬 바늘을 이용해서 한 번 사슬뜨기해주고 전체 빼낸 후 퀼트실 반을 갈라서 텐션을 준다.

④ 퀼트실 짧은 줄은 잘라주고 긴 줄을 이용해서 7번 사슬뜨기를 텐션을 주면서 첫 줄부터 이어준다.

⑤ 7번 사슬뜨기한 후 매듭을 짓는다. (7번 사슬뜨기 길이는 0.5cm가 된다)

⑥ 2번째 칸부터 7번 사슬뜨기를 하면서 앞 방법과 동일하게 줄 사이사이에 매듭을 지면서 마지막 줄까지 마무리한다. 이때 마지막 줄은 3번 사슬뜨기 후 매듭을 짓고 마무리한다.

▣ 피스 사이즈 늘리기(단 늘리기)

기성 증모피스보다 고객의 탈모 부위가 넓을 경우, 탈모 범위만큼 줄을 추가하여 사이즈를 늘려 탈모 부위를 커버할 수 있다.

① 원하는 사이즈의 피스를 올려놓고 구슬핀으로 고정한다.
② 늘리고자 하는 밑그림을 그린다.
③ 구슬핀을 이용해서 머신줄을 ㄹ자로 원하는 방향대로 잡아가면서 놓는다.
④ 퀼트실로 고정한 후에 줄과 줄이 늘어지지 않도록 사슬뜨기로 보강한다.

▣ 피스 사이즈 늘리기 (긴 머리 길이 연장)

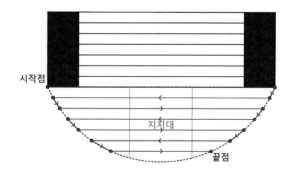

기성 증모피스는 모발 길이가 짧다. 만약 고객이 긴 머리일 경우 피스줄 사이사이와 테두리를 롱 머신줄로 믹스하여 주면 숏 길이는 볼륨을 주고, 롱 길이는 자연스럽게 고객 머리와 연결된다.

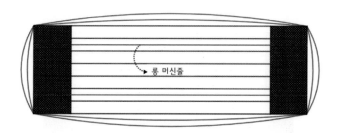

① 민두 마네킹에 피스를 구슬핀으로 고정한다.
② 롱 머신줄로 피스줄 사이에 2줄~3줄 정도 ㄹ자로 고정하고, 피스 전체 테두리를

2줄~3줄로 돌려준다.

③ 퀼트실로 클립 부분에 머신줄을 박음질해준다.

▣ 피스와 피스 연결하기(피스 사이즈 키우기)

기성 헤어피스가 탈모 범위보다 작아서 큰 사이즈가 필요할 때, 쉽고 빠르게 제작하기 위해 피스끼리 연결하여 탈모를 커버하는 방법이다.

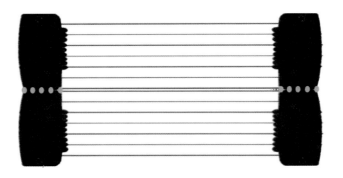

① 민두 마네킹에 피스를 두 개 나란히 구슬핀으로 고정한다.

② 퀼트실로 망클립과 망클립 사이를 감침질해준다.

▣ 피스술 – 26단 피스에 망 덧댐 하기

고객의 모발이 많이 없어서 두피 위로 줄이 보이는 경우, 망을 덧대어 노출을 최소화한다.

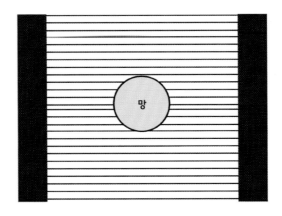

① 민두 마네킹에 26단을 뒤집어 고정한다.

② 망 덧댐 할 부분의 사이즈보다 조금 크게 140D 망을 재단한다. 이때 재단할 망을 조금 더 크게 재단해서 시접을 접어놓는다.

③ 재단한 140D 망을 자리 위에 고정해놓는다.

④ 검정실로 머신줄에 바느질하며 고정한다.

⑤ 테두리만 고정하면 들뜨기 때문에 망 위에 있는 머신줄도 바느질해준다.

▣ 26단 피스에 우레탄 스킨 M자 만들기

M자 이마가 심한 경우, 고정력이 떨어지기 때문에 이마에 인공 스킨을 만들어서 고정해준다.

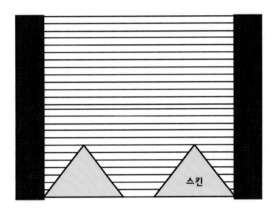

① 민두 마네킹에 26단을 뒤집어 고정한다.

② M자 크기만큼 본을 뜬다.

③ 샤스킨 검정 테두리에 140D 망 1cm를 삼각형으로 재단한다.

④ 0.5cm는 스킨 쪽 덧댐해서 바느질하고 나머지 0.5cm는 바깥으로 둔다.

⑤ M자 자리에 올려 망부분만 감침질한다.

▣ 줄 낫팅 방법

기성 증모피스에 고객의 취향에 따라 흰머리 또는 다양한 컬러를 섞을 수 있고, 길이 연장도 가능하다.

피스술 8 – 줄 낫팅 법 (길이 연장, 흰머리, 하이라이트)

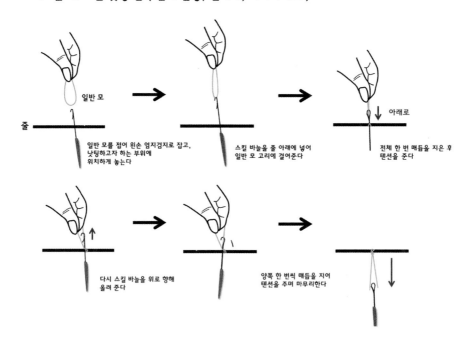

① 숱 보강할 피스를 민두 마네킹에 고정한다.

② 일반 모를 6:4 또는 7:3으로 접는다.

③ 일반 모를 접어 왼손 엄지 검지로 잡고, 낫팅하고자 하는 부위에 위치하게 놓는다.

④ 스킬 바늘을 줄 아래에 넣어 일반 모 고리에 걸어준다.

⑤ 전체 한 번 매듭을 지은 후 텐션을 준다.

⑥ 다시 스킬 바늘을 위로 향해 올려준다.

⑦ 양쪽 한 번씩 매듭을 지어 텐션을 주며 마무리한다.

부록

실전 가발술

- 성형가발술
- 가발 아이론펌
- 피스가모술
- 가발 수선

■ 성형가발술

1. 가발 공법
가발을 부착하는 공법으로는 고정식, 반고정식, 탈부착식이 있다. 고정식은 고객 두상에 고정하는 방식으로 고정식 공법으로는 본딩식, 샌드위치식, 테이프식, 퓨전식 등이 있다. 반고정식은 고정식과 탈부착식을 조합한 방식으로 반고정식 공법으로는 단추식, 벨크로식 등이 있다. 탈부착식은 고객이 원할 때 직접 탈착할 수 있기 때문에 실내 활동이 많거나 외출 시에만 착용을 원하시는 분들께 적합하며, 탈부착식 공법으로는 클립식, 벨크로식, 클립+벨크로식, 테이프식 등이 있다.

▣ 클립식 가발
클립식 공법은 가장 대중적인 기법으로, 고객의 머리카락을 밀지 않아도 되고 고객이 편하게 착용할 수 있다는 것이 가장 큰 특징이다. 다만, 가발이 떨어질까 하는 불안감에 클립을 너무 강하게 고정하거나, 한 자리에 오래 착용할 시 견인성 탈모가 생길 수 있고, 테이프식에 비해 밀착감이 떨어지며 모발이 얇고 힘이 약하면 고정력 떨어진다는 단점이 있다.

클립식 가발의 고정 순서는 다음과 같다.
① 가발 프런트에 일회용 양면테이프를 붙인다.
② 양손으로 가발을 잡고 C.P에 맞춘 후 붙인다.
③ 클립을 열고 두피에 밀착시키고, 사이드부터 클립을 꽂고 나머지 부분도 클립을 열고 모발에 꽂아준다.

2. 패턴 제작
맞춤 가발을 제작하기 위해서는 고객의 두상에 딱 맞는 패턴(본)을 만들 수 있어야 한다.

1) 패턴 제작 순서

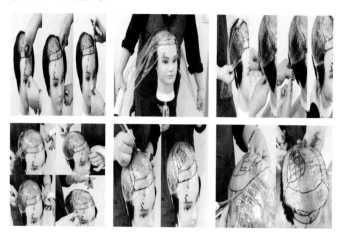

① 고객의 얼굴형을 보고 앞점(C.P.) 위치를 먼저 잡아준다.

② 옆점을 잡아주고 탈모 부위를 그린다.

③ 랩이 들뜨지 않게 앞쪽 랩을 귀 뒤로 당기고, 뒤쪽 랩을 앞으로 보내 X자 형태로 꼬아서 사탕 묶는 형태를 만든다.

④ 가로, 세로, 사선에 테이프 작업을 한다. 이때 어느 정도 두께감이 있게 테이핑 한다.

⑤ 앞점, 옆점 탈모 부위를 빠르게 체크하고, 탈모 부위 기준선을 잡는다. 그 후 어떤 공법을 할 것인가에 따라 스킨용 본을 그려야 하는지 모발용 본을 그리는지, 탈모 기준선 안쪽으로 테두리를 잡을지 바깥쪽으로 테두리를 잡을지를 결정할 수 있다. 가르마 위치를 정해준다.

⑥ C.P와 B.P를 반을 접어 대칭이 맞는지 확인한 후 1cm 정도 크게 패턴을 자른다.

⑦ 고객 두상에 본을 얹어보고 좀 더 크게 변경해야 할지 작게 해야 할지 사이즈를 최종 확인한 후 테두리 선을 잘라주면 본을 완성할 수 있다.

Tip

"디자인 특허 30-0952715" 이마라인 "본" 전용 자
앞머리 라인의 모양을 계측하기 위해 개발한 가발 전용 이마자로 초보자도 쉽게 이마라인의 넓이, 높이 등을 확인해 자연스러운 이마라인을 본뜰 수 있다. 특히 라운드 형태로 휘어지는 자재를 사용해 고객의 이마에 대고 라인을 본뜨기 용이하다.

  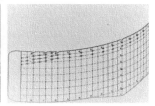

기본 높이 6cm / 이마가 좁은 사람 6.7cm / 이마가 넓은 사람 7.5cm

2) 패턴 제작 시 기준점

◉ 앞점과 옆점

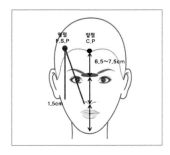

– 앞점: C.P / 미간으로부터 6.5cm~7.5cm (남자 손가락 3개, 여자 손가락 4개)

– 옆점: F.S.P, 15° 귓불 1.5cm 떨어진 곳에서 직선으로 올라간 지점과 콧방울에서
   눈썹 산을 지나가는 대각선 지점이 만나는 곳. 이마가 좁으면 답답한 인상을 주
   고, 이마가 넓으면 시원해 보이는 인상을 준다.

ex

폭이 좁고 얇은 얼굴형 → 앞 점을 6.5cm 정도로 잡는다. 7cm를 잡으면 얼굴형이 길어 보인다.

◉ 가마

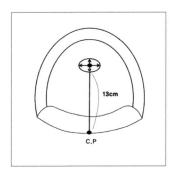

일반적인 가마의 위치는 C.P로부터 약 13cm 위치한 점이다. 하지만 가마의 위치는 고객의 두상에 따라 언제든지 변할 수 있다. 가마의 둘레는 ±3cm 정도이다.

▣ 가르마

가르마 폭은 3cm 정도로 기준을 잡을 수 있다. 남녀로 봤을 때, 여성의 경우 땀이 많은 사람은 3cm(1.5cm×2), 남성의 경우 3cm~4cm (2cm×2) 폭 정도가 적당하다. 가르마 위치에 따라 다음과 같이 정리할 수 있다.

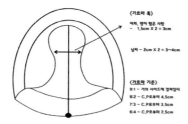

9 : 1 – 거의 사이드에 걸쳐 있다.

8 : 2 – C.P로부터 4.5cm

7 : 3 – C.P로부터 3.5cm

6 : 4 – C.P로부터 2.5cm

▣ 패치 테두리

모발식: 고객의 탈모라인 중심으로 기준선을 잡고 바깥쪽으로 2cm 라인을 잡아준다.

본딩식: 고객의 탈모라인 안쪽에 기준선을 잡고 패치 테두리 라인을 잡아준다.

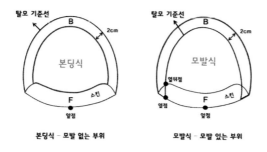

(본딩식–모발이 없는 부위 / 모발식–모발이 있는 부위 탈부착).

3. 작업지시서

1) 작업지시서의 이해

고객의 맞춤 가발을 주문할 때 작업지시서를 작성하게 되는데 각 항목의 내용은
다음과 같다.

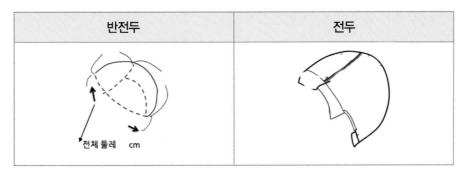

반전두	전두
전체 둘레　cm	

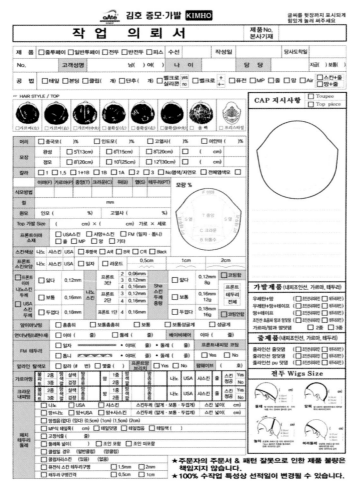

제품

줄투페이 / 일반투페이 / 전두 / 반전두 / 피스

- 줄투페이: 내피 없는 다중모줄(벽돌식, 다이아몬드식), 어망, 모노F사각망, SY/BL
  망 사용 시 체크
- 일반투페이: 줄이 들어가지 않는 모든 망 가발 체크
- 전두: 전두 가발 시 체크
- 반전두: 반전두 가발 시 체크
- 피스: 투페이 사이즈보다 작은 사이즈를 제작 시 체크

수선

A/S할 내용을 정확하게 기재

지급 / 보통

- 지급: 30일 이내에 도착. 지급료 별도
- 보통: 30일~45일 이내에 도착

공법 – 고객 모발에 가발을 고정할 수 있는 고정 방법

테이프, 본딩, 클립, 단추, 벨크로(+, −), 퓨전, MP, 줄(고정식 줄), 망(망접음), Air,
스킨+줄, 망+줄

헤어스타일

고객이 원하는 가르마 스타일과 헤어스타일에 체크

머리

- 중국모: 굵고 두꺼운 수직으로 떨어지는 모발
- 인도모: 중국모보다 얇고 가는 모발이며 중국모보다 질긴 특성이 있고 건조 자
  연스러운 웨이브 / 주로 유럽 쪽에서 많이 사용)
- 미얀마 & 베트남모: 중국모와 모질이 큰 차이가 없지만, 모발 굵기의 큐티클 두

께가 얇은 편이다.

– 고열사(인조모): 염색과 일반펌이 안 된다.

– 기타: 일반적으로 중국모와 인도모를 혼합하여 7:3 또는 8:2 비율로 많이 한다.

모장

정모 (낫팅 전 전체 모발 길이) / 완성 (외피의 가장 긴 모발 기준)

ex

정모 8"= 완성(바깥쪽) 5" (안쪽) 3"

컬러

– 1.5: 검정 / 염색하는 분

– 1+1B: 다크 브라운 / 가장 일반적으로 많이 하는 컬러

– 1B: 미디움 브라운 / brown

– 1A: 에이쉬 브라운 / Dark brown

– 2: 2번~3번 톤 / Light brown

– 3: 3번~4번 톤

식모 방법

싱글 낫팅	∨	전체 한 번 빼기	떨어지는 부분 사용. 각도 전혀 없다
핫싱글낫팅	∨	한쪽만 빼기	고정력이 없어서 낫팅한 매듭에 코팅 처리 해야 한다
더블낫팅	∨	두 번 전체 빼기	두 번 묶기 때문에 볼륨이 많이 산다 단단하다
핫더블낫팅	∨	양쪽을 한 번씩 빼기	탑, 가르마 등 볼륨이 가장 많이 사는 곳에 사용. 퍼짐성이 강하고, 김호가발에 주로 사용
뉴핫더블낫팅	2 ∨ 1	밑으로 들어가 바깥쪽부터 빼고난 뒤 앞쪽 빼기	한쪽에 퍼짐성을 가지고 있다.
V 낫팅	∨	매듭 짓지 않고 코팅 처리	매듭 표시가 나지 않는 것이 특징이나 매듭을 짓지 않아 약하다 스킨에만 사용

- 싱글낫팅: 머리카락 2가닥을 똑같이 낫팅(가라앉게 볼륨 없앨 때). 가장자리에 주로 사용
- 핫싱글낫팅: 한 올 낫팅. 자연스럽고 볼륨이 적다. 한쪽 살리고 한쪽 죽일 때, 주로 이마라인에 많이 한다.
- 더블낫팅: 볼륨감 있게 작업하고자 할 때 낫팅 / 2번 낫팅 매듭이 견고하고 큰 게 단점이다.
- 핫더블낫팅: 망에 직접 낫팅하는 방식으로 한 가닥을 2회 감아서 낫팅한다. 매듭이 견고해서 주로 사용하는 낫팅기법이다.
- 무매듭 낫팅: 이마라인과 가르마 쪽에 자연스럽게 표시가 안 나게.
   뿌리에 묶은 매듭식은 유지력이 오래 간다.
- V 낫팅: 스킨에 매듭 없이 낫팅(낫팅 베이스에 우레탄 코팅 처리 / 빨리 빠진다)(얇은 스킨을 덧대서 작업 / 주로 가르마 부위에 많이 사용)

모량

- 50%: 모발 숱이 약간 적은 분 / 연세가 있는 분
- 60%~70% : 20대~30대 (활동량이 많은 사람)
- 50%: 파마를 하고자 할 때는 주문 모량보다 10% 뺀다. 주문 40%
- 30%~35%: 아이롱펌 / 유화 세팅펌
- 가르마 & 탑: 일반적으로 다른 곳보다 5%~10% 정도 더 숱 추가 낫팅한다.
- 이마라인: 일반적으로 5%~10% 숱 적게 & 모발 가늘게, 가늘고 곱슬 (인도모 & 미얀마모) 베이비 헤어 일반적으로 애교머리, 이마라인에 많이 한다.
- 연예인 모량 비교 (이덕화 40%~50% / 설운도 50% / 백영규 60%)

컬

- 19mm / 25mm / 30mm / 직모
- C컬인 30mm를 일반적으로 많이 한다.
- 약간 볼륨감이 있는 25mm 역시 많이 한다.

흰 모

- 인모: 염색 가능 (인모로 할 때 가공 비용 거의 2배 추가 발생)
- 인조모(고열사 모): 염색이 안 됨 (주로 사용)

언더낫팅 (내면수제)

이마 테두리에 스킨이나 망이 들뜨지 않게 만들거나 보이지 않게 하기 위해서 또는
약간의 곱슬머리로 자연스럽게 연출하고자 할 때 작성한다.

앞이마 낫팅

- 촘촘히: 바늘 자국 없이 (무매듭식이 표시가 안 난다) 숱이 50%~60% 정도
- 보통 촘촘히: 바늘 자국 없이 보통 숱이 많게 숱이 40%~50% 정도
- 보통(성글게): 드문드문 공간이 약간씩 있게 숱이 30%~40% 정도
- 보통 성글게: 숱이 20%~30% 정도
- 성글게: 거의 숱이 10%~20% 정도

프런트 스킨 모양

- 일자형 = 일반 스킨 (콘택트)
- 라운드형 = 약간 물결 모양 5mm. 1cm. 2cm. 3cm

프런트 이마 소재

- 일자 = FM톱니형 - (우레탄 위에 지그재그식으로 망과 더블 겹처리된 것) 프런트에
  본인 모발이 약간 있는 분에 많이 사용한다.
- 일자 = FM - 얇은 망과 스킨 겹처리 (우레탄 앞에 망이 약간 겹쳐 튀어나오게 하여
  만들어짐) 프런트에 본인 머리가 약간 있는 분 사용
- 얇은 샤망+스킨 - 얇은 샤망과 우레탄 스킨이 겹쳐 튼튼하고 잘 찢어지지 않는다.

프런트 이마 나노스킨 두께

- 0.03mm: 아주 얇게 코팅 / 우레탄을 사용 코팅 2회 - 주로 프런트 스킨에 사용 /

스킨이 약해 3개월 이내에 A/S

– 0.06mm: 기본적으로 많이 사용한다. – 일반적으로 6개월 후 A/S

– 0.09mm: 코팅이 두께감이 있다.

– 2 3 4 / 3단 두께 스킨 (코팅 얇게 3번)

– 3 4 / 2단 두께 스킨 (코팅 얇게 2번) 약간 얇다.

– 4 / 전체 1단 스킨

스킨 색상

– 투명색 = 아주 투명한 사람

– A 색 = 살결 하얀 사람

– B 색 = 약간 어둡다

– C 색 = 가장 어둡다 (운동선수들)

가르마망 / 크라운 내피망

– 불파트 (2중망/3중망)

– 망 (1중망/2중망)

– 나노

– USA

– 샤스킨

– 줄

– 스킨청공

패치 테두리 둘레

– 나노스킨: 보통 / 두껍게

– USA (일반 우레탄 스킨): 보통 / 두껍게

– 샤스킨: 둘레 테두리 라인 (일반+망)

– 망접음 MP (M사): (둘레 라인 3mm) 전체 테두리는 망을 접어서 안쪽에 얇은 망
이나 우레탄 재질을 한 겹 덧댄다. 테두리가 튼튼하고 모발이 덜 빠진다.

- FM (H사): 전체 테두리 둘레는 망 접으면 3mm
- 클립일 경우: 클립 자리 스킨 있음 / 없음

CAP 지시 사항

- 작업지시서도 빠짐없이 채워야 하고, 그림도 자세히 그린 후 중요한 요청사항까지 적어야 원하는 맞춤 가발 제작이 가능하다.
- 프런트: 스킨 소재, 폭 cm
- 가르마: 가르마 소재, 2중 / 3중, 살색 / 검정색 등을 체크한 다음 모량을 어떻게 심을지 기재한다.
- 크라운: 내피 소재, 1중 / 2중, 살색, 검정색 체크한 후 크라운이 사이드와 백이 다른 소재를 원하면 나눠 작성한다.
- 테두리: 둘레 소재, 두께, 색상, 폭 cm, FM이나 언더낫팅 처리를 하는지 기재한다.
- 중요한 요청 사항은 별표 처리로 강조하여 표시한다.

3) 상담 차트 활용

상담 차트는 여러 가지 망, 스킨 종류에 대한 설명을 직접 만져볼 수 있게끔 정리한 유용하고 신뢰를 줄 수 있는 차트이다. 고객이 직접 망, 스킨 종류에 따라서 구조와 구멍 크기, 두께, 재질, 색상 등을 확인할 수 있으므로 상담 시 고객의 눈높이에서 맞춤 가발에 대해 설명하기 위해서는 상담 차트를 갖추는 것이 좋다.

상담 차트는 망 차트, 스킨 차트, 모량 차트, 컬러 차트 등이 있다.

상담 차트는 고객 상담 시 생활 방식, 직업, 두피 상태에 따라 적합한 망, 스킨 소재를 선택할 수 있게끔 도와주는 용도이며, 일반적으로 가발샵에서는 진열된 제품의 스타일만 보고 가발을 구매했다면, 상담 차트를 보여주면서 상담할 때에는 고객이 직접 원하는 내피를 선정할 수 있고, 상담하면서 고객에게 적합한 소재를 추천하여 고객에게 신뢰를 쌓을 수 있고, 전문가로서의 믿음을 줄 수 있다.

4. 가발 커트

1) 전체 질감 처리

① 탑 부분의 전체 숱 질감 처리는 90° 각도로 뿌리에서 3cm 띄우고 질감 커트한
   다. 이때 무겁게 커트를 하게 되면 가발 표시가 나기 때문에 자연스럽게 질감 처
   리를 해야 한다.

② 사이드 1.5cm 띄우고 질감 처리한다.

2) 잔머리 만들기

① 스킨에 있는 모발을 0.5cm 간격으로 지그재그 섹션을 뜬다.

② 레저날을 검지와 엄지 사이에 끼고, 손가락만 이용해서 밑에서 위로 날을 수직
   으로 세워서 약간 15° 각도로 불규칙적으로 긁어낸다.

③ 뾰족한 핀셋 등을 이용하여 엄지에 대고 강한 텐션으로 훑어준다. 이는 모발의
   탄성을 이용한 것으로 인위적인 웨이브가 형성되어 자연스러운 잔머리를 만들
   수 있다.

 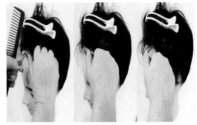

3) 앞머리 가르마 쪽 커트

① 가르마 쪽 삼각존을 잡아서 1cm~1.5cm 띄우고 커트한다.

② 가르마 쪽을 중심으로 사이드로 이동하면서 가르마 쪽으로 당겨서 커트한다.

4) 사이드 떨어지는 라인 커트

페이스라인을 가볍고 자연스럽게 만들어주기 위해 사이드 떨어지는 라인을 커트한다.

머리카락을 잡고 얼굴 쪽으로 당겨서 15°, 45°, 75°, 90° 순으로 가위 방향이 1.5cm 떨어진 위에서 아래로 향하게 라인을 커트한다.

5) 가르마 커트

① 탑 부분은 8cm 정도로 커트한다.

② 가르마 부분은 90°로 커트한다.

③ 가르마 쪽으로 당겨서 120°, 180°로 커트한다.

④ 프런트 머리가 길어지게 할 경우는 중심을 뒤쪽으로 잡아준다.

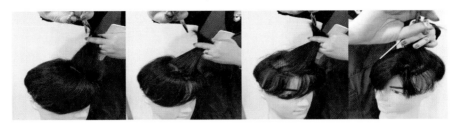

※ 가발 커트의 중요성

고객 머리와 자연스러운 연결감을 위해 질감 처리가 중요하다.

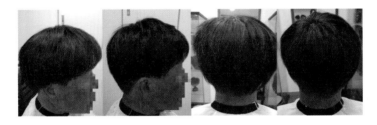

■ 가발 아이론펌

가발 아이론펌은 약제를 이용해 모발의 성질을 바꾸어주며 큐티클을 재정리하여 모발 결을 정돈하고, 들뜸 없는 매끄러운 볼륨감으로 부스스함이 적고 날림 현상을 확실히 잡아주어 가발의 펌으로 가장 적당한 펌이라 할 수 있다.

가발 아이론펌의 장점은 다음과 같다.

– 기존 가발 스타일에서 웨이브로 인해 다른 스타일을 연출, 디자인하기 쉽게 해준다.

– 일반펌에 비해 유지 기간이 길다.

– 화학 제품 사용으로 모발의 성질을 바꾸어주어 찰랑거리는 질감과 결 정리로 인한 윤기가 최고이다.

– 모류의 방향성, 움직임을 컨트롤한다. (웨이브로 인한 모류의 방향을 쉽게 조절할 수 있다)

– 웨이브로 인한 무게감, 질감, 볼륨감을 조절할 수 있다.

- 아이론펌 시술 후에는 손질이 쉽다.
- 웨이브의 볼륨감으로 고객 얼굴형의 단점을 보완할 수 있다.
- 고객의 두상과 가발이 일체형이 되어 티가 나지 않는 스타일 연출에 용의하다.
  (매끄러운 결 작업으로 인해 들뜸이 없다)
- 가발 아이론펌 부분에서 배우는 테크닉은 가모로 제작하는 모든 제품에서 활용할 수 있다.

단, 가발 아이론펌은 기술을 숙련하기가 어려워 초보자의 경우 실패를 많이 할 수 있다.

가발 아이론펌을 제대로 하기 위해서는 작업 중 다음과 같은 주의 사항을 꼭 염두에 두어야 한다.
- 가발은 산 처리된 손상모이기 때문에 1제 도포 시간이 길어지면 과연화돼서 손상을 일으키기 때문에 모든 부위의 균일한 연화 시간을 맞추기 위해 연화 시 약제를 빠르게 바르도록 한다.
- 연화 타임을 정확하게 보지 않으면 컬이 걸리지 않는다.
- 연화 후 샴푸 시 꼭 산성 샴푸로 약제가 남지 않도록 깨끗하게 샴푸한다. (1제가 완벽하게 제거되도록 샴푸한다. Ph 조절과 손상 방지)
- 와인딩 시 모발이 아이론의 열판 롯드에서 뜨지 않고 매끄럽게 밀착되어 텐션과 각도가 동일하게 유지되어야 한다. 컬이 잘 나오지 않는 원인이기도 하다.
- 섹션을 뜰 때는 아이론 사이즈와 동일한 사이즈로 잡는다.
- 중화 시에는 안개 분사 중화기로 모발에 약제가 흐르지 않을 정도로 한다. 만일 약제가 흐르면 수건으로 떨어지는 중화제를 눌러 닦아준다. 웨이브 처짐 현상 방지를 위함이다.
- 중화 후 2제가 잔류하지 않게 깨끗하게 세척되어야 한다.

1. 가발 아이론펌의 종류
가발 아이론펌은 건식 아이론 방법과 습식 아이론 방법이 있다.

'건식 아이론'은 수분이 있는 상태에서 시술해 완전히 수분을 건조하게 하는 방식으로 주로 인모 가발에 많이 사용하는 방식이다.

'습식 아이론'은 수분이 있는 상태에서 시술 후 수분을 이용해 마무리하는 방식으로 고열사펌에 주로 사용하는 방식이다.

아이론펌 기계의 종류와 사용 요령은 다음과 같다.

◪ 일반 매직기

곱슬을 곧게 펴기 위한 기기로 가발펌으로는 적당하지 않다.

◪ 볼륨(반달) 매직기

가벼운 볼륨을 주기 위한 기기이다. 가발 테두리 부분의 모발을 밀착시키기에 가장 적당하다.

◪ 선권 / 원권

선권 – 가위형으로 와인딩 시 힘 조절을 할 수 있어 디테일한 작업을 할 수 있다.

원권 – 일자형으로 시술 시 편리하나 가위형에 비해 디테일함은 부족하다.

컬을 형성하기 위해 시술 시 아주 적당하며 기기의 mm 수에 따라 다양한 컬과 볼륨을 줄 수 있어 유용하게 쓰인다.

◪ 컬링 아이론기

인모에 펌을 할 수 없으나 고열사펌에 사용이 가능하고 붙임머리 헤어드라이어에 유용하게 사용된다.

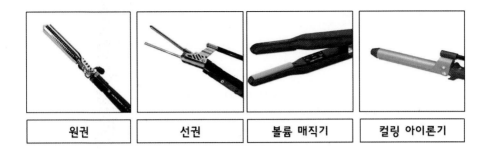

원권	선권	볼륨 매직기	컬링 아이론기

*아이론기기는 회사마다 열판과 기능이 다양하여 정답이 없으며 모발 상태에 따라 시술 방식이 달라질 수 있다.

2. 가발 아이론펌 작업 과정

▣ 연화

가발의 모질은 손상모에 가까워서 연화를 오래 두면 둘수록 모발에 더 큰 손상을 주게 된다. 사람의 모발에 연화를 보듯이 가발을 오래 방치해서는 안 된다.

이유는 사람의 모발은 각자의 가지고 있는 성질이 다르고 큐티클이 살아 있어서 연화 과정이 훨씬 복잡하고 다양하다.

하지만 가발의 경우 산 처리한 모발이라는 특성이 간단하게 정리되기에 연화 과정이 복잡하지 않게 약제와 타임이 정해진다.

* 건강모용 약제를 사용하는 경우 5분~10분 정도 연화 타임을 본다.

* 손상모용 약제를 사용하는 경우 15분~20분 정도 연화 타임을 본다.

* 펌을 한 번 한 모발의 경우 손상모 약으로 5분~10분 연화를 본다. 이때 약액도포 과정에 모발이 산화되는 것이 보이면 빠르게 전체 도포 후 2분~3분 안에 산성 샴푸로 씻어낸 후 영양제 공급 후 시술한다.

▣ 연화제 도포 전 작업

처음 기성 또는 맞춤 가발을 배송받으면 공장에서 코팅 처리를 살짝 처리했기 때문에 윤기가 난다.

연화를 하기 전 코팅제를 물로 깨끗하게 헹구어준다.

헹구고 난 뒤 드라이기로 말리지 않고 수건으로 물기를 제거 후 자연 건조나 찬 바람으로 건조시켜준다.

▣ 연화제 도포 방법

가발에 연화제를 도포할 때에는 크게 4파트로 나눠서 1제를 섹션을 나누면서 빠르게 도포한다.

이때, 가발의 내피까지 연화제를 도포할 경우 가발 매듭 부분이 눌리는 현상과 모발 꺾임 현상이 발생하기 때문에 가모의 뿌리에서 1cm 띄운 상태로 약을 도포해주어야 한다. 단, 고객 모와 일체감을 줘야 하는 가발 테두리 쪽 모발에는 뿌리까지 연화제를 발라서 볼륨을 눌러준다.

▣ 연화 테스트 및 샴푸 방법

① 연화제 종류에 따라 5분~20분 방치 후 테스트를 하는데, 가모의 모질에 따라 약액 도포 후 5분 정도 지났을 때부터 큐티클 손상으로 컬이 늘어질 수 있으니 연화 상태를 잘 점검해준다.

  테스트는 매듭법, 당겨보는 법, 꼬리빗 끝으로 감아보는 법 등 여러 가지 방법이 있으며, 모발을 반으로 접었을 때 꺾이지 않고 구부러져 있으면 연화가 된 것이다.

② 테스트가 끝나면 1제를 찬물로 깨끗하게 헹구어낸 후 ph5.5 산성 샴푸로 다시 한 번 헹구어준다.

  요즘 산성 샴푸 제품은 기능이 좋아서 트리트먼트까지 할 필요는 없지만, 모질상태에 따라 트리트먼트를 추가할 수 있다.

▣ 샴푸 후 아이론 준비

① 타월로 물기를 꾹꾹 눌러 타월 드라이를 해준다.

② 찬 바람으로 적당히 수분을 말린 후 열 보호제 또는 오일을 도포해준다.

③ 찬 바람으로 수분 15%~20% 정도만 남겨두고 건조한다.

▣ 아이론 와인딩 작업

- 아이론 작업을 할 때는 모발을 잡고 빗질해 잘 정돈한 상태에서 최대한 모발을 펼쳐서 모발이 빠져나오지 않게 잘 와인딩을 해준다.

- 와인딩 작업 시 모발에 수분이 많은 경우 미열로 수분을 한번 날려주고 와인딩을 시작하면 된다.

- 한번 수분 날린 후 시작점에서 5초 뜸을 들이고 시작한다. 이때 1/4바퀴 3초, 2/4 바퀴 3초, 3/4바퀴 3초, 4/4바퀴 5초 후 와인딩을 마무리한다.

- 와인딩을 하면서 수분이 날아가면 중간중간 수분을 다시 뿌리며 와인딩을 하면 컬이 잘 나온다.

- 모발의 섹션은 사용하는 아이론 두께보다 많이 뜨지 않고 아이론 길이에 비슷하게 나눈다.

- 아이론 기계는 모발 길이에 따라 mm 수가 달라진다.

  예를 들어 가발의 모발 길이가 8cm~10cm 정도면 12mm, 14mm, 16mm 아이론 기가 적당하다.

▣ 중화 작업

와인딩 작업을 모두 끝낸 후 과산화수소 액상을 도포 후 5분 동안 방치한다.

그 후 약산성 샴푸로 헹구어준 후 가벼운 에센스를 발라 찬 바람으로 건조해준다.

Tip

아이론펌을 완성하는 3대 요소
① 연화: 연화가 잘 안 된 상태에서 와인딩 작업 시 컬이 완벽하게 나오지 않는다.
② 수분: 모발의 수분량은 와인딩 작업 시 중요한 요소이다.
③ 온도/뜸: 온도는 110°~130° 중 선택한다.
    와인딩을 한 바퀴 했을 때 3초~5초 정도 뜸을 들인 후 아이론기를 빼준다.

3. 아이론펌 스타일

▣ 댄디스타일

댄디 스타일은 남자 헤어스타일 중 가장 선호하는 스타일로, 무난하고 손질이 쉽다.
댄디 스타일 작업 순서는 다음과 같다.

① 1제를 도포하여 스타일 방향을 잡아야 하는 쪽으로 약을 잘 발라준다.

② 정수리 볼륨을 살려야 하는 부분만 빼고 사이드, 테두리는 볼륨을 다운시키기 위해 매직약을 뿌리까지 도포해준다. 도포 후 모질 상태를 보고 연화 펌제 종류에 따라 5분~20분 정도 연화 타임을 본다.

③ 연화 테스트 후 산성 샴푸로 헹구어준다.

　타월 드라이한 후 찬 바람으로 살짝 말려준다.

　수분이 15%~20% 남았을 때 에센스 또는 열 보호제를 도포한 후 빗질해준다.

④ 아이론 잡기

　⇨ 앞머리 첫 단 뿌리 볼륨은 선권 아이론 5mm로 뿌리를(모류 교정) 들어 볼륨 있게 잡는다.

　(이유: 이마에 달라붙으면 가발이기 때문에 땀이나 여러 가지 이질감 등 불편을 줄 수 있다)

　⇨ 14mm~16mm 아이론을 이용해서 탑에서 프런트 방향으로 아이론 와인딩을 한다. 탑에서부터 꼬리빗으로 가로 섹션을 뜨고 두상 각도 70˚~90˚ 각도를 들어 깨끗하게 빗은 다음 아이론을 수분 제거와 컬을 잡아주는 작업으로 한번 훑어준다.

　⇨ 아이론을 다시 잡아 뜸을 들인 후 돌려주면 모발이 당겨 올라온다. 그다음 다시 뜸을 주고 나머지 모발을 돌려주면서 빼준다.

　⇨ 사이드와 백 테두리는 다운시켜 C컬만 잡아준다. (아이론 온도 110℃~120℃)

⑤ 과산화수소 중화 5분 방치해준다.

⑥ 약산성 샴푸로 헹궈준다.

⑦ 가벼운 에센스 발라서 건조 시켜 마무리해준다.

■ 피스가모술

피스가모술은 다중모줄이나 머신줄을 이용하여 여러 가지 다양한 디자인 형태를 수제로 제작하는 증모술이다.

피스가모술은 디자인이 다양하며 부위별 원하는 부분만 커버할 수 있고, 머신줄을 사용해 제작하기 때문에 고정 시 헤어 볼륨감이 좋다. 또한 내피가 없어서 무게가 가볍고 착용감이 답답하지 않다. 그뿐만 아니라 고객 맞춤형으로 제작하기 때문에 희소가치가 있고, 간단하게 클립으로 고정할 수 있어서 초보자도 쉽게 착용할 수 있다. 피스가모술은 디자이너가 직접 제작하기 때문에 맞춤 제작 소요 시간이 짧고, 100% 인모만 사용하여 펌, 염색이 가능하므로 스타일이 자유롭다. 단, 피스의 특성상 클립식 고정법 때문에 견인성 탈모가 생길 수 있어 클립 위치를 한 번씩 바꿔주어야 하는 번거로움이 있다.

피스를 직접 제작하기 위해서는 다중모줄, 롱다중모줄, 머신줄 숏, 머신줄 롱, 망클립, 올망, 퀼트실, 스킬 바늘, 바늘 등이 필요하다.

이 중 피스를 디자인할 때 사용하는 머신줄은 미지근한 물로 샴푸 시에도 모양 변형이 되지 않고, 줄이 늘어지거나 잘 변형되지 않는 특징이 있다.

피스를 고정할 때 사용하는 망클립은 일반 쇠 클립의 단점을 보완해 개발한 KIMHO 특허제품으로 쇠 클립에 망사를 둘러 제작한 클립으로 바람이 불어도 클립이 티가 나지 않고 밀착력이 좋아서 튼튼하게 잘 고정되는 장점이 있다.

1. 피스 제작 기초

피스를 제작할 때는 줄의 흐름이 가장 중요하다. 고객 모류 방향과 모량을 고려하여 제작하여야 하고, 모든 줄은 'ㄹ'자 모양을 기본으로 틀을 잡아 나간다.

피스를 제작할 때는 주로 머신줄을 사용하는데, 머신줄의 특성상 자르게 되면 머리카락이 풀려서 나오게 된다. 따라서 올이 풀리지 않게 하기 위해 끝부분의 모발을 제거하고 줄 부분을 라이터로 지져서 피스를 디자인할 준비를 한다.

민두 마네킹에 본을 뜬 다음 구슬핀을 이용하여 틀을 잡아주고 머신줄을 그림과 같이 돌려준다.

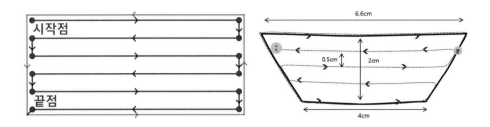

▣ 사이드 볼륨피스 제작

사이드 볼륨 피스 제작 순서는 다음과 같다.

① 고객의 두상에 맞게 본을 뜬다.

② 본 위에 140D 망을 놓고 초크로 라인을 그린 후 시접분 0.5cm를 두고 가위로
　재단한다.

③ 시접 0.5cm를 안으로 접어 초음파 (인두)로 시접분을 누른다.

④ 시접분 테두리를 퀼트실을 이용해 박음질한다. (미싱)

⑤ 시작점부터 끝점까지 패턴 라인에 따라 다증모 또는 머신줄을 구슬핀을 꽂아가
　며 모양을 잡아주고 박음질해준다.

⑥ 바늘에 퀼트실을 끼운 후 시작점에 바늘을 넣어 묶음처리를 한다.

⑦ 시작할 때는 바늘에 두 번 실을 감은 후, 0.5cm 간격으로 한 번씩 감아서 이동한다.

⑧ 끝점에는 실을 두 번 감아 묶음 처리하여 마무리한다.

⑨ 뒤집어서 클립의 이빨이 아래로 향하게 달아준다.

⑩ 샴푸를 해서 모류 방향을 잡아준다.

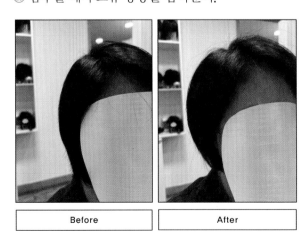

| Before | After |

2. 피스 고정법

① 클립 꽂을 위치를 선정하고, 섹션은 지그재그로 나눠준다.

② 한 손으로 클립 한쪽을 잡는다.

③ 클립을 중지 쪽 앞쪽 섹션 위로 0.5cm 걸고, 섹션 반대편의 0.5cm 당기면서 앞뒤 모발이 맞물리도록 하면 단단하게 고정된다.

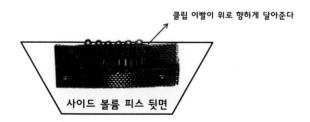

클립 이빨이 위로 향하게 달아준다

사이드 볼륨 피스 뒷면

※ 착용할 부위의 섹션을 반대편 손의 검지와 중지를 이용해 사이를 벌려주면 클립을 꽂을 때 편리하다.

※ 사이드 볼륨피스를 착용할 때는 클립 이빨이 위로 향하게 착용하면 귀 옆으로 제품이 착 붙어서 자연스러운 연출이 가능하다.

■ 가발 수선

가발 수선은 낡거나 헌 가발을 고쳐서 고객이 사용하는 데 불편함이 없도록 해주는 서비스이다. 모든 수선은 최상의 결과물을 위해 한 번만 하는 것이 좋다.

가발 수선은 크게 교체, 보수, 증모, 코팅으로 나누어진다. 가발을 사용한 기간이 1년 이내면 교체보다는 보수나 덧댐, 증모, 코팅 등 필요한 작업을 하고, 가발을 사용한 기간이 1년 이상이면 땀이나 피지에 의해 망이나 스킨이 삭기 때문에 교체를 하는 것이 바람직하다.

1. 가르마 증모 수선

가르마는 눈에 잘 띄는 부분이기 때문에 땀이나 피지에 의해 매듭점이 삭아서 모발이 빠지거나 빗질 등으로 모발이 많이 빠지는 경우 증모 수선을 하는 것이 좋다.

모발, 낫팅 바늘, 민두 마네킹, 가위, 분무기, 구슬핀, 핀셋, 꼬리빗

■ 작업 순서

① 수선 가발을 민두 마네킹 위에 구슬핀으로 고정한다.

② 가르마 부분에 끊어진 모발 또는 매듭만 남아 있는 모발을 모두 제거해 모발을
   정리해준다.

③ 뉴핫더블로 한두 올 낫팅한다.

④ 낫팅 후 가위로 커트하고 물 분무 후 모발 정리 에센스를 바르고 스타일을 내준다.

2. 망 찢어짐 보수

빗질을 과하게 하였을 경우 또는 가발이 오래되어 내피 망이 삭아서 찢어졌을 때
수선하는 방법으로 내피 망의 훼손 정도에 따라 보수하여야 한다.

바느질로 망과 망을 이어주는 방식과 망을 잘라서 박음질해주는 방식이다.

■ 준비물

망, 산 처리 모발, 망 낫팅 바늘 1올~2올, 초음파기계, 재봉틀

■ 작업 순서

① 찢어진 부분을 확인하고 망을 덧댐 할 것인지 덧댐 없이 망 복원이 가능한지 결
   정한다. 만약 망이 많이 벌어져 있으면 덧댐 해야 한다.

② 찢어진 부위 모발과 찢어진 부분의 망을 정리해준다.

③ 마네킹에 가발의 내피가 보이도록 고정한다.

④ 덧댐 할 망을 재단하여 인두나 초음파로 망 테두리를 접어준다.

⑤ 찢어진 부분에 망을 대고 초음파로 눌러준다. 초음파를 사용할 때는 초음파로 누르는 압력이 높거나 타임이 길어지면 망이 뚫릴 수 있으니 특별히 주의해야 한다.

⑥ 덧댐 한 부분을 재봉틀로 박아준다.

⑦ 가발을 뒤집어 찢어진 망과 덧댐 한 망을 잡아주고 낫팅해준다.

3. 클립 교체

가발 사용 중 클립 고정부가 부러지거나 클립이 떨어진 경우 새 클립으로 교체해주는 것이 좋다.

▣ 준비물

망클립, 모노실, 바늘(곡바늘), 실뜯개 또는 가위

▣ 작업 순서

① 클립 사각에 작은 홀이 있는 부분에 모노실을 찾아서 실뜯개로 제거한다.

② 클립 주변에 있는 모든 실을 제거해 망에 쌓여진 클립을 빼낸다.

③ 새 클립을 망 안에 넣어 바느질하는데 이때 네 귀의 홀은 2회 정도 바느질해 고정한다.

④ 홀을 먼저 건 다음 반대편 홀까지 갈 때 'ㄹ'자 느낌으로 뜨면서 바느질한다.

4. 모발 복구

가발의 모발이 손상되면 복구 작업을 해야 한다.

▣ 준비물

매직약, 유연제, 꼬리빗, 저온 매직기

▣ 작업 순서

① 마른 모발에 트리트먼트를 발라 엉킨 모발을 푼 다음 가발 샴푸를 써서 깨끗하
   게 헹군다.
② 프리미엄 유연제 1 : 정제수 1을 섞어서 뿌려준 후 충분히 뿌리부터 거품이 날 정
   도로 꼬리 빗질해준다.
③ 찬 바람으로 건조해준다.
④ 저온 매직기로 프레스 작업을 한다. (모발의 손상 정도에 따라 ④, ⑤, ⑥ 과정을 2회
   ~3회 반복해준다.)
⑤ 높은 온도로 마지막 프레스 작업을 해주고 투명 매니큐어 또는 오징어 먹물을
   발라 유연제 작업이 못 빠져나가게 해준다.
⑥ 약산성 샴푸와 팩으로 마무리해준다.

참고. 실전 가발술 교육 재료

준비물

스킬 바늘대, 스킬 바늘(증모용), 네트바늘대, 네트바늘(1올~2올), 산 처리모 100g, 2M 머신줄, KIMHO 기성가발 8번, 이마자, 작업지시서, 망클립 L, 망클립 M. 140D 망(검정색), 고농축 유연제, 투명 플라스틱 Cap. 증모용 마네킹(특허 마네킹), 흰 모 고열사, 무홈 틴닝가위, 하트 패널, 핀컬핀, 빨간색 패널, 가발학 교재

별첨

- 고객 상담 카드
- 고객 서비스 동의서

고객 상담 카드

관리 번호		상담원		상담 일자	
성명		생년 월 일		이동 전화	
성별		연령대			

주소	자택 :		전화 :
	주소 :		전화 :

직장명		부서		직위	
방문 동기	광고(매체명:)	소개 (소개인:)			

두피, 모발 상태 진단표 – 해당문항에 체크해 주십시요.

기록해주신 소중한 정보는 고객님께 보다 나은 만족을 드리기 위한 차틀로만 활용합니다.

1.머리카락의 굵기는 ?

@굵고 강함 @굵고 약함 @부드럽고 강함 @부드럽고 약함

2.머리카락의 곱슬 정도는?

@직모 @반곱슬 @곱슬 @심한 곱슬

3.두피의 지방 성분과 두피 상태는?

@많다(지성) @조금 있다 (중성) @거의 없다 (건성) /   (염증) (뾰로지) (가려움증) (각질,비듬 건성) (아토피, 지루성) (없다)

4.비듬과 각질 상태는

@없다 @조금 있다 @많다 @최근에 많아졌다 @최근에 적어졌다

5.일상 생활에서 땀을 흘리는 정도는?

@흘리지 않는다 @초금 흘린다 @많이 흘린다 @아주 많이 흘린다

6.탈모 유전은 어느 쪽인가?

@부계 유전 @모계 유전 @부모계 유전 @관계 없음

7.탈모 치료 경험과 주기는?

@발모제 @약물 치료 @발모 기구 @기타   (매일 집에서   ) (일주일 한번 정도) (샵에서 정기적으로 케어 한다)

8.펌과 염색 주기는?   9.스타일링제 사용 유, 무   Yes /   No

@매달 정기적이다 @2-3개월 @4-5개월 @한적 없다

10.가발 사용 경험은?   11.수면 상태 및 시간 (   )

@없다   @있다 (회사명:)

12.제품 제작 시 특별히 고려할 사항은 ?   @ 특이 사항   @홈 케어 어드바이스

13.술 빠짐 90% 이상인가? 예   아니오

14.두피 탈모가 진행중인 사람인가? 예   아니오

15.두피나 스킨 민감한 알레르기 있는 사람 (두피 염증   , 두피 과다열)

16.임신 모 태아 출산 1 년 후인 사람? 예   아니오

17.항암 치료중인 사람? 예   아니오

18.모자나 가발을 오래 사용 하신 분? 예   아니오

19.모발이 변모인 사람 ? 예   아니오

20.헤나. 코팅 (셀룰라이드 실리콘 베이스) 하신지 1 주일 지나지 않은 모발 ? 예   아니오

상담원 메모:			

담당 디자이너: 휴무:

고객님의 시술 기록표

시술 날짜	서비스 시술 종목 내용	재 시술 날짜	금액	기타

@하루 전 예약은 필 수 입니다.   @시술 후 AS 기간은 10일 입니다.

@제품 상태에 따라서 AS기간은 일주일 또는 1개월 입니다.   감사합니다.

고객 서비스 동의서

성명		연락처	
생년월일		주소	

위 본인은 아래 동의서 내용을 숙지하였으며, 아래 내용에 동의합니다.

고객 서비스 내용

본 계약은 김호증모가발에서 고객이 원하는 서비스를 받고자 하여, 가발 및 증모술 주문 내용에 대하여 계약을 하고자 선금을 지불하고, 주문 내용이 계약 즉시 발효되므로 위 내용에 대하여, 계약 후부터 어떠한 권한이 없음을 본인은 위 내용에 대해서 약속을 지킬 것을 계약합니다.

제품 구입 및 서비스 비용

합계 금액 :

선금 :   잔금 :

개인정보 수집 내용

[개인정보 수집 항목]
성명, 생년월일, 연락처, 주소
[개인정보 이용목적]
소비자 기본법 제 52조에 의거한 소비자 위한 정보 수집

202 년   월   일

[김호증모가발 대표]   [고객]
성명 :   (인)   성명 :   (인)

김호증모가발